基于**大数据**的**智慧电网技术**

沈力　主编

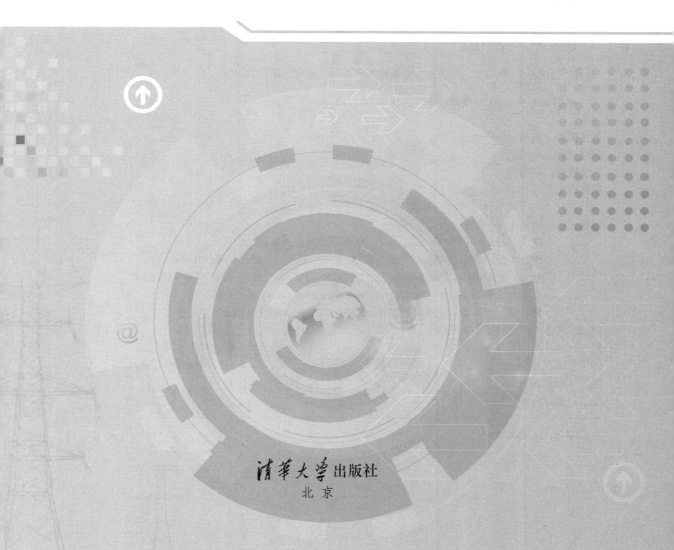

清華大学出版社
北　京

内 容 简 介

　　随着我国智能电网建设的全面铺开,电力行业面临着重塑的机遇和挑战。大数据在社会经济、政治、文化、生活等各方面产生了深远的影响,将给各行各业的发展模式和决策带来前所未有的革新与挑战。

　　本书围绕大数据,向读者阐述电力大数据的发展过程,使读者能够清晰感受到大数据对电力企业的影响;结合国内外智慧能源的发展现状,拓展读者对电网大数据应用的认知;以大数据在电力企业各专业的应用为引,突出电力企业大数据应用价值,为读者勾画出电力大数据的发展蓝图。

　　本书主要面向电力系统广大人员,也可作为政府部门、科研机构、能源行业相关协会组织、电力用户、电力供应商和相关专业工程技术人员、高等院校师生的参考用书。

图书在版编目(CIP)数据

　　基于大数据的智慧电网技术 / 沈力主编. —北京:清华大学出版社,2019
　　ISBN 978-7-302-51364-3

　　Ⅰ.①基⋯　Ⅱ.①沈⋯　Ⅲ.①智能控制—电网—研究　Ⅳ.①TM76

　　中国版本图书馆CIP数据核字(2018)第232191号

责任编辑:杨如林
封面设计:杨玉兰
责任校对:胡伟民
责任印制:丛怀宇

出版发行:清华大学出版社
　　　　　网　　　址:http://www.tup.com.cn,http://www.wqbook.com
　　　　　地　　　址:北京清华大学学研大厦 A 座　　　　邮　　编:100084
　　　　　社 总 机:010-62770175　　　　　　　　　　　邮　　购:010-62786544
　　　　　投稿与读者服务:010-62776969,c-service@tup.tsinghua.edu.cn
　　　　　质 量 反 馈:010-62772015,zhiliang@tup.tsinghua.edu.cn
印 装 者:三河市铭诚印务有限公司
经　　销:全国新华书店
开　　本:185mm×260mm　　　印　　张:19.5　　　字　　数:438 千字
版　　次:2019 年 5 月第 1 版　　　印　　次:2019 年 5 月第 1 次印刷
定　　价:59.00 元

产品编号:079266-01

编委会名单

主　编（编著）：沈　力

副主编（排名不分先后）

雷振江　魏晓菁　陈春霖　郝悍勇　曾　楠　刘　莹　穆永强　肖一飞　聂盛伟
于　宙　宋连峻　张　东　韦中华　杜红军　李　钊　李　铁　周小明　倪　斌
杨卫东

编写组成员（排名不分先后）

崔丙锋　孙　炜　都俊超　范金锋　蒋　炜　王晋雄　孙金宏　周纯莹　王荣茂
胡　囡　付　东　陶　煜　田浩杰　潘连武　赵保才　王　飞　曹　智　许　超
乔　林　刘　颖　刘　为　胡　楠　冉　冉　杨壮观　赵永彬　金成明　刘　扬
陈明丰　耿洪碧　王　鸥　胡　非　李　峰　李　巍　姜迎旭　史晓晨　杨壮观
刘雪松　杨　沈　任相儒　张葆刚　张宝利　刘红星　范孟哲　许言路　闫春生
陈　硕　王　信　王　磊　王丽霞　李广野　周兵兵　邬庆莉　王小溪　王　勇
李凤强　王鹏宇　王占营　高　潇　毛洪涛　李　斌　王　阳　周大鹏　胡　畔
陈　龙　刘　坤　胡小磊　曹国强　游　佳　高　敏　陶　轶　盛红雷　许海丰
靳光辉　魏彦龙　毕永军　黄欢欢

前　言

从人类文明发展至今，数字一直伴随着人们的生活。数字量增多，就演变成数据。一直以来，越来越多的数据对任何想要对其进行整理和分析的人而言，都是一项挑战。

随着网络信息技术的加速发展和应用，物联网、移动互联、社交网络等大大拓展了互联网的疆界和应用领域，数据正以前所未有的速度在不断地增长和累积，大数据时代的大幕已经开启。大数据在社会经济、政治、文化、生活等各方面产生了深远的影响，将给各行各业的发展模式和决策带来前所未有的革新与挑战。

当前电力行业迫切需要推动大数据技术在电网中的应用，来有效提升电力企业运营管理水平和服务用户的水平。借助大数据技术，对电网运行的实时数据和历史数据进行深层挖掘分析，可掌握电网的发展和运行规律，优化电网规划，实现对电网运行状态的全局掌控和对系统资源的优化控制，提高电网的经济性、安全性和可靠性。

本书在借鉴国内外大数据领域研究应用成果的基础上，结合电网行业运营管理现状，提出了电网大数据概念，详细分析了在大数据时代下电网行业所面临的机遇和挑战。

全书共分为11章，第1章简要介绍了大数据的概念、现状及其影响。

第2、3章详细介绍了电网大数据的定义、特征及发展前景。

第4章重点介绍了智慧能源大数据在美洲、欧盟以及日本、中国的发展现状和典型案例。

第5～10章分别从电网大数据资源、应用技术、通信技术及分析挖掘技术等方面进行了详细介绍。

第11章围绕当前电力大数据应用前景及发展形势，大数据在电网企业的应用价值和竞争力等方面进行了介绍。

本书适合电力系统广大工作人员阅读，也可作为政府部门、科研机构、能源行业相关协会组织、电力用户、电力供应商和相关专业工程技术人员、高等院校师生的参考用书。

本书中如有不当之处，恳请读者批评指正。

作　者

目　录

第1章
大数据概述

大数据是一个代表了重要发展趋势的概念，它正在改变人们对生活和世界的理解方式，成为下一个创新、竞争和生产力的前沿，将在政治、经济、社会、科研等领域引发重大变革，给处于这个时代的企业带来难得的机遇和巨大的挑战。大数据这个概念自诞生以来，引发了人们的思维变革，创造了巨大的商业价值，向企业管理提出了全新的挑战。

我们认识大数据必须从思维变革、商业价值和管理创新这三重属性来理解。国家电网公司在2014年工作报告中指出："把数据资源作为公司战略资产，加强集中管理，实现全公司信息共享。强化数据分析，提升数据应用水平和商业价值。"这一重要论述为电力企业开启大数据进程指明了方向。

1.1　大数据源起

大数据的概念源于美国，是由思科、威瑞、甲骨文、IBM等公司倡议发展起来的。大约从2009年始，"大数据"成为互联网信息技术行业的流行词汇。事实上，大数据的运用在此之前已为一些先行者所成功实践。早在20世纪90年代，沃尔玛公司就充分运用自身掌握的海量数据资源成功降低了库存和缺货率，从而获得了重要的成本比较优势。IBM、麦肯锡、中国工业和信息化部等组织与机构从不同视角都给出了大数据的定义，虽然定义不尽相同，但是都包含了这样几个重要的基本特征：一是数据量大，数据量从GB、TB级跃升到PB、EB级（1PB=1024TB，1EB=1024PB）；二是数据类型多样化，不仅包含结构化数据，还包括大量的半结构化、非结构化数据，如音视频数据、社交网络数据；三是数据量增长速度快，据美国互联网数据中心指出，互联网上的数据每年将增长50%以上，每两年翻一番，开启了新的"数据摩尔定律"；四是数据价值密度低，数据的深度挖掘、去冗降噪和价值提纯成为大数据实践所面临的一大课题。

数据的价值早已为人们所认识，但是大数据所带来的巨大商业价值显然超过了人们的预期，它所引发的思维变革将产生深远的影响，是未来管理创新的最大驱动力。

1.2 大数据的商业价值

2013年以来，最受欢迎的美国电视剧《纸牌屋》可谓一个大数据颠覆传统商业模式的生动案例。人们普遍认为《纸牌屋》是"大数据"算出来的。1997年成立的Netflix公司凭借自身所拥有超过3000万用户收视行为的大数据，运用先进算法准确预测了具有"政治惊悚"元素的电视剧将受到众多"中年男士"的欢迎，据此，Netflix公司精准定制了该剧。2013年3月，该剧推出之前公司股价不到100美元，播出一年半后，股价超过450美元，成为标准普尔500指数成分股中涨幅最高的股票之一。Netflix公司的这一做法正在颠覆传统的影视剧制作商业模式和推广模式，我们有理由相信，《纸牌屋》成功的背后所引发的思考将给商业带来远超我们想象的变革。

大数据带来了巨大的商业价值，比如IBM、谷歌、亚马逊、Netflix公司等领先企业已经获得了巨大的回报。IBM启动了极具雄心的大数据战略，近年来已经陆续收购了软件公司StoredIQ、大文件传输技术公司Aspera等数据企业，2014年初启动了投资10亿美元的沃森项目。截至目前，IBM在大数据领域的投资已经达到了240亿美元，全面布局大数据战略。

大数据时代将产生以数据为核心的商业生态，数据的采集、存储、处理、分析、应用等都能带来巨大的价值。研究表明，大数据生态链将由数据归集、数据处理、方案解决和价值发现等四个层次组成，每个企业都要结合自身实际找准自己在大数据商业生态中的位置。此外，大数据商业模式的成功案例也在快速增长。大数据企业的IT部门不再是成本中心，而将会转变成为重要的利润中心。

麦肯锡公司认为，随着人们存储、汇聚和组合数据然后利用其结果进行深入分析的能力超过以往，随着采用尖端技术的软件与不断提高的计算能力相结合，从数据中提取极具价值信息的能力也在显著提高。麦肯锡公司预计，如果能够创造性且有效地利用大数据来提高效率和质量，美国医疗行业每年通过数据获得的潜在价值可超过3000亿美元，能够使美国医疗卫生支出降低超过8%；充分利用大数据的零售商有可能将其经营利润提高60%以上。

1.3 大数据引发思维变革

大数据开启了一次重要的时代转型，理解大数据内涵、把握大数据时代的脉搏需要变革我们的思维，其关键是要把握3个重要转变。

第1个重要转变是分析数据全体而不是样本。基于科技进步，在大数据时代人们可以存储、分析更多的数据，甚至是分析某一现象的所有数据，而不再依赖传统的样本分析，大数据时代"样本即全体"。分析全体数据将让人们看到一些以前无法发现的细节，大数据让人们更清楚地看到了样本无法揭示的细节信息，带来了更深刻的洞察力。Netflix公司推出《纸牌屋》的成功就是基于对全体用户数据分析而获得的极具价值的信息。

第2个重要转变是追求数据的量更甚于追求数据的精确度。大数据时代由于信息海量化和数据类型多样化，在许多方面数据的精确性不再那么重要，适当忽略微观层面的精确度能让人们在宏观层面拥有更加深刻的洞察力。2009年，谷歌公司通过人们的搜索行为成功预测了美国一些州甲型H1N1流感的爆发，虽然网民的搜索行为具有极大的随意性，但海量的数据信息掩盖了数据的随意性和不精确性，使分析人员最终做出了采用样本分析法一直想做但从未实现的流行病精准预测。

第3个重要转变是寻找相关关系比寻找因果关系更重要。大数据告诉我们"是什么"而不是"为什么"，让数据自己"发声"。在当今这个变革加快的时代，企业运营过程中知道"是什么"在大多数情况下就足够了，至于"为什么"可根据需要再进行研究。例如，沃尔玛公司通过对海量的销售数据分析发现了飓风来临前蛋挞的销量会增加，于是就把蛋挞放在了靠近飓风用品的位置，销量果然增加，但沃尔玛公司并没有探究那是"为什么"。

1.4　大数据驱动管理变革

让我们把大数据和第三次工业革命一起置于更加宏大的历史背景之中，充分拓展我们的视野，回顾两百多年以来的企业管理发展历程，纵览人类工业化进程中的重大历史时刻，来审视大数据时代电力企业所面临的挑战。

第一次工业革命突破了农业经济束缚，但受制于交通、通信、市场等诸多因素，没有出现大型工业企业，企业的所有权和经营权没有分离，工厂的出现适应并推动了生产力的发展，是当时最重要的管理创新。第二次工业革命科技创新和市场发展都取得了重大突破，交通、通信、市场得到了巨大发展，极大地解放了生产力，生产关系的重大调整催生了大型工业企业的出现，企业所有权与经营权的分离以及职业经理人的出现等重要变化都是重大的管理创新，管理学理论也取得重大进展，出现了科学管理、组织管理、人本管理等理论，管理学进入丛林时代，现代企业管理制度得以确立。第二次工业革命以来发生的重大管理创新表明，管理必须进行颠覆性的大创新来适应科技创新的大突破，这是"生产关系必须适应生产力发展"理论在企业管理实践中的生动体现。

自20世纪以来，以泰勒科学管理原理和韦伯行政组织管理理论为基础发展起来的"以效率为中心、科层为导向"的管理范式越来越难以适应第三次工业革命和大数据时代企业的发展需求。管理学家哈默认为"源自工业时代的管理模式已然步入S形曲线的尾端,已经再也没有发展的余地了",他认为企业应该转换管理理念,运用大思维、解决大问题,在各层面进行创新。

大数据引发了大量的技术创新和商业创新,必然要求企业从战略、组织和文化各层面进行突破性的管理变革来适应这一发展趋势,大数据将成为企业管理创新的重要驱动力,新的管理范式也必然会随着第三次工业革命和大数据的深化而逐渐确立。比如,苹果公司和谷歌公司实现规模效益不是依靠传统的固定资产规模,而是凭借他们在各自领域所掌握的巨大数据资产得以实现的,它们的战略、组织结构也都是基于数据竞争来制定的。

在大数据时代,企业之间的竞争将不仅仅是劳动生产率和成本的竞争,更是数据和知识的竞争,数据既是信息的载体又是知识的源泉,它是企业创造价值和利润的重要动力源。数据将成为企业最重要的资产和竞争的核心,这一重要趋势将推动企业在产品、服务以及组织架构等方面实现重大的管理创新。

1.5 电网大数据的现状与未来

随着智能电网建设的持续推进,ICT(信息通信技术)在电力系统的广泛应用不仅提升了电力系统的智能化水平,还推动了电力大数据呈几何级数增长,各类数据的覆盖范围不断扩大,获取频度不断提高,数据的综合价值也得到极大提升,数据再利用使得数据的价值潜力得到巨大释放,电力大数据已经站在了量变到质变的关键节点上。以用电领域为例,传统上电表每月抄表一次,电量信息仅用于电费收取,数据的附加值相当有限。目前,美国智能电表对用户的实时电量采集频率已精确到6s一次,对用户负荷特征的分析已能够发掘到用户日常用电的习惯,甚至非法行为等家庭用电信息。Opower公司运用这些数据给用户提供能效解决方案,这一增值服务已经创造了数千万美元的经济回报,减少了数百万吨的温室气体排放。

随着第三次工业革命浪潮来袭,互联网、物联网与电网将深度融合,未来的智能电力系统将使得电网不仅承载着电力流,还承载着信息流和业务流。实现了"三流合一"的智能电力系统的价值也将随融合而跃升,这种跃升显然具有大数据的时代特征。当电网中传输的不只是电能,还有超乎想象的持续增长的数据时,探索如何科学合理地释放数据能量来推动电力工业的升级便成为电力企业所面临的重大命题。电力大数据的价值已经相当庞大,但如果实现进一步延伸,将电力大数据与人们生产生活数据,与政府企业等多行业数据相结合,将产生更多更大的价值增值潜力,电力大数据所带来的经济回报也将远超我们的想象。

未来的中国电网必将是一张巨大的数字化电网和具有世界领先水平的电力物联网，未来的电力企业也必将转型为擅长大数据运营的新型电力企业。国网四川省电力公司在这一领域进行了积极的研究与探索，确定将电力营销作为大数据推进的突破口是符合大数据发展普遍规律的。选取的试点县供电公司——国网成都天府供电公司是新成立的县级供电企业，具有极强的发展潜力和可塑性，非常适合作为大数据试点单位。坚持电网数字化、运营数据化方向，把天府供电公司建设成为"数字化电网、数据化运营"的具有世界先进水平的新型供电企业，其试点经验将为国网四川电力基于大数据的全面转型提供有益借鉴。

1.6　把握大数据时代

进入新世纪以来，随着"两化融合"工作的推进，电力大数据进入了新的时代，一方面是电力系统的智能化、数字化水平获得突飞猛进，沿着电力系统的价值链，发、输、配、售、用及调度交易全过程所生产的数据堪称海量；另一方面是电力企业普遍都开展了信息化建设，企业的信息化水平获得显著提高，数据的生产和存储能力大幅提升，电力企业内部已经拥有了海量生产运营数据，信息化的价值提升悄然而至。电力企业要实现大数据转型必须从大数据战略、组织、技术、管理及行业联盟等关键要素方面推动公司发展方式转变。

从战略视角来看，要大力推动数据资产化进程，充分挖掘数据的价值创造潜力。数据分析是实现大数据价值的核心，要使其成为企业获取价值、赢得竞争的决定性抓手，关键在于推动大数据对企业实现客户洞察和流程革新的指导。从电力企业的普遍现状来看，比较务实的做法：一是加快大数据业务试点，推动大数据在规划、运维、客服、采购、投资等重要传统业务的应用，把大数据分析紧密嵌入到企业的核心业务流程之中去，提升业务的绩效水平；二是运用大数据提升电力系统的智能化水平，提高新能源并网的能力，促进风能、太阳能等新能源有序发展，服务国家节能减排总体战略；三是充分发挥数据资源的商业价值，以大数据为基础培育数据生态链，创新商业模式，形成更加有机协调的业务体系，促进公司发展方式的深刻转变，有力推动数据资源转化为战略资产的大数据战略转型；四是随着时代变革加速，企业面临的环境更加复杂，智能决策和科学决策的需求增长，大数据在这一领域将有着广阔的发展空间。

从企业组织视角来看，要基于大数据所带来的重大变革重组企业组织架构。大数据领先企业已经把他们的商业活动的每一环节都建立在数据收集、分析和行动的能力之上，他们的组织是基于数据竞争来架构的。这些企业要么在数据运用最多最频繁的业务领域成立了数据分析部门，要么成立了独立的数据分析部门，把数据分析作为关键职能嵌入企业运营全过程之中。首席数据官这一新兴职位的设立是企业推进大数据战略的重要举措，随着大数据的演进，首席数据官对企业运行的重要性将与首席财务官一样重要。电力企业必须基于行业特征、自身实际，积极研究和借鉴大数据领先企业的成功实践，变革企业组织架构，创新企业运行体制机制，探索设立首席数据官，适应大数据时代的要求。

从技术视角来看，要加快建设适应大数据发展的"电力云"，为大数据发展提供强大的技术基础。首先，应从生产、管理、服务三大视角探索建设符合电力企业发展客观规律、具有电力企业特色的"电力云"，满足电力企业海量数据的存储与计算需要。其次，转变企业信息化建设的发展思路，以建设企业级信息项目为主体，实现企业信息化集中建设和统一推广应用，构建分散在各业务条线的数据大融合通道，提升企业数据资源集中管理能力和共享水平，为数据资源的价值创造提供基础条件。再次，基于先进算法探索建立投资、电量、气候、负荷等各类分析模型，提高电力企业智能化决策水平，提升公司管理、发展和服务水平。

从数据管理视角来看，要加强大数据人才培养，提升大数据风险管理能力。大数据战略的推进必须要首先解决大数据人才问题，人才是企业实现数据资源向数据的资产转变的关键。要着力培养一批数据管理人才、数据分析人才和电力数据科学家，数据分析与挖掘人才将成为未来的稀缺人才，电力企业要做好大数据人才的培养和储备工作。另一方面，要强化数据的共享和风险管理，数据公开和流动是大数据时代的重要趋势，电力大数据与人们生产生活数据，与政府企业等多行业数据相结合，将产生更多更大的价值增值潜力，但是，在共享数据价值的同时必须强化数据的风险管理。

从行业视角来看，要推动成立大数据行业联盟，建立行业数据治理和共享机制。数据与其他生产要素相比无疑有着独有的特征。与工业原材料一般都有排他性而无法共享不同，数据从技术上很容易实现共享，而且数据共享的范围越大，使用的人越多，创造价值的潜力就越大；并且，与机器设备不一样，数据使用的过程不是价值折损的过程，而是价值增值的过程。电力大数据的价值取决于数据的更大范围的开放与共享，不同电力企业之间若能建立数据流动与共享机制，电力大数据的价值将更加巨大，打破业务、企业、行业之间的数据壁垒将成为电力大数据迈进新时代的重要前提。建设电力行业统一的元数据和主数据管理平台，建立统一的电力数据分析模型和行业级电力数据中心，开发电力数据分析挖掘技术，挖掘电力大数据价值，面向行业内外提供内容增值服务将成为电力大数据未来的发展方向。

从大数据发展演进的历程来看，目前我国电力企业普遍还处于概念引入和认知探索阶段，真正的大数据实践还很少。以国家电网公司为例，随着公司统一部署建设的SG186、ERP等企业级信息系统深入应用以及三级运营监测（控）中心的建成，国家电网公司数据量呈几何级数增长，积累了大量的生产、运营、管理数据，数据的集中管理水平得到了极大提高。同时我们还应看到，企业的数据资源总体来看还是分布在各业务条线，数据集中管理与共享水平还有待进一步加强，各业务条线和行业企业的数据大融合已成为电力企业推进大数据战略面临的瓶颈，数据的分析和商业价值开发也还处于起步阶段，与世界领先的大数据企业相比还有很大差距，对数据资源的认识还有待提升。

1.7　拥抱电力大数据

随着智能时代的到来，普适计算的层层深入，世界正在进入一个"万物皆联网、无处不计算"的崭新时代，时空障碍正在被打破，现实世界的数据化正在加速，企业的竞争也从基于成本和效率的竞争向基于数据和知识的竞争演进，而大数据正是在这样的时代背景下应运而生的。在大数据时代，每一天都有无数的数据被收集、整理、交换、分析和价值挖掘，数据已经如一股"洪流"注入世界经济，成为全球各经济领域的重要组成部分。据著名咨询公司麦肯锡预计，数据作为一种全新的资产类别将与企业的固定资产和人力资源一样，成为生产过程中的基本要素。

大数据带来了技术、商业和管理3个方面的重大变革，它正在快速渗透到更多的行业，没有企业能置身事外、独善己身。业界普遍认为2013年是大数据元年，大数据时代已经开启，在这一重要的变革时代，传统的电力企业该何去何从？

电力关乎国计民生，电力数据不仅反映宏观经济运行情况，也反映居民消费结构、生活水平、用电行为模式等重要信息，电力大数据具有极强的正外部性。电力企业处于数据汇集的黄金位置，且在过去的经营过程中已经累积了大量的高质量数据，只要把握这一巨大的数据优势，充分发挥企业的资源优势，电力企业就具备成功转型为大数据生态系统领袖企业的优势。

然而，电力企业的发展有着悠久的历史沿革和强大的发展惯性，要成功转型谈何容易。回顾每一次大变革时代企业的命运都能发现，许多企业在变革浪潮中都销声匿迹了，但总有一部分优秀企业能够成功转型而持续经营，实现基业长青。是什么力量导致这一现象反复出现呢？美国管理学大师钱德勒在对美、英、德等三国的大型工业企业19世纪60年代—20世纪60年代近一百年发展历程进行研究后发现，经历多个经济周期实现持续繁荣的企业都具有极强的组织能力，这些企业不仅充分运用了规模经济和范围经济效益，还通过对生产、营销和管理进行大量投资来获取软硬件协调发展的强大组织能力，一旦这些具有强大组织能力的领先企业取得先行者地位后，都能长期保持它们建立的优势。比如，德国的大型工业企业在第二次世界大战中普遍遭受了毁灭性打击，这些企业拥有的遍布全世界的庞大资产在战后绝大部分都被资产所在国没收了，国内也是一片废墟，但凭借企业优秀的核心团队和强大的组织能力，它们无一例外地很快崛起了。第二次世界大战后用了不到十年时间，德国企业便再次获得了领袖企业地位，如西门子、巴斯夫、拜耳等企业至今仍然是世界范围的行业翘楚。这一颠扑不破的企业管理规律的发现为电力企业成功转型，继而进入大数据时代提供了重要的路径参考。

展望未来，数据掌控和数据分析将成为企业竞争的常态，数据必将成为企业最重要的财富和金矿，数据分析和价值挖掘的能力将成为企业的核心竞争力，世界将进入一个"数据兴则企业兴、数据强则企业强"的竞争时代。电力企业要紧紧把握大数据时代的发展脉搏，充分发挥大胆的企业家创新精神，在这个数据大爆发、商业传奇层出不穷的大变革时代，紧紧围绕大数据技术、商业和管理这三大关键要素进行重大的三重投资，建立基于大数据的领先的组织能力，主动求变，尽早引导企业进入大数据时代。

第2章
电网的大数据时代

随着智能电网的建设和发展，电力行业已步入大数据时代。目前电力大数据处于起步阶段，需产业公司、科研组织、设备供应商和政府机构的共同合作来建设和发展，而大数据的发展定会给电力行业带来巨大价值。

2.1 新一轮的电网发展战略

大数据不是ICT行业的专利。目前，金融、广电等传统行业都在积极借助大数据的力量，帮助企业实现转型。在电力行业，大数据已经被视作企业战略层面的重要议题：国家电网公司就在北京、上海、陕西建立了3个大数据中心，其中北京亦庄大数据中心已安装超过10200个传感器，每个月可节约的能耗价值大约为30万元。那么，电力行业如何应用大数据？

大数据在公共管理、零售、互联网、电信、金融等众多行业快速推广，市场规模迅速扩大，2012年国内大数据市场规模已达4.5亿元。互联网数据中心（Internet Data Center，IDC）数据显示，2017年中国大数据市场规模达27亿美元，而全球规模达501亿美元。大数据已经渗透到当今的每个行业，成为重要的生产因素。人们对于海量数据的挖掘和运用，预示着新一波生产率增长和消费者盈余浪潮的到来。大数据超过了传统数据库系统的处理能力，为了获得数据中的价值，必须选择新的方式进行处理。

电力行业对大数据的使用分为内部应用和外部应用，下面分别介绍。

2.1.1 对内优化管理模式

内部应用指运用大数据优化电力企业管理模式，提升电力企业经营管理水平，主要包括以下几个方面。

1. 支持基建决策

大数据技术有助于电力企业基础设施选址、建设的决策。例如丹麦风电公司Vestas计划将全球天气系统数据与公司发电机数据结合，利用气温、气压、空气湿度、空气沉淀物、风向、风速等数据以及公司历史数据，通过使用超级计算机及大数据模型解决方案，来支持其风力发电机的选址，以充分利用风速、风力、气流等因素达到最大发电量，并减少能源成本。此外，Vestas还将添加全球森林砍伐追踪图，卫星图像、地理数据以及月相与潮汐数据，以便更好地支持基础建设的决策。

2. 升级客户分析

一方面，通过使用电力企业庞大的历史销量数据进行用户用电行为分析和用户市场细分，使管理者能针对性地优化营销组织，改善服务模式；另一方面，通过与外界数据的交换，挖掘用户用电与电价、天气、交通等因素所隐藏的关联关系，完善用户用电需求预测模型，进而为各级决策者提供多维、直观、全面、深入的预测数据，主动把握市场动态。

3. 提高智能控制

大数据技术将加速电力企业智能化控制的步伐，促进智能电网的发展。例如，通过为电力基础设施布置传感器，动态监控设施运行状况，并基于大数据分析挖掘理念和可视化展现技术手段，采用集成了在线检测、视频监控、应急指挥、检修查询等功能的"智能在线监控与可视化调度管理系统"，有效改变运维方式，从萌芽阶段消除部分运维故障，实现运维智能化。

4. 加强协同管理

整合电力行业生产、运营、销售、管理的数据，实现电力发电、输电、变电、配电、用电、调度全环节数据共享，以用电需求预测为驱动优化资源配置，协调电力生产、运维、销售的管理，提升生产效率和资源利用率。此外，电力企业各部门数据的集成将优化内部信息沟通，使财务、人事等工作的开展更顺畅，有助于企业实行精细化运营管理，提高集团管控水平。

2.1.2　对外丰富增值业务

外部应用指利用电力行业大数据可获得的社会效益，主要包括以下几个方面。

1. 丰富的增值服务

利用电力行业数据可给用户提供更加丰富的增值服务。例如，通过给用户提供其各月份分时明细用电视图，可让用户了解自身用电习惯并能根据需要进行调整，同时也使得电力收费过程更透明。随着无线M2M传感器和大数据分析的普及，智能恒温控制器等新型工具进入大型楼房和消费者家庭成为可能，未来这些技术将给用户带来很大的节能空间。

2. 提供经济指导

作为重要经济先行数据，用电数据是一个地区经济运行的"风向标"，可作为投资决策者的参考依据。美国加州大学洛杉矶分校的研究者根据大数据理论，将人口调查信息、电力企业提供的用户实时用电信息和地理、气象等信息全部整合，设计了一款"电力地图"。该图以街区为单位，可以反映各时刻的用电量，并可将用电量与人的平均收入、建筑类型等信息进行比照。通过完善"电力地图"，能更准确地反应该区经济状况及各群体的行为习惯，以辅助投资者的决策，也可为城市和电网规划提供基础依据。

2.1.3　确保数据质量

大数据时代为电力行业带来了新的发展机遇，同时也提出了新的挑战。通过良好的大数据管理，可切实提高电力生产、营销及电网运维等方面的管理水平。为实践大数据战略，应做好以下准备工作：

（1）做好数据收集和治理工作。如果数据错误、过时或者片面，则分析结果将是不正确的；而如果数据冗余、混乱，则会增加获取数据有效信息的难度，并使数据处理效率低下。因此，确保数据高质量、规范化、格式统一是大数据应用的基础。

（2）提高相关技术能力。有了优质的数据后还需要足够的数据存储、分析和处理能力，才能充分有效地应用数据。电力企业应提升海量数据存储、分布式计算、数据挖掘、统计分析、数据可视化等技术，以满足大数据战略的需求。

（3）培养电力大数据人才。大力培养大数据技术专业型人才，尤其是技术与数据建模分析的复合型人才，是大数据战略实行的保障。

2.1.4　挑战中见需求

质量较低、共享不畅、防御脆弱、基础不牢，这些是推进电力行业大数据的困扰，同时也是推进电力行业信息化的机遇。

1. 数据质量较低，数据管控能力不强

在大数据时代，数据质量的高低、数据管控能力的强弱直接影响数据分析的准确性和实时性。目前，电力行业数据在可获取的颗粒程度，数据获取的及时性、完整性、一致性等方面的表现均不尽如人意，数据源的唯一性、及时性和准确性急需提升，部分数据尚需手工输入，采集效率和准确度还有所欠缺，行业中企业缺乏完整的数据管控策略、组织以

及管控流程。

如何从海量数据中提取有价值的信息？有观点认为，可以用智能信息基础设施替换复杂孤立的数据库，让企业能够在需要时捕捉、存储信息。也有观点认为，可以依靠软件的处理能力来甄别"垃圾"数据和"有价值"数据。究竟哪种方式更为有效，目前仍无定论。而无论哪种情况，都需要制定一个数据采集的标准，在时间、精度上进行规范，从而为后续的数据分析打好基础。

2. 数据共享不畅，数据集成度不高

大数据技术的本质是从关联复杂的数据中挖掘知识，提升数据价值，单一业务、类型的数据即使体量再大，缺乏共享集成，其价值也会大打折扣。目前，电力行业缺乏行业层面的数据模型定义与主数据管理，各单位数据口径不一致。行业中存在较为严重的数据壁垒，业务链条间也尚未实现充分的数据共享，数据重复存储的现象较为突出。

打破企业的"门户之见"，在行业中建立一个资源池，让使用者可以按需获取数据资源，共享数据资源的经验也可在大数据的应用过程中加以推广。

3. 防御能力不足，信息安全面临挑战

电力大数据由于涉及众多电力用户的隐私，对信息安全也提出了更高的要求。电力企业地域覆盖范围极广，各类防护体系建设不平衡，信息安全水平不一致，特别是偏远地区单位防护体系尚未全面建立，安全性有待提高。行业中企业的安全防护手段和关键防护措施也需进一步加强，从目前的被动防御向多层次、主动防御转变。

建立与大数据相适应的安全和隐私保护机制，通过技术手段和加强企业自律来保证数据的安全。

4. 承载能力不足，基础设施亟待完善

电力数据对储存时间的要求和海量电力数据的爆发式增长对IT基础设施提出了更高的要求。目前，电力企业大多已建成一体化企业级信息集成平台，能够满足日常业务的处理要求，但其信息网络传输能力、数据处理能力、数据交换能力、数据展现能力以及数据互动能力都无法满足电力大数据的要求，尚需进一步加强。

相关人才短缺，专业人员供应不足也影响电力大数据的发展。大数据研发应用是一项崭新的事业，电力大数据的发展需要新型的专业技术人员，例如大数据处理系统管理员、大数据处理平台开发人员、数据分析员和数据科学家等。而当前行业内外此类技术人员缺乏，这将会成为影响电力大数据发展的一个重要因素。

加强大数据人才的培养，鼓励企业内部在大数据领域的创新，同时借助制造业的专业人才也是一个不错的办法。

2.1.5 策略中得启示

从中国电机工程学会信息化专委会发布的《中国电力大数据发展白皮书（2013年）》可以看出，电力行业的大数据时代已经来临。

作为覆盖城市和乡村、具备同步传输能源与信息的最大人造网络，智能电力系统天然成为未来智慧城市建设的基础与核心。它以电力光纤到户和电力通信网为依托，进一步拓展电力大数据实践，构建家庭用电自动化和能效管理、小区的一体化信息平台、智慧城市的能效管理平台和智慧城市一体化信息服务平台，将智慧从电网带到小区再带到城市，最终实现电力发展方式和城市发展方式的共同转变。

重塑电力核心价值和转变电力发展方式是电力大数据的两条核心主线。电力大数据通过对市场个性化需求和企业自身良性发展的挖掘，驱动电力企业从"以电力生产为中心"向"以客户为中心"转变。电力大数据通过对电力系统生产运行方式的优化、对间歇式可再生能源的消纳以及对全社会节能减排观念的引导，能够推动中国电力工业由高耗能、高排放、低效率的粗放发展方式向低耗能、低排放、高效率的绿色发展方式转变。此外，电力大数据的有效应用可以面向行业内外提供大量的高附加值的内容增值服务。

结合电力业务性质以及发展需求，从数据规模、增长情况、多样化程度以及数据分析的需求等方面出发，设定长期的电力大数据应用策略，积极开展前期研究，全方位论证电力大数据的发展方向和道路，制定中长期电力大数据发展规划，设立切合实际的目标和优先级、明确的预算与期限。

在规划的基础上，面向电力生产、用户用电、企业运营等数据量大的领域，结合实际情况，找准最易实施、最易出效果、需求最迫切的环节，引导行业厂商参与，关注电力工业共性需求和特点，快速开展电力大数据实践应用，从简单分析到深入分析，再到实现智能挖掘，循序渐进，逐步深入。

2.2 大数据时代的变革

随着信息获取技术、物联网、物理信息系统、社交网络等技术的迅猛发展，全球的数字信息资源正进入一个前所未有的快速增长期。据统计，在过去的两年中人类产生的数据已经达到历史产生的全部数据的90%，如果到2020年，预计全世界多产生的数据规模将达到今天的44倍。大数据时代已经来临，它标志着信息技术的发展由计算转向了数据。而作为全球第二大经济体的基础能源支撑体系的电力工业，也必然步入电力大数据时代。

随着坚强智能电网建设的全面开展、物联网的应用，使得电力行业的数据量迅速增长，已经由TB级向PB级转变；数据来源更加多样化，数据结构也更加多样化。使用现在急需通过数据管理及数据挖掘等手段进行的电力大数据研究，以实现电力生产、营销及运维等方面生产管理水平提高为目的，可为电力企业提供强大的信息技术支撑。下面主要从电力大数据分析的角度谈谈大数据对电力企业的影响。

2.2.1　大数据与电力大数据

在IT领域，大数据是继高性能计算机、互联网、网格计算、云计算之后的又一个被大众所关注的技术术语。

可以说智能电网就是"大数据"在电力行业中的一种应用。随着电力工业与信息化的深度融合，智能电网将承载着电力流、信息流和业务流，电网和电力信息通信网的用户将发生叠加，电网的整体价值会跃升。这种价值的跃升将使电力企业具有大数据的时代特征，即电力大数据。

电力大数据在具有大数据的4V特征的同时，还具有Value特征，其具体表现如下。

- 体量大（Volume）：随着电力企业信息化快速建设和智能电力系统全面建成，电力企业在运行过程中产生了庞大的业务数据，积累了总量超过5PB的业务数据。
- 类型多（Variety）：电力大数据的数据类型可以分为结构化数据、半结构化数据和非结构化数据3种。
- 速度快（Velocity）：主要指对电力数据采集、处理、分析的速度。电力系统中业务对处理时限的要求较高。
- 真实性（Veracity）：随着大数据的爆炸性增长，产生数据的技术手段和方式越来越多，劣质数据也随之产生。
- 价值密度低（Value）：数据体量大并不代表数据中所带有的信息量和数据价值高。

2.2.2　电力大数据面临的挑战和应用前景

电力企业数据有实时采集的数据，还有新能源并网、物联网、云计算、电动汽车充换电等新的业务数据，以及 ERP、营销、一体化平台和协同办公等方面的数据。目前，电力大数据应用主要是通过挖掘上述电力生产、使用数据之间的规律，利用大数据强大的分析与预测能力，提取出更多的高附加值服务。例如将客户用电行为分析与客户细分可促进电力资源的优化配置和高效服务；预测业务走向可优化业务流程和提供对电力调度决策的支持；提高智能变电站的建设水平可优化机器和设备性能，使设备应用上更智能化和自主化；提升电力企业精细化运营管理可改善安全和执法。

电力大数据应用前景广阔，但也面临着巨大的挑战，主要包括以下5个方面。

（1）数据质量方面：数据体量大并不代表数据中所带有的信息量和数据价值高。电力大数据的数据来源涉及发、输、变、配、用电和调度的各环节，数据量大且杂，准确性和完整性不高将会影响电力大数据的应用。

（2）数据集成方面：在进行电力数据集成的过程中，电力企业内部系统众多，电力数据被分别存储于很多不同的数据库内，形成信息孤岛；有部分数据由于系统业务功能重复，在多个系统中进行了重复录入；多种测量、采集方式记录的同一组数据可能存在偏差；数据具有广泛的异构性，从原来的以结构化为主的数据类型转变为结构化、半结构化、非结构化三者结合的数据类型。

（3）数据分析方面：传统的数据分析方法主要用来处理结构化的数据，随着大数据时代的到来，研究半结构化、非结构化数据的处理、分析与提取技术变得十分迫切；那些力求通过复杂算法从有限的数据集中获取信息的传统方法已经不能适应大数据分析。在大数据分析模式下，更注重数据处理的实时性，通过高效的算法对全体数据进行实时分析。

（4）数据可视化方面：电力大数据的数据量大、数据结构复杂使其在数据可视化方面面临着新的挑战。有效的可视界面使人们能够更容易研究、浏览、观察、操纵、探索、发现、过滤、理解大规模数据，同时也有助于发现隐藏在信息内部的特征和规律，并更便于与之进行交互。

（5）数据存储方面：提高数据的查询、统计、更新效率是结构化数据存储的关键点；对于图片、视频等非结构化数据会出现存储、检索困难；对于半结构化数据，数据的转化存储，或者按照非结构化数据进行存储，都存在较大难度。

通过分析可以看出，大数据时代的到来，给信息化程度很高的电力行业带来了机遇，也带来了挑战。大数据在电力行业得到越多应用，其能够带来的价值也就越高。应把传统的电力企业信息管理工作思路转变为以数据为中心的信息化理念，从而促进电力工业与信息化的深度融合，实现全新的工作方式和商业模式，并能在智能电网建设中发挥更大的作用。

2.3 从大数据看电网改革

可以预见，我们正拥抱一个新的能源时代，这个时代的核心就是数据。大数据意味着机遇、产业、红利，它已经成为驱动经济发展的重要生产资料，将引发新一轮的生产力革命。

身处大数据时代，企业的决策将越来越多地基于数据分析而非业务判断。如何利用信息技术从海量信息中获取并利用最有价值的信息，成为电力企业"业务驱动"向"数据驱动"转变的关键。

十八届五中全会提出实施国家大数据战略，这对研究和应用大数据提出了新的要求。作为重要的战略资源，大数据将广泛渗透并深入应用于各领域，成为促进企业生产方式、运行方式和管理方式创新变革的重要驱动力。

从微观上来看，过去传统产业的数据系统主要服务于企业内部，而现在，全新的发展环境、市场环境、生存环境等，无不提醒着企业在"互联网+"的背景下，企业的运营不能仅满足于内部，而且要放眼整个生态圈。这势必对企业传统的信息系统提出新的挑战。尽管大数据概念是由互联网公司提出，起初的应用也多局限于互联网行业，但随着大数据应用逐渐深入各个行业各个领域，特别是大数据所具有的4V特点，其产生的巨大变革之力已经让各行各业意识到它的重要性。对电力企业而言，运用大数据技术，有助于企业运营向集约化转变，提升运营管理效率。

国家电网公司的"三集五大"体系建设，不仅构建了纵向贯通、横向集成的一体化信息平台，产生了大量多样化的数据，如生产管理和营销系统都已达到PB级数据规模，更需要通过开展大数据关键技术的研究、验证和示范应用，促进公司构建新型电网企业运营体系，增强价值创造力和核心竞争力。

国家电网公司目前的数据库多采用集中式服务器构建，扩展性不强，尤其是非结构化数据面临扩展性差和成本高的问题，因此，需要研究利用分布式存储、关系数据库集群等方式，实现数据存储横向扩展，以支持大批量数据的集中存储与加工处理，满足数据不断增长的要求。同时，电网生产运行和企业经营管理中业务数据类型繁多，包括结构化数据、网络日志、音频、视频、图片、地理位置信息等，多类型、海量的数据向处理能力提出了更高的要求，而通过大数据技术可以对这些问题进行完美解决，为公司节约成本，提高运行效率，创造更大的经济和社会效益。

电力企业的大数据工作包括了数据采集、数据传输、数据存储处理和数据分析4个主要环节的工作。2014年7—12月，国家电网公司组织中国电科院、南瑞集团等科研院所和信通产业单位完成大数据平台总体设计，编制形成了《国家电网公司大数据应用指导意见》，同时，确定了营销、运检、检修等7大领域的设备状态监测、负荷预测、配网故障抢修精益化管理等17个方向35项的大数据应用试点研究工作。2015年1月，国家电网公司正式启动了企业级大数据平台的研发和试点建设工作。

在电网运行领域，以推动智能电网创新发展为出发点，积极推进大数据技术在智能电网发、输、变、配、调、用6大环节的广泛应用；在经营管理领域，以促进电力企业经营管理模式创新发展为出发点，积极推进大数据技术在电网规划、配网运行、运营监测和人财物集约化管理等方面的广泛应用；在优质服务领域，以促进优质服务能力提升和新型业务形态发展为出发点，积极推进大数据技术在智能电表增值服务、电动汽车运营管理和需求侧管理等方面的广泛应用。

2015年4月，国网江苏电力运用大数据负荷预测方法，对江苏全省负荷峰值进行预测。国网江苏电力利用大数据分析，预测了2015年江苏省最高电力负荷为8440万kW，预计发生时间在8月6日。实际情况是，8月5日江苏电网最高负荷达到8480万kW，与预测相比，时间仅相差一天，负荷仅相差40万kW，足以证明大数据应用的巨大威力。

国网福建电力从管理和技术两方面入手，全面掌握低电压现状和成因，借助大数据，深入分析95598低电压投诉、运维监测数据，结合用电信息采集系统监测及现场调研，全方位排查低电压台区，准确掌握全省低电压台区分布特点、负荷特性及时间规律等低电压网络现状。

国网福建电力根据利用实测比对结果，建立电压损耗计算模型，形成台区压降成因分析图、台区电压分布图等，精确直观地展现了台区电压薄弱环节。2015年8月，国网福建电力开展城网配变重过载预警分析场景应用，识别出52台新增重载配变、13台新增过载配变，预警准确率达80%。

国家电网公司大数据试点验证工作能取得阶段性的成果，证明了电力企业大数据建设从体系研究、平台建设、试点应用等一系列工作的科学性和可行性，充分反映了大数据技术符合电力企业发展要求和发展规律，为推进信息通信新技术推动智能电网和"一强三优"现代公司创新发展行动计划奠定了坚实基础。

2.4　电网行业的变革点

大数据作为重要的生产要素，是能源电力行业发展转型的重要支撑，一方面大数据能促进能源电力行业管理变革，提高能源资源配置效率，比如能耗（电力）在线监控系统的建设对于节能减排具有重要贡献；另一方面是可以提高国民经济的监控能力，将能源电力系统的运行作为反映国民经济运行安全与效率的晴雨表。

电网的业务数据大致分为3类：一是像发电量、电压稳定性等方面的电力企业生产数据；二是像交易电价、售电量等方面的电力企业运营数据；三是如一体化平台、协同办公等电力企业管理数据。业界认为，如果能充分利用这些基于电网实际情况的数据，对其进行深入分析，便可以由此提供大量的高附加值服务。

中国电力企业联合会通过研究建立电力行业信用信息应用大数据中心，采集电力企业信息（含售电企业），同时进行动态管理，从不同维度采集数据，从不同方面加强数据交换和共享，实现了政府、行业、企业协作，电力企业信用信息及时公示，并将其逐步纳入全国统一信用大数据中心，形成覆盖全行业及其上下游信用链的征信系统，建立守信激励和失信惩戒机制，进一步提高电力行业诚信意识和信用水平，通过建设与全国统一的征信系统对接的电力行业信用管理与服务平台，为行业和社会监督、信用评价与信用采信提供便捷的途径。

无疑，大数据为能源电力的发展带来了新机遇，但是要想顺利搭上"大数据"这班列车，业界至少还需要跨过几道门槛。

目前社会各界获取电力相关信息的方式主要有国家发展改革委、国家统计局、国家能源局等部委网站、门户网站、主流纸媒、各类论坛会议以及相关咨询研究机构等，尚缺乏一个全面、权威的支撑科学决策的电力行业大数据中心。

从电力企业知识管理的角度来讲，以往以文献信息为主的知识主要来源于数据库资源、互联网情报资源以及企业内部档案资源，但这些知识从数据量的角度来讲，尚达不到大数据PB量级。但这并不意味着电力企业无法开展大数据知识管理。

据科学家估算，人类大脑容量预计为1.25TB，这意味着，一个拥有800名员工的企业，其隐性知识存有量就能达到1PB（1024TB），即"大数据"量级。另外，从数据挖掘与揭示的角度来讲，大数据在电力行业信息服务领域的应用还包括挖掘文献背后的概念语义关系。据闵艳丽介绍，以往查询"智能电网"，通过网络一站式检索，能够找到大量与之相关的学术文献，更深一步的信息服务仅仅是按作者、机构、基金、来源、时间等对文献进行排序。如果运用大数据可视化技术，我们可以从更多维度来深度揭示文献背后的隐性关系，比如通过发文量统计与揭示，找到最近3年"智能电网"的总体研究趋势，再比如通过关键词在上述文献中的出现次数，可分析出近3年的研究热点。

能源电力作为企业重要的成本支出项，是企业管理的重要内容。由于大数据的基础投入较大，在大中型工业企业的应用较好，中小企业的应用方面相对薄弱。比如建筑用能方面，大型公共建筑应用较多，一般公共建筑和居民建筑应用较少，主要原因是单个大数据平台的基础建设成本较高，可以通过建立大数据公共服务平台的方式降低成本，提高服务水平。交通用能方面，大量货运企业都是"小、散、乱"的组织形态，大数据应用和节能减排方面的能力不足，是电力企业开展大数据转型重点关注的方向。

能源电力行业应如何与大数据更好地结合发展？一是要强化能源电力行业内部的大数据资源建设，培育专业的大数据服务商，发挥能源电力行业在"互联网+"和大数据应用的先行引领作用；二是要加强能源电力行业大数据资源与国民经济其他行业大数据资源的交换共享，打造能源经济运行大数据监控平台，为各级政府、行业部门、企业和公众等服务。

第3章
电网大数据的基本概念

3.1 电网大数据定义

在时下的流行语中，很难找出一个比"大数据"更吸引眼球的术语了。1980年，阿尔文·托夫勒在《第三次浪潮》中预言了信息时代的到来会带来数据爆发，约翰·梅西在1998年的美国高等计算机系统协会大会上首次提出"大数据（Big Data）"一词。什么是大数据？这一概念目前尚未形成统一的定义。几种代表性的观点如下：麦肯锡公司认为"大数据是指无法在一定时间内用传统数据库软件工具对其内容进行抓取、管理和处理的数据集合"；维基百科认为"大数据是指无法在一定时间内用常规软件工具对其内容进行抓取、管理和处理的数据集"；全球最具权威的IT研究与顾问咨询公司——高德纳公司认为"大数据是需要新处理模式才能具有更强的决策力、洞察发现力和流程优化能力的海量、高增长率和多样化的信息资产"。

大数据时代已经来临，它将在众多领域掀起变革的巨浪，这是毋庸置疑的事实。在以云计算为代表的技术创新大幕的衬托下，这些原本很难收集和使用的数据开始容易被利用起来了，通过各行各业的不断创新，大数据会逐步为人类创造更多的价值，而对于电网企业来说，大数据的应用同样会促进企业的跨越发展。

大数据的本质是事物的时域、空域记录，并非事物的描述数据。其实人类文明就是大数据的记录与应用积累，当今社会进入了信息时代，信息化的本质是用IT技术和方法描述世界，描述事物的内在本质、过程规律和业务规则。信息化的应用过程就是在描述好事物的软件系统中实现人工和/或机器记录。大数据成为热门是因为信息化、互联网、终端的普及和应用让我们进入了一个机器自动记录的时代，爆炸性增长的记录数据使传统的人工、单机/单节点的机器处理能力无法完成记录的分析、挖掘，由此催生了云计算和大数据概念并推动人工智能的工程应用。机器学习等人工智能技术就是机器处理大数据及大数据应用的高级模式。

大数据应用的本质是推导规律、预知未来，并非简单的统计分析。在信息化时代以前，人类就有典型的大数据应用，如视觉美学总结的黄金分割（0.618），社会学中的在特定时空范围内存在的"二八"理论。在信息化时代，大数据极大地依赖信息化及其应用，开展大数据分析也必须应用信息化方法与手段，要符合信息化业务驱动、目标导向等原则。没有目标的大数据平台建设或挂大数据"羊头"是不利于信息化建设和大数据应用的。

互联网大数据与电力企业大数据是有区别的。互联网本质是跨区域的信息化网络基础设施，其大量的内容服务和居于互联网社交软件并不存在描述事物的过程，即没有对象模型。人们应用互联网留下了应用记录（大量的非结构化数据），分析这些大数据记录的前提是重新构建记录的对象，对记录标识特征。企业信息化一般经过业务标准化和业务流程梳理过程，所以企业的大数据存在对象描述，但企业应用的困难是建设的系统在对象描述上不统一、对象上的记录不完整。所以互联网大数据与企业大数据应用尽管原理与方法一致，但分析工作的重点是有区别的。互联网公司在开展大数据分析的工具、技术方法不完全适用于企业，更不能把互联网大数据的平台建设当作企业大数据应用工作的全部。

区别好对象模型数据与记录数据是大数据分析的基础。尽管描述事物对象的数据也可以达到PB级，如人类的基因图谱、地球大气层流动模型、电网的网络结构模型等，但这些数据不是大数据，而在这些对象模型上构建软件并记录的业务变化是大数据。所以在大数据应用方面存在两类数据的预处理，一类是模型数据预处理，另一类是记录数据预处理。模型层面的预处理本质是信息化建设方案的科学性、合理性。记录的完整性很大程度上取决于信息化方案，同时也取决于信息系统的应用过程。一旦软件上线，再进行数据治理来解决模型之间的不一致性或对记录的二次"模型化"加工是一种方法论上的误导。正确的方法应该是依据企业架构和行业解决方案完善信息化架构，实现企业信息化架构规范和引导下的信息系统建设和应用，在企业层面统筹企业模型、统筹系统结构和功能界面、统一业务系统应用规范。企业的数据治理必须在建设方案中完成，系统建成系统后的数据治理是无效的。当然，在系统运行过程中数据库的技术数据治理是必须的。

大数据应用在电网领域大有可为。在电网企业中，电量数据是一组典型的大数据，客户和客户的电表台账是电量数据的宿主对象。在采集系统中对客户和电表台账进行建模后，各用户电表的时序记录就是电量大数据。

下面结合国网江苏电力开展的负荷预测大数据应用简述大数据应用方法。

首先是数据预处理。对象模型的预处理，依托营配调一体化，建立客户和电表台账与电网供电逻辑关系，构建电网各电压层级直至各台区到用户的关联模型；记录数据的预处理，对电量记录电度值进行年度节假日除权还原，去除电量的节假日因素，去除记录奇点和内插补全个别记录缺点等工作。

其次是分行业回归建立日电量与气温、湿度等因素用电模型，依据实时运行方式累计各台区日电量、日负荷，完成各区域、各电压等级的电量和负荷预测模型的构建，并构建模型机器学习，保持模型的时效性。

最后，由大数据平台给预测模型导入实时气温与前一时段的电量和负荷，实现短期、超短期的全网负荷预测。同样原理，也可关联宏观GDP与电量指数，结合业扩包装量变化，实现中长期负荷预测。

2015年，江苏电网以全样本的用户每日实时采集用电数据，结合十多年用电、业扩、气象等历史数据，建立起涵盖全省各地区、分行业以及25万专变用户和40万台公用变压器的包括温度、湿度、节假日、周末等要素的多维度用电影响模型，模型包含的数据关联关系超过110亿项，开展负荷中长期、短期、超短期预测工作，有效指导了生产工作。

此外，电量大数据的应用在行业内外还有大量的可应用价值，如从用电设备节能潜力分析全社会节能潜力、大用户用电特征分析行业产能利用情况、居民用户家庭活动特征等。大数据应用在电网领域大有可为。

3.2　电网大数据特征

随着互联网、物联网、云计算等技术的快速发展，以及智能终端、网络社会、数字地球等信息体的普及和建设，全球数据量出现爆炸式增长，仅在2011年就达到了1.8万亿GB。IDC预计，到2020年全球数据量将增加50倍。毋庸置疑，大数据时代已经到来，一方面，云计算为这些海量的、多样化的数据提供了存储和运算平台；另一方面，数据挖掘和人工智能从大数据中发现知识、规律和趋势，也能为决策提供信息参考。

大数据通常被认为是一种数据量很大、数据形式多样的非结构化数据。随着对大数据研究的进一步深入，大数据不仅指数据本身的规模，也包括数据采集工具、数据存储平台、数据分析系统和数据衍生价值等要素。

3.2.1　数据量大

在大数据时代，各种传感器、移动设备、智能终端和网络社会等无时无刻不在产生数据，数量级别已经突破TB，发展至PB乃至ZB，统计数据量呈千倍级别上升。据统计，2012年全球产生的数据量达到了2.7ZB，2015年产生的数据量超过8ZB。

3.2.2　类型多样

当前大数据不仅仅是数据量的井喷式增长，而且还包含数据类型的多样化。以往数据大都以二维结构呈现，但随着互联网、多媒体等技术的快速发展和普及，视频、音频、图片、邮件、HTML，RFID，GPS和传感器等产生的非结构化数据也每年以60%的速度增长，预计非结构化数据将占数据总量的80%以上。

3.2.3　运算高效

基于云计算的Hadoop大数据框架，利用集群的威力高速运算和存储，实现了一个分布式运行系统，以流的形式提供高传输率来访问数据，适应了大数据的应用程序。而且，数据挖掘、语义引擎、可视化分析等技术的发展，可从海量的数据中深度解析，提取信息，成为掌控数据增值的"加速器"。

3.3　电网大数据分类

电力大数据是大数据理念、技术和方法在电力行业的实践。电力大数据涉及发电、输电、变电、配电、用电、调度各环节，是跨单位、跨专业、跨业务数据的分析与挖掘以及数据可视化。电力大数据由结构化数据和非结构化数据构成，随着智能电网建设和物联网的应用，非结构化数据呈现出快速增长的势头，其数量将大大超过结构化数据。

电力大数据的应用一方面是与宏观经济、人民生活、社会保障、道路交通灯信息融合，促进经济社会发展；另一方面，是电力行业或企业内部跨专业、跨单位、跨部门的数据融合，来提升行业、企业管理水平和经济效益。

大数据可通过许多方式来存储、获取、处理和分析。每组大数据来源都有不同的特征，包括数据的频率、量、速度、类型和真实性。处理并存储大数据时，会涉及更多维度，比如治理、安全性和策略，选择一种架构并构建合适的大数据解决方案将极具挑战性，因为需要考虑的因素非常多。

国家电网公司为深入推进"两个转变"，实现"一强三优"现代公司的战略目标，提出了建设三集五大体系的重大举措。三集五大体系的建设不仅是传统电网设施的升级和改造，还是更全面、更深入的电网运行模式和业务模式的革新。首先，三集五大体系使信息通信技术正以前所未有的广度、深度与电网生产、企业管理快速融合，三集五大等业务协同性更强，业务流、信息流趋于一致；电网业务数据将从时效性层面进一步丰富和拓展。其次，充分利用这些基于电网实际的数据，对其进行深入分析，挖掘更深层次的数据价值，便可以提供大量的高附加值服务。这些增值服务将有利于电力企业精细化运营管理，提高公司管理水平和运营效率，并可以产生很多创新性业务。

3.3.1　大数据在大规划中的应用分析

随着配网规划业务的覆盖面进一步扩大，将逐渐积累TB级数据，这对数据的收集、存储和分析处理将提出更高的要求。届时可以利用大数据技术进一步提升如下业务应用价值。

（1）用电量预测。基于海量历史电量数据，规划区域面积、历史人口、历史国民经济数据、三产比例等变化情况，对区域用电量进行预测，作为进一步规划设计的依据。

（2）空间负荷预测。基于全网中各小区的占地面积、用地类型、容积率，行业的建筑面积负荷密度、占地面积负荷密度，小区目标年占地面积、小区目标年建筑面积，总负荷值、行业负荷值等数值，对远景年负荷进行预测。

（3）多指标关联分析。从多个外部系统（如GIS、PMS、OMS等）抓取所需数据的时间一致性切片，进行综合分析利用，从而支持规划设计。

3.3.2　大数据在大建设中的应用分析

在大建设应用方面，系统目前每年管理的项目可以达到2000～3000个，但由于自身数据存储和处理能力有限，在管理项目时只能保留少量的建设现场信息（仅图片，无视频），这导致管理人员无法全面地了解项目的工作细节，且由于缺乏自动化的分析与决策应用支持，这些数据也无法得到有效利用。

利用大数据技术在"大建设"基建系统中的应用主要可在如下几个方面提升：提高系统非结构化数据存储能力，扩大现场信息收集范围和频率，提升建设项目管理全面性和准确性；通过大数据技术，逐步形成并提高对大量非结构化数据的分析处理能力，基于此能力之上，采用自动对比，模式识别等挖掘技术，对建设管理的整个过程提供良好的、自动化的智能分析和监控功能。

3.3.3　大数据在大检修中的应用分析

设备状态信息的获取手段有很多种，目前最常用的是通过各种传感器，实时或定期获取设备的状态信息。视频作为一种特殊的传感数据，可以作为设备状态信息获取的一种重要而有效的手段。随着视频数据智能分析技术的发展，目前已经能够实时准确地识别变电站多种表计、刀闸、开关与隔离开关的位置、状态或读数。通过对视频数据的智能分析，还可以起到其他类型传感数据无法实现的功能。利用大数据技术，主要使大检修应用可在如下4个方面提升。

（1）状态评价。综合设备各种基础及运行监测数据，加上视频数据智能识别技术识别出的设备状态量等，建立综合评价模型，得出设备总体健康状态。

（2）趋势分析。研究基于历史数据的趋势分析算法，建立反映设备健康状态的数学模型，对设备故障进行趋势分析，掌控设备风险。

（3）实时报警。基于视频监控的设备自动巡检技术和安防技术，发现外观变化、表计变化、发热缺陷、非法入侵、物体靠近、现场烟火等设备健康危害因素，进行实时报警，保证设备的正常运行。

（4）检修、技改、大修决策支持。根据设备评价结果，优化检修策略，为技改、大修计划制定、筛选评审提供决策依据。

3.3.4　大数据在大运行中的应用分析

设备状态管理是公司大运行应用的重要业务模块。设备状态管理可对计划类应用进行校验并提供完善的建议，为电网调度提供辅助决策，提升电网安全性与可靠性。设备状态管理目前只根据其他调度业务进行当前设备状态断面的记录，没有对历史设备断面的查询及未来状态的预测分析。随着调度业务规范的进一步完善，对设备状态模块的提升需求日趋迫切。设备状态管理基于电网设备台账信息、设备拓扑信息、设备遥信遥测信息等相关信息，可以进行设备状态的以下3类大数据应用。

（1）历史时刻查询。实现设备数据的海量存储，直接快速查询到某时刻的设备状态及设备的操作历程。

（2）设备数据质量分析。综合设备信息得出当前设备状态断面，进行系统间设备状态的互检比对，提醒其他系统或功能进行检查与核对。

（3）未来时刻断面预测。基于海量存储的历史状态数据，自动总结电网调度规则，在任意时刻断面的基础上，自动收集涉及设备状态变化的计划类信息，进行智能编排，演算出未来一段时间内的调度操作历程，最终预测电网在某一时刻的设备断面。

3.3.5　大数据在大营销中的应用分析

大营销的重点是优化现有营销组织模式，拓展面向智能化、互动化的服务能力，加快用电信息采集系统建设，科学配置计量、收费和服务资源，实现计量检定配送、95598服务等业务向省级集中，构建营销稽查监控体系，推行统一的业务模式、服务标准和工作流程。目前公司大营销业务相关的支撑系统主要有SG186工程核心之一的营销业务系统、负责用户侧电能量自动采集的用电信息采集系统、支撑营销数据日常统计工作的辅助决策系统等。其中营销业务系统负责业扩报装、电费核算收缴等日常业务的流程管控，用电信息采集系统负责用户电量信息采集，为营销业务系统电费核算提供数据，辅助决策系统用于完成统计报表制作等功能。另外，为了满足营销业务新的需求，相关网省公司建设了诸如智能客户档案管理等系统，用于将供电合同、用户身份证明等纸质资料扫描存档，方便检索和查找。

大营销相关系统数据量的急剧增加，给数据存储、分析处理、统计计算带来极大挑战。根据大营销业务、信息系统及其数据的现状和需求，大数据可以在以下方面促进大营销的进一步提升：营销海量数据的高效分布式存取和并行计算。深度挖掘营销数据价值，从管理、客户服务、业务拓展等不同的方向促进营销业务提升。其中管理方向主要有线损分析、用电异常分析、计量和采集设备的智能化运维等；客户服务方向主要是向用电客户提供有针对性的用电优化建议，促进用户节约用电；业务拓展方向是积极策划数据类产品，引导和促进公司由"只卖电"向"也卖电"发展。

3.3.6   大数据在运营监控中心中的应用分析

国家电网两级运营监控中心以服务公司战略为目标，以核心资源和主要经营活动管控为重点，以信息化手段为支撑，打造全天候、全方位、全流程综合管理运营监测平台。利用大数据技术在运监中心中的应用主要可在如下3个方面提升。

（1）构建大数据背景下的在线监测、在线分析和在线计算工作平台，满足日常监测、协调控制与综合管理需要。建设总部和省公司两级运营监控（测）中心，实现对公司经营管理24小时即时在线监测分析，及时发现公司运营过程中的异动和问题并自动预警。

（2）跨业务多专业关联分析。为了满足运监跨业务跨专业分析和挖掘的需要，在大数据环境下迫切需要构建多种业务模型和分析挖掘算法，形成大数据模型库和算法库，利用聚类和模式识别技术，实现运营监测多业务关联分析，如对营销和财务收支情况建模进行关联分析等。

（3）运监数据及监测对象的质量诊断体系。通过在大数据环境下对海量异构数据进行实时监控分析，在数据处理全过程中不断提升数据质量，持续改进数据可用率，来为拓展传统的决策分析提供保证。

3.3.7   大数据在客服中心中的应用分析

客户服务中心是公司优化整合服务资源，打造"全业务、全天候，服务专业化、管理精益化、发展多元化"的供电服务平台。客服中心核心业务系统分为95598智能互动网站、95598业务支持系统、基础支撑平台3个独立系统。95598业务支持系统采用全国一级部署模式。按客户服务中心数据的种类来分，主要有两类，一是档案、交易和GIS等结构化数据，全国约有3TB，日增约1GB；二是语音、音频类非结构化数据，以文件形式保存，全国约有近10TB，年增7TB，并有加速增长趋势。利用大数据技术在客户服务中心的应用可在如下3个方面提升。

（1）服务质量实时监控。采用大数据技术实现对服务通话的准实时/实时监控和分析，通过对客服过程的实时质检，最大限度地保障通话服务质量。

（2）热点问题集中处理。采用大数据技术挖掘一段时间内的用户关注热点，并及时答复和处理，提高客户满意率。

（3）座席答案智能推送。人工搜索答案及时性很难满足要求，利用大数据技术实现答案的智能匹配并自动推送给座席。

基于国家电网公司现有一体化平台、业务现状及电力数据特点，提取公司三集五大和两中心中电力行业大数据分析的典型应用场景，运用大数据核心业务应用分析技术，提升现有平台对电力大数据的存储、计算、分析和管控能力；结合三集五大两中心核心业务需求，构建以业务趋势预测、数据价值挖掘为主的大数据服务体系，试点并推广大数据应用，提高公司生产经营和管理服务水平。

3.4　电网大数据生命周期

随着互联网运用的不断普及，人们不管是工作、生活、学习都已离不开大数据，对数据安全的保护愈显重要。在互联网时代，不论接受与否，大数据都已融入了人们的生活。从数据本身来看，它从产生到销毁是有生命周期的，即每个数据都有生命。大数据之所以"大"，首先是它的体量大，数据来源比较杂，所以会产生诸多独特的安全保护需求。

随着各家银行、企业、政府实施数据共享，集中存放和处理的数据量急剧增加，系统资源开销和运行效率都面临着越来越大的压力，为控制在线数据规模、保证应用系统健康高效运行，对数据从创建到最终销毁的生命周期进行全程管理，显得越来越迫切。

在此过程中，不同阶段的数据其性能、可用性、保存等要求也不一样。通常情况下，在生命周期初期，数据的使用频率较高，需要使用高存储以确保数据的高可用性；随着时间的推移，数据重要性会逐渐降低，使用频率也会随之下降。

所以，要对每个数据进行有效保护，才能使数据的价值得到有效利用。例如，我们应将数据进行不同级别的存储，为其提供适当的可用性、存储空间，以降低管理成本的资源开销。另外，最终大部分数据将不再会被使用，可以将数据清理后归档保存，以备临时需要时使用。

总之，对于数据全生命周期管理，我们可以通过设计历史数据库、归档数据库、数据仓库、备份数据、测试数据库等平台，对历史数据分级归档，对敏感数据脱敏处理，并对流向各个平台的数据进行安全管控，实行按角色授权管理、查询。

数据安全是智慧城市的核心。事实上，数据处理周期可划分为数据源、数据管理与数据应用三个环节。数据源是保证，管理是手段，应用才是根本。以打造智慧城市为例，打造的是以物联网为基础、以大数据为灵魂的城市。

为什么这样说呢？因为一座智慧城市的建设，不是简单地决定于建了多少摄像头、布局了多少网络基站，更多的应该是通过对数据的分析，去指导我们如何进行社会治理。由此来看，数据安全是智慧城市的核心，这样的数据安全保障，未来不仅仅涵盖图像和文字，还要涵盖信号系统。

数据安全具有保密性、完整性、实时性3个特征。一旦数据不完整乃至数据实时延迟，便会影响到数据存储空间、传输信道、物理体制、处理机构等各个方面。这是一个很复杂的系统，需要全社会的共同参与。

首先，要推进网络安全治理的社会化。在发挥好党委领导、政府主导作用的同时，引导广大网民增强主人翁精神，激发社会自治、自主、能动力量，把大众的问题交由大众解决。

其次，要推进网络安全治理的法治化。善于运用法治思维构建网络行为有预期、管理过程公开、责任界定明晰的网络治理制度体系，通过运用法治方式把网络治理难题转化为执法司法问题加以解决。

第三，要推进网络安全治理的精细化。在提升社会治理现代化水平过程中，不断培育以尊重事实、推崇理性、强调精确、注重细节为主要特征的"数据文化"，把精细化、标准化、常态化理念贯穿于网络安全治理全过程。

企业建立大数据的生命周期应该包括：大数据组织、评估现状、制定大数据战略、数据定义、数据收集、数据分析、数据治理和持续改进。

3.4.1　大数据的组织

没有人，一切都是妄谈。大数据生命周期的第一步应该是建立一个专门设预算且独立KPI的"大数据规划、建设和运营组织"，包括高层的首席数据官，公司数据管理委员会或大数据执行筹划指导委员会，大数据项目组或大数据项目组的前身（大数据项目预研究团队或大数据项目筹备组）。这个团队是今后大数据战略制定和实施者的中坚力量。

3.4.2　大数据的现状评估和差距分析

在制定大数据研究分析战略之前，先要做现状评估，评估前的调研包括3个方面：一是对外调研，包括了解业界大数据有哪些最新的发展，行业顶尖企业的大数据应用水平如何，行业的平均水平尤其是主要竞争对手的大数据应用水准如何；二是对内客户调研，包括管理层、业务部门、IT部门自身、最终用户，对大数据业务有何期望等；三是自身状况摸底，了解自己的技术、人员储备情况。根据分析情况找到业务痛点，找出业务痛点后，要给出成熟度现状评估。一般而言，一个公司的大数据应用成熟度可以划分为4个阶段：初始期（仅有概念，没有实践）；探索期（已经了解基本概念，也有专人进行了探索和探讨，有了基本的大数据技术储备）；发展期（已经拥有或正在建设明确的战略、团队、工具、流程，交付了初步的成果）；成熟期（有了稳定且不断成熟的战略、团队、工具、流程，不断交付高质量成果）。

3.4.3　大数据的战略

有了大数据组织、知道了本公司大数据的现状、差距和需求就可以制定大数据的战略目标了。大数据战略的制定是整个大数据生命周期的灵魂和核心，它将指引整个组织大数据的发展。

大数据战略的内容没有统一的模板，但有一些基本的要求。

（1）要简洁，又要能涵盖公司内外干系人的需求。

（2）要明确，以便清晰地告诉所有人我们的目标和愿景是什么。

（3）要现实，即这个目标经过努力是能达成的。

3.4.4　大数据的定义

"数据不去定义它，你就无法采集它；无法采集它，你就无法分析它；无法分析它，你就无法衡量它；无法衡量它，你就无法控制它；无法控制它，你就无法管理它；无法管理它，你就无法利用它"。所以"在需求和战略明确之后，数据定义就是一切数据管理的前提"。

3.4.5　数据采集

（1）大数据时代的数据源很广泛，它们可能来自于3个主要方面：现有公司内部网各应用系统产生的数据（比如办公、经营生产数据）、来自公司外互联网的数据（比如社交网络数据）和物联网等。

（2）大数据的种类有很多，总的来讲可以分为传统的结构化数据和大量的非结构化数据（比如音视频等）。

（3）数据采集、挖掘工具有很多，如基于或集成Hadoop的ETL平台、以交互式探索及数据挖掘为代表的数据价值发掘类工具也渐成趋势。

（4）数据采集的原则。在数据源广泛、数据量巨大、采集挖掘工具众多的背景下，大数据决策者必须清楚地确定数据采集的原则："能够采集到的数据，并不意味着值得或需要去采集它。需要采集的数据和能够采集到的数据的'交集'，才是我们确定要去采集的数据。"

3.4.6　数据处理和分析

业界有很多工具能帮助企业构建一个集成的"数据处理和分析平台"。对企业大数据管理者、规划者来讲，关键是"工具要满足平台要求，平台要满足业务需求，而不是业务要去适应平台要求，平台要去适应厂商的工具要求"。这个集成的平台应该具有检索、分类、关联、推送和方便地实施元数据管理等能力。

3.4.7　数据呈现

大数据管理的价值，最终要通过多种形式的数据呈现来帮助管理层和业务部门进行商业决策。大数据的决策者需要将大数据的系统与BI（商业智能）系统和KM（知识管理）系统集成。

3.4.8　审计、治理与控制

（1）大数据的审计、治理和控制指的是大数据管理层组建专门的治理控制团队，制定一系列策略、流程、制度和考核指标体系来监督、检查、协调多个相关职能部门的目标，从而优化、保护和利用大数据，保障其作为一项企业战略资产真正发挥价值。

（2）大数据的治理是IT治理的组成部分，大数据的审计是IT审计的组成部分，这个体系要统筹规划和实施，而不是割裂地规划和实施。

（3）大数据的审计、治理与控制的核心是数据安全、数据质量和数据效率。

3.4.9　持续改进

基于不断变化的业务需求和审计与治理中发现的大数据整个生命周期中暴露的问题，引入PDCA等方法论，去不断优化策略、方法、流程、工具，不断提升相关人员的技能，从而确保大数据战略的持续成功。

3.5　电网的价值链

如仅从体量特征和技术范畴来讲，电力大数据是大数据在电力行业的聚焦和子集。但是，电力大数据不仅仅是技术进步，更是涉及整个电力系统在大数据时代发展理念、管理体制和技术路线等方面的重大变革，是下一代智能化电力系统在大数据时代下价值形态的跃升。

重塑电力核心价值和转变电力发展方式是电力大数据的两条核心主线。电力大数据通过对市场个性化需求和企业自身良性发展的挖掘，驱动电力企业从"以电力生产为中心"向"以客户为中心"转变。电力大数据通过对电力系统生产运行方式的优化、对间歇式可再生能源的消纳以及对全社会节能减排观念的引导，能够推动中国电力工业由高耗能、高排放、低效率的粗放发展方式向低耗能、低排放、高效率的绿色发展方式转变。此外，电力大数据的有效应用可以面向行业内外提供大量的高附加值的内容增值服务。

意昂集团（E.ON）是欧洲最大的电力集团公司之一，兼营石油、贸易、运输等业务，2012年在世界500强榜单上排名第16位，英、德等30多个国家的电网与发电企业都属于该集团旗下资产，用户数量超过2600万人。2015年4月，该集团宣布携手瑞典爱立信（Ericsson）公司探索"大数据"。

爱立信公司将向意昂集团出售相应的电网应用设备和软件，用来将意昂旗下电网的数据传输量提高3000%，可见这家电力企业在未来对数据的依赖。爱立信公司将帮助意昂对这些数据进行管理和分析，从而为企业经营服务。这次"大数据"合作主要集中在瑞典电网，意昂在瑞典大约拥有60万块智能电表。

像意昂这样的大型综合性集团，为什么一定与他人联手而不是让自己的办公室来分析数据呢？

IBM公司在美国德克萨斯州有个智能电网项目，将拥有320万块智能电表，"原来都是每个月抄一次表，现在智能电表每15分钟就向IBM公司发送一次用户的用电数据。320万块表，15分钟抄一次，一个月下来是多么大的一堆数据？没有专业化的'大数据'分析肯定不行。"项目负责人说。这或许就是意昂集团牵手爱立信公司做"大数据"的原因。

与此同时，电力设备制造商西门子公司也宣布携手数据分析公司天睿（Teradata）进行"大数据营销"，将电力企业设定为目标客户，提供从智能电表到电网运行系统的设备制造与数据分析服务。此前，天睿公司已经和美国南加州爱迪生电力公司等电力企业建立合作，对停电、电力供应、电力需求、天气对电力供需的影响等数据进行精确分析，从而为电网安全运行提供更可靠的参考依据。

目标达成时，"大数据"所包含的信息将会给发电和电网企业做出更好的预测，比如气温每升高一度对电力需求的影响、用电高峰时间可以精准到分钟等具体数据，都可以通过"大数据"分析来获得。

《大数据时代》的作者舍恩伯格说，可以抽象地认为，智能电网就是"大数据"这个概念在电力行业中的应用，就是通过网络将用户的用电习惯等信息传回给电网企业的信息中心，进行分析处理，并对电网规划、建设、服务等提供更可靠的依据。

日前，美国加州大学洛杉矶分校的研究者就根据"大数据"理论设计了一款"电力地图"，将人口调查信息、电力企业提供的用户实时用电信息和地理、气象等信息全部集合在一起，制作了一款加州地图。该图以街区为单位，展示每个街区在当下时刻的用电量，甚至还可以将这个街区的用电量与该街区人的平均收入和建筑物类型等相比照，从而得出更为准确的社会各群体的用电习惯信息。

这个"大数据"地图也为城市和电网规划提供了直观有效的负荷数预测依据，也可以按照图中显示的停电频率较高、过载较为严重的街区进行电网设施的优先改造。

同时，对于风能、太阳能等具有间歇性的新能源，通过"大数据"分析进行有效调节，也可以使新能源更好地与传统的水火电进行互补，更为灵活地出力。

随着数字信息化时代的迅猛发展，信息量也呈爆炸性增长态势。在人类充分享受信息化带来的资讯、方便和快捷时，也使得全球的数字信息资源进入到一个前所未有的快速增长期。据IDC统计，2011年全球数据量已达到1.8ZB，相当于全世界人均产生200GB以上的数据，并且还将以每年50%的速度继续增长。在这汹涌来袭的数据浪潮下，社会各个领域也将开始其数据化进程。无论学术界、商界还是政府，都将不可避免地进入"大数据时代"。

作为全球第二大经济体的基础能源支撑体系，中国电力工业概莫能外。近几年，电力行业信息化也得到了长足的发展。我国电力企业信息化起源于20世纪60年代，从初始电力生产自动化到80年代以财务电算化为代表的管理信息化建设，再到近年大规模的企业信息化建设，特别伴随着下一代智能化电网的全面建设，以物联网和云计算为代表的新一代IT技术在电力行业中的广泛应用，电力数据资源开始急剧增长并形成了一定的规模。从长远来看，作为中国经济社会发展的"晴雨表"，电力数据以其与经济发展紧密而广泛的联系，将会呈现出无与伦比的正外部性，对我国经济社会发展以至人类社会进步也将形成更为强大的推动力。

据统计，截至2013年底，国家电网建成世界最大电能计量自动化系统，累计安装智能电能表1.82亿只，实现采集1.91亿户，采集覆盖率56%，自动抄表核算率超过97%。智能电网可以产生巨大的数据量。比如国网信通在北京5个小区，353个采集点，采集1.2万个参数，包括频率、电压、电流等，15分钟采集一次，一天就能产生34GB数据。

3.5.1　电力大数据的概念

电力大数据是大数据理念、技术和方法在电力行业的实践。电力大数据涉及发电、输电、变电、配电、用电、调度各环节，是跨单位、跨专业、跨业务的数据分析与挖掘，以及数据可视化。电力大数据由结构化数据和非结构化数据构成，随着智能电网建设和物联网的应用，非结构化数据呈现出快速增长的势头，其数量将大大超过结构化数据。

3.5.2　电力大数据的前景

在电力行业，坚强智能电网的迅速发展使信息通信技术正以前所未有的广度、深度与电网生产、企业管理快速融合，信息通信系统已经成为智能电网的"中枢神经"，支撑新一代电网的生产和管理发展。当前，电网业务数据大致分为3类：一是电力企业生产数据，如发电量、电压稳定性等方面的数据；二是电力企业运营数据，如交易电价、售电量、用电客户等方面的数据；三是电力企业管理数据，如ERP、一体化平台、协同办公等方面的数据。如能充分利用这些基于电网实际的数据，对其进行深入分析，便可以提供大量的高附加值服务。这些增值服务将有利于电网安全检测与控制（包括大灾难预警与处理、供电与电力调度决策支持和更准确的用电量预测），客户用电行为分析与客户细分，电力企业精细化运营管理等，实现更科学的需求侧管理。

3.5.3　电力大数据技术

电力大数据技术需满足电力数据飞速增长的需要，满足各专业工作的需要，满足提高电力工业发展的需要，服务于经济发展的需要。电力大数据技术包括高性能计算、数据挖掘、统计分析、数据可视化等。

（1）高性能计算

通过Hadoop分布式计算技术采用MapReduce模型建立分布式计算集群或者Yonghong Z-Suite等高性能工具，对电力大数据进行分布式计算和处理。

（2）数据挖掘

数据挖掘技术是通过分析大量数据，从中寻找其规律的技术，主要有数据准备、规律寻找和规律表示3个步骤。数据准备是从相关的数据源中选取所需的数据并整合成用于数据挖掘的数据集；规律寻找是用某种方法将数据集所含的规律找出来；规律表示是尽可能以用户可理解的方式（如可视化）将找出的规律表示出来。

数据挖掘的常用方法有关联分析、聚类分析、分类分析、异常分析、特异群组分析和演变分析等。

（3）统计分析

统计分析，常指对收集到的有关数据资料进行整理归类并进行解释的过程。统计分析可分为描述统计和推断统计：

- 描述统计是研究数据收集、处理、汇总、图表描述、概括与分析等统计方法，内容有收集数据、整理数据、展示数据、描述性分析。
- 推断统计是研究如何利用样本数据来推断总体特征的统计学方法、包含参数估计、假设检验。

（4）数据可视化

数据可视化主旨在于借助图形化手段，清晰有效地传达与沟通信息，便于相关者对数据的理解和认识。数据可视化与信息图形、信息可视化、科学可视化以及统计图形密切相关。

智能电网中数据量最大的应属电力设备状态监测数据。状态监测数据不仅包括在线的状态监测数据（时序数据和视频），还包括设备的基本信息、实验数据、缺陷记录等，数据量极大，可靠性要求高，实时性要求比企业管理数据要高。

智能电网的基础设施规模庞大，数量众多且分布在不同地点，数据质量较低，数据管控能力不强。在大数据时代,数据质量的高低、数据管控能力的强弱直接影响了数据分析的准确性和实时性。目前,电力行业数据在可获取的颗粒程度,数据获取的及时性、完整性、一致性等方面的表现均不尽人意,数据源的唯一性、及时性和准确性急需提升,部分数据尚需手动输入,采集效率和准确度还有所欠缺,行业中企业缺乏完整的数据管控策略、组织以及管控流程。数据共享不畅,数据集成程度不够。大数据技术的本质是从关联复杂的数据中挖掘知识,提升数据价值,单一业务、类型的数据即使体量再大,缺乏共享集成,其价值也会大打折扣。目前电力行业缺乏行业层面的数据模型定义与主数据管理,各单位数据口径不一致。行业中存在较为严重的数据壁垒,业务链条间也尚未实现充分的数据共享,数据重复存储且不一致的现象较为突出。

电力大数据由于涉及众多电力用户的隐私,对信息安全也提出了更高的要求。电力企业地域覆盖范围极广,各单位防护体系建设不平衡,信息安全水平不一致,特别偏远地区单位防护体系尚未全面建立,安全性有待提高。行业中企业的安全防护手段和关键防护措施也需要进一步加强,从目前的被动防御向多层次、主动防御转变。

电力数据储存时间要求以及海量电力数据的爆发式增长对IT基础设施提出了更高的要求。目前电力企业虽大多已建成一体化企业级信息集成平台,能够满足日常业务的处理要求,但其信息网络传输能力、数据存储能力、数据处理能力、数据交换能力、数据展现能力以及数据互动能力都无法满足电力大数据的要求,尚需进一步加强。

可以抽象地认为,智能电网就是"大数据"这个概念在电力行业中的应用,就是通过网络将用户的用电习惯等信息传回给电网企业的信息中心,进行分析处理,并向电网规划、建设、服务等提供更可靠的依据。同时,对于风能、太阳能等具有间歇性的新能源,通过"大数据"分析进行有效调节,也可以使新能源更好地与传统的水火电进行互补,更为灵活地出力。

我们将采集到的数据信息,建立电力信息大数据库,整合系统内各项电力数据,分析大数据的内在联系,通过云计算技术,构建一体化监控系统,优化电网的运行方式,达到经济运行目的;快速查找、隔离故障,缩短用户的停电时间;合理控制无功负荷和电压水平,改善供电质量;深化信息综合分析、智能告警、一键式控制等高级应用功能,解决目前存在的系统功能分散、集成度低、维护工作量大等问题,提升电网监控系统的集成化和智能化水平。

电力大数据可通过根据用户的用电量、分时电价、天气预报以及建筑物里的供暖特性等进行综合分析,确定最优运行和负荷控制计划,对集中负荷及部分工厂用电负荷进行监视、管理和控制,并通过合理的电价结构引导用户转移负荷,平坦负荷曲线。并且通过对电力系统生产运行方式的优化、对间歇式可再生能源的消纳以及对全社会节能减排观念的引导,在完成同样用电功能的情况下减少电量消耗和电力需求,从而缓解缺电压力,降低供电成本和用电成本,使供电和用电双方得到实惠,达到节约能源和保护环境的长远目的,推动中国电力工业由高耗能、高排放、低效率的粗放发展方式向低耗能、低排放、高效率的绿色发展方式转变。

　　智能电网离我们日常生活最近的，可能就是智能家居了。智能家居是在物联网影响之下物联化的体现。智能家居通过室内电力线将家中的各种设备（如音视频设备、照明系统、窗帘控制、空调控制、安防系统、数字影院系统、网络家电以及三表抄送等）连接到一起，提供家电控制、防盗报警、环境监测、暖通控制等功能。电力大数据通过分析用户用电设备喜好、用电时长、用电周期等信息，帮助家庭与外部保持信息交流畅通，优化设备启动时间、运转功率等，为用户节约用电资金。

　　在电动汽车智能充电系统中，电力大数据可以收集汽车的电池电量、汽车位置、一天中的时间以及附近充电站的可用插槽等信息，通过数学模型预测，将这些数据与电网的电能消耗及历史功率使用模式结合起来，通过分析来自多个数据源的巨大实时数据流和历史数据，能够确定司机为汽车电池充电的最佳时间和地点，并提出充电站的最佳设置点，保证所有充电设备都能被有效利用，降低闲置率，方便人们的智能生活。

　　电力大数据是智慧城市的基石，紧密围绕智能电力系统的发展开展电力大数据的应用实践。以重塑电力核心价值、转变电力发展方式为主线，在宏观层面重建以人为本的核心价值，在中观层面重建以科学发展为根本的核心能力，在微观层面重建以客户需求为导向的业务流程，实现电力工业更安全、更经济、更绿色与更和谐的发展。

　　智能电网的理念是通过获取如何用电、怎样用电的信息，来优化电力的生产、分配以及消耗。从本质上说，智能电网就是大数据在电力上的应用。同样，智慧城市的互联设备，也会依靠大数据来确保其工作的有效性。对电力大数据的探索、分析、应用将成为电力企业的重要任务。

　　每个人都是数据的产生者、拥有者和消费者。有人已经预言未来的时代是一个"大数据"的时代，关注大数据的人越来越多，同时大数据的出现与发展推动了数据采集的能力，为数据库的建立提供了有力支撑。数据的采集处理应用将成为时代的发展主题。

3.5.4　电力大数据的应用

　　大数据对促进供应链中的生产环节产生了前所未有的巨大影响，每个企业都有自己的规划和自己企业在运营环节的管理最佳实践。在众多的运营决策改进中，大数据的影响包括产品设计、质量控制、客户画像等。下面从8个方面介绍大数据在电力企业运营中的应用。

1. 消费者需求分析

　　很多企业管理者都意识到了消费者再也不是营销产品的被动接收器了，通过大数据来了解并设计符合消费者需求的产品，可能是所有企业都应该去考虑的第一个大数据的生产应用场景。

借助大数据，我们对采集来的企业内部数据（内源数据），例如销售网点的数据、消费者直接反馈等，与外部数据（外源数据），例如社交媒体的评论、描述产品用途的传感器数据等，通过微观细分、情感分析、消费者行为分析以及基于位置的营销等手段，让企业"擦亮眼睛"，摸清消费者的需求，彻底改变曾经那种"跟着感觉走"的状态，走出直觉猜测消费者需求的局面。

企业由此迫切需要建立利用内源数据以及外源数据的机制，全渠道了解消费者的需求，使用多重分析法，例如联合分析法，来确定消费者对于产品某种特点的支付意愿，了解使产品抢占市场的重要产品特征，从而改善产品设计，为产品提供相应的改造升级的明确方向和规格参数。

2. 打通生产竖井

竖井有两层含义。首先它是信息和数据的孤岛。传统行业经历了过去20年的信息化建设，形成了大量的、种类繁多的大型应用。每个应用系统都有自己的数据，与组织结构的竖井相辅相成，逐步形成了今天看到的信息孤岛。

其次，竖井是对组织部门的一种比喻，这种组织部门有自己的管理团队和人才，但缺乏与其他组织单位合作或交流的动机与需求。跨越竖井是当代企业营销面临的重大挑战之一。重塑企业架构是必由之路，必须改变妨碍消费者体验的组织结构，建立基于消费者意愿的组织结构，以影响消费者与品牌打交道的方式。通过接触其他文化、改变先前的设想，并且去除联想障碍，来实现各渠道的无缝体验。

大数据的先进架构，例如大数据湖，可以让跨部门、跨公司、跨地域，甚至跨行业的相关组织，在共同遵循的数据治理框架下，实现产品设计者与制造工程师共享数据，模拟实验以测试不同的产品设计，部件与相应供应商的选择，并计算出相关的成本，以促进产品设计、测试，实现信息与情报的融通。

3. 产品与服务的设计

产品可以分为有形产品和无形产品。生产型企业生产的多为有形产品，而服务型企业生产的多为无形的产品。无论有形、无形还是把产品服务化的企业，其最终的目的都是通过服务来增加利润，并且在同质化竞争中体现差异性。

产品设计是明确企业产品性质与特点的过程，这个过程复杂且代价高。生产成本的80%左右是受到了产品设计阶段决策的影响，因此，如何提升产品设计的决策是所有企业家和管理者的共同挑战。

我们在设计并且生产出消费者需要的产品的过程中发现，产品的设定和生产要素与流程、工艺、市场，消费习惯，销售策略，区域，气候等都有千丝万缕的关系，数字化能够帮我们把这个轮廓勾勒出来。利用大数据的实时数据分析，将数字勾勒出来的消费者偏好转化成为有形的产品特点，利用数据设计产品，来实现研发与运营共享数据，共同参与产品设计的改进和调整。

4. 开放式的融合创新

Web 2.0自出现到广泛流行至今,深远地影响了用户使用互联网的方式。互联网、移动通信网以及物联网是当今最具影响力的3个全球性网络,移动互联网恰恰融合了前两者的发展优势,而物联网传感器数据则使得创新型售后服务成为可能。现在,人们越来越习惯从互联网上获取所需的应用与服务。

供应商、消费者、第三方机构等与此同时将自己的数据在网络上共享与保存,不仅仅会通过全渠道征求消费者意见,还会与学术或行业研究者合作开发新产品,通过互联网平台来为企业创新出谋划策,与其合作研发产品。Web 2.0时代不单单提供了云计算的接入模式,也为云计算培养了用户习惯。大数据为生产型企业提供创新服务乃至建立新型商业模型提供了历史性的机会。

5. 适应性库存管理

众所周知,库存成本往往占了产品成本的50%,过多的库存会造成过高的库存管理成本。与此同时,库存的多少似乎永远也无法解决商品的脱销。无论是库存量还是脱销量,企业在发展过程中,都希望利用信息化手段,能够通过实时跟踪货物,采集数据,确定不同地区在不同时间的库存水平,使得库存水平具有适应性。

运用大数据使得供应与需求信号紧密联系在一起变得容易实现和具有可操作性。我们可以把销售记录、销售网点数据、天气预报、季节性销售周期、区域库存信息等不同纬度的数据融合起来,形成实时感应需求信号,与实时货物位置等信息能关联分析,匹配供求关系。产生的精确信息可以反馈到生产计划、库存水平与订单量等库存计算的各个环节,使企业了解具体地区的库存量并且自动生成订单,从"需求感应"实现"适应性的库存"管理,不断优化库存水平。

6. 质量管理

早在20世纪90年代,大量的企业就开始通过应用分析法来提高产品质量和生产的效率,其核心是实现生产与服务的需求相匹配。今天的大数据分析手段也是如出一辙。大数据不仅能够使生产商制造产品的时间缩短20%~50%,还能够在产品批量生产前通过模拟、检验防止产品缺陷,减少产品开发周期过程中不必要的环节。

质量管理强调产品质量要符合消费者预期,这个预期包括预算、功能、外观等。这是大数据分析法提升质量管理环节的首要收益。通过对内源与外源数据的实时采集和分析,企业能够准确了解消费者需求以及购买行为,明确产品特征,运用高级分析法准确地指导生产、运输与采购以提升产品或服务的质量。

大数据的实时性与实效性给企业的生产质量管理带来了质的飞跃。传统质量管理主要是通过静态的、历史的、沉淀的数据，通过检查表、散点图、控制图等检测手段，来发现生产过程的质量问题。大数据通过物联网，通过在产品上安装传感器、标签等手段，实时监测采集数据，认知产品性能，实时提高质量。

7. 劳动力的数字化

劳动力是除了产品成本外，企业最重视的开支，其问题的复杂程度也是最大的。除了员工本身之外，有很大一部分问题与管理水平低下有关，管理者不应只强调员工的问题，而忽略自身和机制的问题。特别是在零售、分销、加工等劳动密集型企业，劳动力问题尤为突现。

任何一个组织，应该通过有效的科技信息手段，快速建立认知、基于组织的行为和文化标准，提高一致性和从雇佣的质量、继任计划，以及员工的成长进程的全人才生命周期管理。通过大数据方式，找到进行员工调度的最佳模式，缩短管理时间，实现技能与岗位的周期匹配，劳动力效率最优化。让劳动力的管理成为可预测的，且基于分析学的方法来实现人才资源的管理。这样的方法一是客观，二是从大数据统计的角度将员工的绩效指标和行为特征连接起来，为每个企业创造了一个"最适合"的劳动力模式。

大数据在帮助企业生产实现需求预测的精确性，对提高员工调度效率起着非常重要的作用，这又进一步说明了在销售环节获取的数据是如何影响生产环节决策的。由此让组织可提供卓越的客户体验、更高的生产率、更高的销售增长，以及更广泛的利润空间。这一切都源于100%数据驱动的大数据应用，尽可能避免了主观判断和推测。

8. 资产智能管理

物联网（IoT）的发展以及感应技术的兴起，为我们开创了一个能紧密连接物理空间许多事物的信息网络。随着大数据分析技术的发展，特别是预测分析的发展，结合互联网云化的广泛应用，物理空间与虚拟信息空间的形成与同步，离不开设备的自我意识和自主维修机械系统。

智能设备的未来，一定是能够自主评估健康状况和退化情况并主动预防潜在性能故障，并且做出维修决策，以避免潜在故障的系统。要实现健康条件评估，就需要利用数据驱动算法分析从机械设备及其周边环境中获取的数据。实时设备条件信息可反馈至机械控制器以实现自适应控制，同时信息也会反馈至设备管理人员方便及时维修。操作员可根据每台设备的健康条件平衡和调节每台设备工作量及工作压力，最大限度地优化生产和设备性能，实现主动检修计划的智能决策。

物联网是互联网的应用拓展，与其说物联网是网络，不如说物联网是业务和应用。普遍认为数据的应用创新是物联网发展的核心，以用户体验为核心是物联网发展的灵魂。数据成为新"工业"革命的原材料，无论是传统企业还是全球的科技大佬，在物联网时代，都在千方百计获得用户的数据或者信息，以更好地服务于用户。

第4章
智慧能源大数据全球政策动向

数据之于本世纪，就像石油之于上世纪：它是发展和改变的动力。数据已经产生了新的基础设施、商业领域、垄断机构、政治理论，最关键的是，还产生了一种新经济。数据信息不像过去的其他资源，它采用不同的方式提取、加工、估值和交易。它改变了市场规则，要求使用新的管理方式。

全球数据正在以指数级的方式增长，传统的能源行业同样面临着激增的数据量，这些数据来自能源企业生产、管理的各个环节。信息技术在能源企业生产、经营和管理中发挥着越来越重要的作用，信息化与经济全球化相互交织，推动着能源产业的分工深化和经济结构调整，重塑着世界经济政治竞争格局。信息化将成为提升企业生产经营管理水平、提高国际竞争能力的重要手段和战略举措。

智慧能源是近年来兴起的一个比较新的概念。2009年包括IBM专家队伍在内的国际学术界提出，互联互通的科技将改变整个人类世界的运行方式，涉及数十亿人的工作和生活。因此学术界开始提出要"构建一个更有智慧的地球"，提出了智慧机场、智慧银行、智慧铁路、智慧城市、智慧电力、智慧电网、智慧能源等理念。

智慧能源不能简单地等同于智慧能源技术，还应涵盖智慧能源制度。技术是智慧能源发展的根本动力，制度则是智慧能源发展的根本保障，两者都不可或缺。

智慧能源与智能能源、新型能源、可再生能源、清洁能源等概念既有联系，也存在重大差别。智慧能源是指将能效，即数与智能技术相结合，强调具体的技术及其物质或物理属性，还没有延伸到观念、制度等非物质或非物理的范畴。与"构建一个更有智慧的地球"这一概念提出的同时，学术界提出了"物联网"概念，即通过超级计算机和云计算将万物连接整合起来，使人类能以更加精细和动态的方式管理生产和生活，从而达到全球的"智慧"状态，最终实现"互联网+物联网=智慧的地球"愿景。同年，一些中国专家学者发表了"当能源充满智慧""智慧能源与人类文明的进步"等论著，引发业界对智慧能源的关注。

智慧能源是信息技术向能源系统的深度融合，这必将引发能源技术、运营和市场机制的系统性变革和创新。智慧能源的目标，是依靠信息优势，促进能源安全、高效、低碳发展，未来必将成为能源系统的大脑和神经网络。

智慧能源发展的最关键问题是建设、运营成本较高，缺乏明显的经济效益。虽然中国政府曾经出台过多项鼓励能源信息化发展的政策，取得了很好的引领和示范作用，但智慧能源产业至今仍未"断奶"，产业化路径尚不清晰。

从产业经济学的角度，智慧能源的产业化，需要在市场经济条件下，以能源和用能行业需求为导向，以创造经济和环境效益为目标，依靠信息技术实现专业化服务和高质量管理，形成系列化、品牌化的经营方式和组织形式。这里包含3个要点：一是市场经济条件，即摆脱目前依靠政府财政立项或补贴的模式，实体智慧能源的可持续投资和运营；二是要对接实际需求，让用户有积极性，如果将固化的互联网模式和经验套用在能源领域，是走不通的；三是要明确产品和服务形式，以及行得通、可复制的商业模式。上述3点聚焦在一点，即智慧能源要体现出实际价值和效益，实现可持续的投资、建设、运营和推广。

目前各界对智慧能源的收益来源有多种预期，包括合同能源、环境管理、政策采购，以及大数据分析和金融创新等。但从价值角度溯本求源，智慧能源的潜在价值主要蕴含在4个方面。

（1）节约能源成本。通过智慧能源在能源系统的广泛应用，可以在生产、转化、传输、消费各环节节约能源，降低使用成本。一方面对于终端用户，通过能源系统化和精细化管理实现管理节能；还可以开展能源优化控制，并通过大数据分析为节能改造提供支撑，以达到技术节能的效果。另一方面，对于上游的各类能源生产和传输企业，智慧能源除了实现技术和管理节能外，还可以通过匹配能源供需和影响需求侧负荷来提高发电效率，并更多地接入可再生能源，从而有效实现能源节约。

（2）提升能源资产使用效率。智慧能源技术还能够提升能源设备特别是电网设备的使用率，进而减少重复投资。具体而言，通过需求侧响应等手段，可以提高新能源发电并网的比例，减少弃风、弃光等情况，缩短分布式能源投资回报期；同时通过精细化管理，提升电网的运行效率，减少网络重复建设和投资，减少调峰备用机组和容量备用。对于燃气和热力管网也有类似效果。

（3）保护生态环境。智慧能源主要通过两个途径保护生态环境。一是通过对污染物和能源的实时信息化监测管理。通过安装在污染源排放端（如烟囱、汽车尾气管、污水管），以及能源使用端的监测传感设备，有效监管偷排、超排，避免伪造篡改环境监测数据。二是通过节约能源和促进非化石能源的广泛应用，减少SO_2、PM2.5等污染物排放，并减排温室气体减缓全球气候变化。

（4）提升用能体验。远程化、便捷化、实时化、自动化可能是未来能源使用的大趋势。对居民和商业用户而言，智能家居和智慧楼宇可能带来生活和经营方式的变革：不必花费很多精力，各类电器设备就可以自动且精准运行，例如精确控制室内温度、湿度和亮度；此外还包括充电设施的便捷和共享等。对能源和工业企业，随着日趋精细化和智慧化，能源生产和运行将不再是傻大黑粗的体力劳动，劳动强度和舒适度将大大改善。

表4.1所示为智慧能源创造的四大效益分析表。

表4.1 智慧能源创造的四大效益分析

效益类型	体现途径	投资方	受益方	价值体现机制	其他问题
节约能源成本	能源生产和传输侧节能	能源企业	能源企业	企业经营管理	很多企业已经实现,但跨企业进展有限
	终端节能	终端用户	终端用户	企业经营管理	缺乏成功且可复制的案例
	需求侧管理,实现供应侧能效提升	终端用户	终端用户	目前暂无,未来为峰谷电价等	需求侧管理和相应仍处于试点阶段,效果待评估;此外,需要大范围应用才能有价值
提升能源资产使用效率	促进新能源发电并网,减少调峰备用机组和网络重复建设	终端用户	能源企业		
		能源企业		企业经营管理	发电企业和电网企业价值分享机制尚不清晰
保护生态环境	污染物监测管理	企业、政府	政府	政府购买服务	目前环境与能源监测尚未挂钩
			全社会	无	
	促进节能和非化石能源应用,减少污染排放	企业	全社会	目前尚无,未来为碳交易、污染税等	减排量缺乏量化评估方法
提升用户体验	远程化、便捷化、实时化、自动化	居民	居民	个人舒适提升	智慧能源技术水平还有待提高;效用提升价值难以量化,缺乏商业模式
		企业	企业	企业经营管理	

本章将总结近年来全球范围内各国家的智慧能源大数据政策动向。

4.1 美洲地区智能能源发展动向

4.1.1 美国大数据领域动向

美国政府对大数据的政策支持、产业推动和监管规范走在世界前列。美国是对大数据理论最早研究、最早商业应用,也是政府最早提出大数据战略的国家,这一切都奠定了美国在大数据领域居全球领导者的地位。美国在推进大数据上已经形成了从发展战略,法律框架到行动计划的完整布局,将大数据视为强化其竞争力的关键因素之一,把大数据研究和生产计划提高到国家战略层面,并大力发展相关信息网络安全项目。

2009年1月21日,前任美国总统奥巴马宣誓就职后的第一个工作日就签发了"开放政府"备忘录,指导新一届行政当局从开放政府数据源、建设开放型政府入手,以数字革命带动的政府变革。"开放政府"的目的简洁明了:改进公众服务,提升公众信任,更有效地管理公共资源和增进政府责任。互联网时代的开放型政府,首先必须开放政府数据。同年5月20日，美国政府开放数据的平台Data.gov上线，第一批47个政府数据源向社会开放。该网站的建立增加了政府资料的透明度。

该网站依照原始数据、地理数据和数据工具3个门类，截至2012年11月，Data.gov共开放出了超过40万项原始数据和地理数据，涵盖大约50个细分门类。为方便公众使用和分析，Data.gov平台还加入了数据的分级评定、高级搜索、用户交流以及和社交网站互动等新功能，汇集了1264个应用程序和软件工具、103个手机应用插件。通过开放API接口，Data.gov使该领域的开发者能够利用那些政府采集但未经梳理的各类信息、开发应用来提供公共服务或者进行盈利。2009年12月8日，奥巴马签发了"开放政府数据"行政令，要求在45天内所有政府部门无一例外地必须向社会开放3个有价值的数据源。2010年5月经过12个月的运行，Data.gov升级到2.0，政府开放的数据源达到2.5万个。2011年9月20日白宫正式启动"开放政府国家行动计划1.0"，首批26个开放政府项目向社会公开。2012年3月29日，在公开政府数据源的22个月后，启动联邦政府大数据行动计划，宣布了由政府资助的分布在13个部委的84个大数据项目，其中多数项目基于不同部门的开放数据源，联合民间企业协同展开，如癌症和心血管疾病研究。2013年5月9日，总统签署开放数据政策。2013年12月5日"开放政府国家行动计划"进入2.0，又添加了23个政府开放项目。

在逐步扩大开放政府数据源，启动开放政府项目和部署政府主导的大数据项目后，2014年1月17日，美国总统指定白宫法律总顾问波德斯塔，由他领导行政当局与总统科技顾问委员会合作，邀请科技专家、隐私法专家、企业界、学术界和政府领导，综合评估"大数据"和公民隐私交集后已经带来和将会带来的新问题。作为综合研究的一部分，总统要求超前思考"大数据"对人类社会的影响，重点研究现有技术和未来技术会对现行法律带来哪些挑战，哪些法律和政策需要修订或制定以适应变化。评估探讨"大数据"会从哪些方面影响我们的生活方式工作方式，影响和改变政府与公民之间的关系。总统希望得到建议，如何在政府和民企之间合作推动创新，在最大限度地降低公民隐私风险的前提下，保证信息的自由流动，创造更多的商业机会和就业机会。

2014年5月美国发布《大数据：把握机遇，守护价值》白皮书，对美国大数据应用与管理的现状、政策框架和改进建议进行了集中阐述。该白皮书表示，在大数据发挥正面价值的同时，应该警惕大数据应用对隐私、公平等长远价值带来的负面影响。从《白皮书》所代表的价值判断来看，美国政府更为看重大数据为经济社会发展所带来的创新动力，对于可能与隐私权产生的冲突，则以解决问题的态度来处理。报告最后提出六点建议：推进消费者隐私法案；通过全国数据泄露立法；将隐私保护对象扩展到非美国公民；对在校学生的数据采集仅应用于教育目的；在反歧视方面投入更多专家资源；修订电子通信隐私法案。大数据计划中涉及信息网络安全的项目众多。美国国防部每年投入2.5亿美元资助利用海量数据的新方法研究，并将传感、感知和决策支持结合在一起，制造能自己运行和做出决策的自治系统，为军事行动提供更好的支持。美国国土安全部正在开展"可视化和数据分析卓越中心（CVADA）"项目，通过对大规模异构数据的研究，使应急救援人员能够解决人为或自然灾害、恐怖主义事件、网络威胁等方面的问题。美国国家安全局正在开展VigilantNet项目，开发保护计算机网络的数据可视化技术，从而促进和测试网络保护位置感知能力。投资近20亿美元在犹他州建立了号称世界最大的数据中心，进行多个监控项目的数据采集和分析。

表4.2所示为美国在大数据领域的重要事件。

表4.2 美国大数据领域大事记

年　度	大　事　记
2011年	麦肯锡公司发布《大数据：下一个竞争、创新和生产力的前沿领域》报告，提出大数据时代到来
2011年	EMC World 2011在拉斯维加斯开幕，主题为"云计算适逢大数据"，参会者超10000人，会议着重介绍了云计算和大数据给IT带来的变革
2011年	Yahoo于2011年宣布成立创立Hadoop，在各个行业大数据改革热潮中被广泛使用，使得Yahoo公司迎来了新的发展机会
2011年	微软公司宣布推出了两个基于Hadoop的大数据处理社区技术预览版连接器组件，一个用于SQL Server，另一个用于SQL Server并行数据仓库（PDW）
2012年	美国奥巴马政府宣布推出"大数据的研究和发展计划"。从此，大数据从商业行为上升到国家战略层面，开始得到各国政府的重视
2013年	Splunk以每股17美元的价格在纳斯达克进行IPO上市，融资2.3亿美元。这是全球范围内首家上市的大数据公司
2013年	美国相对论传媒首席执行官瑞安·卡瓦洛夫通过网络"大数据"分析出当红明星组合以及观众喜好，标志着影业引入大数据技术
2014年	美国白宫发布了2014年全球"大数据"白皮书的研究报告《大数据：抓住机遇、守护价值》。报告鼓励使用数据以推动社会进步

4.1.2　相关政策分析

1. 政策支持

"回顾美国历史，技术与隐私法都处于不断交替发展之中。在营造创新环境、促进经济繁荣的同时，美国一直在全球范围内扮演着保护个人隐私的领导角色。"（美国白宫大数据白皮书）在美国，数据收集与将大数据造福大众有着较长的历史。美国的人口普查从来没有仅仅进行简单的人数计算，而是收集一些更为具体的以公共利益为目的的人口统计信息。大数据真正的开始，则是缘于奥巴马总统上台。2009年开始，奥巴马政府将大量资料库向公众开放，并且将许多数据公布在美国政府的中央信息交换库——Data.gov网站上。

奥巴马政府关于公开数据的举措有三：公开数据计划、我的大数据计划和大数据计划。

（1）公开数据计划。根据2013年5月的总统行政令，管理与预算办公室以及科技政策办公室发布了一个工作框架方案，为各机构管理运用实时更新的信息资源提供指导，包括对保护个人隐私、信息可信度的一系列要求。政府机构根据开放程度已将信息资产划分为三类，开放性、半开放性和非开放性，并且只能出版发行开放性密级的信息。

（2）我的大数据计划又包括4个部分。蓝纽扣计划允许消费者安全地获取他们的健康信息，使得他们可以更好地管理健康与经济状况，并与信息提供者交换相关信息。创建副本计划是美国国税局将纳税人的信息数据加以共享，使纳税人可以通过它获得他们最近3年的纳税记录。个人纳税者可以借此下载过去的纳税申报单，这使得居民进行抵押、学生贷款、商务贷款等活动时填写纳税表更加便捷。绿纽扣计划是2012年美国政府与电力行业合作推出的计划，为家庭与企业提供便捷的途径来获得他们的能源使用信息，并且有利于营造良好的消费者环境与电子化模式。我的学生数据计划是由教育部将助学金免费申请表与联邦助学情况的一些信息共享，这些信息囊括借贷、补助金、注册与超额偿付等方面的具体事项，使得学生与资助人能够上网下载所需的信息资源。

（3）大数据计划：数据—知识—行动。共有6个联邦机构加入到大数据的研究和发展计划中，超过2亿美元的科研经费被用于工具与技术开发以推进对海量数据进行获取、组织与整理并发现有效信息的相关技术进展。

2. 资金支持

美国国防部先进项目研究局创建了一个关于研究出版物与公开化资源软件的"开放目录"，努力发展能够处理分析存在缺陷的、不完整的海量数据的技术。国家卫生研究院（National Institutes of Health，NIH）也拿出5000万美金支持开展生物领域的"数据—知识—行动"计划。国家科学基金会（National Science Foundation，NSF）赞助的大数据研究计划，为人类基因组研究节省了40%的经费。能源部也宣布向可扩展数据的管理分析及其可视化协会（Scalable Data Management，Analysis，and Visualization Institute）提供一项2500万美元的赞助，这家机构所处理的气候数据信息使得季节性台风预报的准确性提高了25%以上。还有许多针对大数据的研究支持计划，比如奥巴马总统2013年4月发布的创新神经技术脑（BRAIN）计划。作为政府大数据计划的组成部分，国家科学基金会为大数据中出现的社会、道德与公共政策问题的相关研究也提供了特别的资金支持。

3. 数据隐私保护

美国在数据隐私保护领域的法规相对完善，这缘于美国几十年以来对个人隐私的重视。具体到各个行业，美国都有专门的隐私保护规定，例如能源、消费、医疗健康、国家安全等，如表4.3所示。

表4.3　隐私保护法规

限制领域	法规名称	相关内容
消费领域	消费者隐私权法案	个人控制：消费者可以对企业从自己这里收集什么信息，以及如何使用这些信息进行控制 透明：消费者有权简单易懂地获取有关隐私权与安全实践的信息 相关环境：消费者有权得知企业如何在消费者提供信息的相关环境方面进行收集、使用与披露用户数据 安全：消费者的个人数据必须得到安全与负责任地处理 可修改和准确性：因个人数据的敏感性以及不准确的数据会存在使消费者产生不良后果的风险，消费者有权查阅并更正个人资料 聚焦收集：企业在合理的限度内收集与保存用户数据
医疗保健	患者保护与平价医疗法案	鼓励医疗保健服务供应商过渡至使用电子病历，大大提高了可供临床医生、研究者与病人使用的数据量
医疗保健	健康保险便利和责任法案	施行最小化必须原则，规定个人健康信息只能被特定的、法案中明确的主体使用并披露。法案中包括用于帮助个人了解并控制其健康信息使用的标准
教育	家庭教育权和隐私法案	只有满足法案要求，学校或学区才可与第三方机构签订学生数据使用协议
教育	保护学生权利修正案	只有满足法案要求，学校或学区才可与第三方机构签订学生数据使用协议
教育	儿童在线隐私保护法	只有满足法案要求，学校或学区才可与第三方机构签订学生数据使用协议
国土安全	海王星与地狱犬	制定添加多条数据标签的权限与精确到哪些用户可以基于哪些目的使用哪些数据的访问规则
技术隐私法	电子通信隐私法	保护电子通信记录，阐明电子通信信息的规则，包括电子邮件和云服务
技术隐私法	禁止监视记录器与/或追踪设置法案	保护拨号信息
技术隐私法	公共信用报告法	赋予个人访问与修正个人信息的权利，要求提高消费者报告的公司确保信息的准确与完整，限制信息使用，要求机构在依据报告进行不利于当事人的措施时需尽到告知的义务

4.1.3　美国智慧能源典型案例

1. 家庭能源数据分析公司Opower

美国的能源大数据走在世界前列，其中Opower是能源行业的典型代表。该公司于2007年成立，是一家能源领域的SaaS型软件公司。目前Opower已与9个国家超过95家电力公司签订了合作协议，覆盖的家庭用户和商业用户超过5000万户。美国50家最大的售电公司中，有28家与Opower是合作伙伴。Opower使用数据来提高消费用电的能效，并取得了显著的成功，分析美国家庭用电费用并将之与周围的邻居用电情况进行对比，被服务的家庭每个月都会收到一份对比的报告，显示自家用电在整个区域或全美类似家庭所处的水平，以鼓励节约用电。

Opower结合行为科学、云数据平台、大数据分析，为用户提供用能服务，帮助售电公司建立更稳定的客户关系并实施需求响应。Opower的实践是大数据应用的典型案例，有借鉴价值。Opower节能技术方案是在行为科学和大数据技术结合基础上形成的。传统的节能降耗方案，重点放在了省钱和道德说教层面，没有掌握行为科学的奥妙——告诉人们其邻居的电费账单要远低于他的账单，将更能有效刺激人们采取行动，因为人们会在潜意识里说服自己，如果我的邻居能够做到，那么我也能做到。据报道，Opower的服务已覆盖了美国几百万户居民家庭，预计为美国消费用电每年节省5亿美元。图4.1为Opower网站首页。

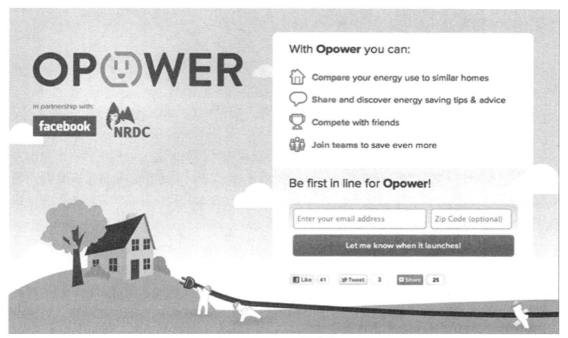

图4.1　Opower网站首页

Opower公司的典型成功是在利用大数据的基础上取得的，该公司利用大数据分布式存储计算技术搭建整体分析框架，在集成数据仓库、数据聚合系统和用户智能系统等通用系统基础上，开发了3个引擎：数据分析引擎、自动化引擎和传递引擎，如图4.2所示。其中数据分析引擎包括用户观点调研分析、用户数据分析和电力公司视角数据分析；自动化引擎包括内容管理、用户分类和目标管理；传递引擎包括外送通道、互联网和移动互联网以及CSR接口。

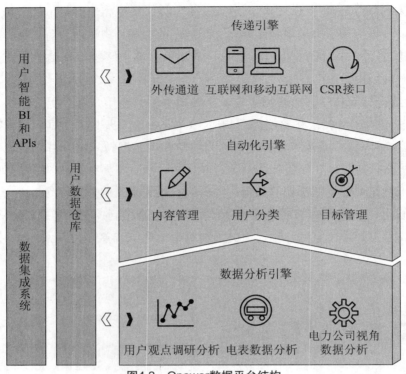

图4.2　Opower数据平台结构

（1）数据集成系统

将海量和分散的数据集导入到同一系统中，是数据分析所必需的。该平台将来自电力公司的用户系统、电表数据管理系统，客户关系管理（CRM）系统，和第三方数据源的数据接入到数据聚合系统中，既包含了结构化数据也包含非结构化数据。这些数据将根据基于历史数据建立的规则进行检验和清洗。

（2）用户数据仓库

用户数据仓库将电力公司用户数据、用户交互数据、运行数据和第三方数据集中进行集中存储。数据仓库应用了Hadoop和HBase，为电力公司统一展示用户属性、行为和趋势。该数据仓库现储存着超过7000万用户的数据和每年超过4000亿条的电表数据。可通过Opower的用户智能（Customer Intelligence）系统进行数据查询。

（3）数据分析引擎

Opower的数据分析引擎基于多源数据进行高速计算，可对用户、电表数据和负荷特性等进行分类识别，对用户电费账单进行预测，对电表特性进行分析。该计算分析具有大数据特性，计算结果可以被优化和精细化，因为计算分析中以已经获取的全球范围的大规模、多类型用户数据和电表数据作为计算基础。

（4）自动化引擎

自动化引擎和数据分析引擎相结合，可对用户进行实时分类，针对每个用户分析出其个性、心理和行为特点。

（5）传递引擎

可在短时间内外传百万条信息给电力公司或用户。传递引擎可协调所有信息传送渠道，包括电子邮件、邮政邮递、SMS，互动式语音应答（IVR），网络上传，移动通信终端和CSR接口。传送后的反馈信息可以自动返回到自动化引擎和数据分析引擎中，以便动态改变分析内容以及传送方式。

（6）CI、BI和APIs

该平台具有可扩展性，使电力公司可以通过多种方式调用用户数据和分析结果。CI、BI工具为电力公司对数据进行实时监测数据、预测变化趋势提供了手段，APIs使电力公司可实时读写Opower提供的数据分析结果。该平台为电力公司既有系统之间的互通提供了可能。

Opower的各个解决方案是在融合多领域专家知识基础上形成的，行为科学的知识和方法在其中发挥了最主要的作用。其第一个解决方案"家庭用能报告"，就是由行为心理学家牵头设计而成。此后，每个投入应用的解决方案的形成，都离不开行为科学的理论和方法。

Opower在研究中体会到，平常情况下家庭用户对用能情况是漠不关心的，如何才能促使其关心用能情况并持续参与节能活动呢？Opower应用行为科学，基于从电力公司获取的用户用能数据，揭示了用户在用能方面的心理和行为：节省家庭电费、拯救地球等道德说教，诸如此类的激励均不发挥作用，而邻里之间用能的比较和竞争却有效激励了用户，起到了很好的效果。

考虑到用户平时对用能情况的漠不关心，Opower必须使用户在很有限的时间内就能理解其解决方案并付之行动，这就要求解决方案应基于简洁清晰的语言和可视化的效果，在极短时间内对用户造成强烈冲击。解决方案要引导下一步的行动，因此，向用户发送的节能提示中提出的方案一定要具有可操作性，使用户清楚地知道其下一步该如何行动。为了稳定并扩大自己的用户群，Opower坚持一视同仁的态度，努力使每个用户，无论年龄、收入、语言、能源知识掌握程度等，都能在任何地方收到正确的服务信息，使每个用户感觉到服务是贴心的，节能活动已成为生活中必需的内容。

大数据技术在Opower的解决方案中也发挥了重要作用。智能电表获取的用户用能数据迅速增长，对数据存储、分析和可视化展现都提出了很高的要求，大数据技术为Opower的解决方案提供了有力支持。Opower为用户提供的解决方案不仅基于用户用能数据，还综合了用户的住房信息（房间数、房龄）、用户用电设备情况、周边天气、与电力公司的互动情况等，在此基础上，基于融合后的多源数据进行深入挖掘，对用户进行详细分类，针对每个用户特点，提供有针对性的、易被用户接受的节能方案。

目前Opower提供的最重要的解决方案就是用户用能分析和节能建议，向用户提出的节能建议以直观、感性方式呈现在Opower提供的用能账单或用能报告中。以柱状图等形式对用户家中制冷、采暖、基础负荷、其他各类用能等用电情况进行分类列示，并与用户的邻里进行比较，还根据用户的用能情况，在账单或报告上印上"笑脸"或"愁容"的图标。此外，Opower在不采用其他硬件设施、不依靠动态电价的情况下，仅通过软件系统及与用户的沟通实施需求响应，降低用电高峰时的负荷峰值。在出现高峰负荷的前一日，Opower会通过邮件、电话联系用户，向用户提出第二天的节电方案。如果用户参与了节电，除直接的节能收益外，在部分项目中Opower会对用户给予相应的奖励。与一些基于动态电价、智能用电设备实施的需求响应方案相比，这种技术方案更经济，但却取得了更好的效果。另外，其与用户沟通的方式也极为丰富，从最传统的纸质邮件，到短消息、电子邮件、在线平台，一应俱全。

根据Opower的历史数据统计，接受其服务后，在能效项目中平均每个家庭能够节省1.5%～2.5%的能源；在需求响应项目中，通过提前一天通知负荷高峰并给出需求响应建议，平均每个家庭能够在负荷高峰日降低5%左右的负荷。同时根据统计分析，Opower项目依据其个性化的服务方式，在不同用户类型中均取得了良好的应用效果，用户的收入、年龄、居住条件、参与项目前的能效水平等差异并未对造成应用结果产生过多的影响。

根据其网站上的动态信息，Opower已累计帮助用户节省了超过80亿kW·h的电力，节省电费超过10亿美元，减排二氧化碳超过110亿吨（约合540万吨），随着用户规模逐渐增大，这些数据均在加速地增长。

2. 储能技术公司JLM Energy

JLM Energy公司是一家位于美国加利福尼亚州罗克林的能源技术公司，成立于2011年，创始人为Farid Dibachi和Kraig Clark。JLM公司致力于研究、开发和制造储能产品，并提供基于储能的智能微网解决方案，以降低商业、工业和住宅用户的能量消耗。

为了实现巨大变革，JLM Energy公司实现让各种形式的能源和谐共存，让客户能够有效、高效地使用由可再生能源、电网、能量储存和本地发电机供给的电能。Energizr是JLM Energy公司的一个储能和管理系统，主要针对住宅和小型商业项目的并网或离网。在单个单元中，Energizr将汇集能量储存系统中的4个主要组成部分，即公用电网电源、可再生能源、外部备用发电机及能量储存。此外，Energizr可以通过互联网或手机网络连接到所有者和当地公用电网并进行通信，从而实现对能量储存系统的在线监控。

Energizr具有如下优点：通用的软件控制平台（Measurz）；离/并网可切换；适配任何并网逆变器；可组合使用（4套，17.6kVA）；集成内燃发电机；设计美观；嵌入式通信（以太网、WiFi、RS-485等）；事件和时间驱动编程；具备需求响应功能（Powrz）；风力发电机组无缝集成（Zefr）；嵌入式切换开关；安装简单。通过不同的配置模式，Energizer可以满足商业和非商业用户的能源需求。它的运行模式是通过储存由Zefr风机阵列和Solarz光伏阵列产生的多余能量，以减少对电网的依赖，从而创造一个更可靠的可再生能源系统。

Measurz是JLM Energy公司的云软件平台，被设计为JLM Energy公司产品的用户界面和数据采集器。所有JLM Energy公司的产品都可以接入Measurz，一旦接入，系统控制器将通过一个静态IP地址与互联网连接。然后，Measurz将识别系统的序列号，并为系统用户提供一个用户名和密码，从而用户可以使用这些凭证来监测和控制他们的能源系统。

此外，Measurz还为用户提供一个通用的能源建模和监控系统（Energy Storage Toolkit，EST），Measurz EST可以监视整个能源系统的运行状况，并实时监测能源系统产生和消耗的能量。除了能源监测，Measurz EST还可以让用户远程控制所有接入到Measurz的设备。例如，在用电高峰期，用户可以切断电池，让光伏发电并入到公用电网，以获得用电的稳定性；EST可以从公用事业单位获取实时电价信息，当分时电价较贵时，用户可以选择使用储存在电池中的能量，而不是使用来自公用电网的电能。通过Measurz EST，用户也可为自己自定义一个能源系统，EST会给出该系统的成本、发电预测、20年的财务状况等信息。

Powrz是JLM Energy公司推出的一款实时需求响应管理工具。Powrz具有如下几个优点：可使电费降低高达30%；一年之内即可收回投资成本；实时或15分钟一次的功率测量；可将几个Powrz单元组合使用以满足大型系统的需求管理；云在线管理平台可以对其进行远程控制。

Powrz通过负荷接线箱与建筑物的电气负载相连，每个负荷接线箱只能连接到一个负载。负荷接线箱的载流能力可选，范围为60~1200A。通过实时监测（一秒一次）建筑物的功率，Powrz可以获取实时功率需求。如果建筑物的总功率超过特定量，则Powrz将控制系统切断多达4个建筑物的负荷，一次一个，以减少高昂的电费支出。

2015年1月，JLM Energy公司在加利福尼亚州的第二套风-光-电池并网/离网家用系统获得政府批准。该项目的批准对于加利福尼亚州的电力市场具有巨大的影响，这是继第一套Energizr能源系统在夏威夷安装之后，JLM Energy公司的再次突破，并将进一步拓展美国、欧洲和加拿大市场。

该风-光-电池并网/离网家用系统采用风光互补技术进行供电，其中光伏发电采用JLM Energy公司的Solarz产品，能够提供3种规格的光伏组件，并采用智能逆变器远程实时监控发电状况；风力发电采用JLM Energy公司的Zefr产品，这是一个结合空气动力学、电力电子和数字化控制的风阵列发电系统。此外，该系统还配备有JLM Energy公司的Gyezr太阳光热系统，它采用先进的功率采集技术，并使用无线通信来监测其状态和性能数据。整个系统的能量储存和管理由JLM Energy公司的基于电池的储能系统Energizr实现，整个系统的运行状况监测及控制由云在线监控平台Measurz进行。该系统一般为离网模式，用户所需电能为自给自足，并对发电及用电状况进行实时监控。在必要的时候可以转换成并网模式，从公用电网获取电能。

JLM Energy公司提供的基于电池的储能系统实质上是一个智能微网系统。智能微电网是规模较小的分散的独立系统，它将分布式发电、储能装置、能量装换装置、相关负荷和监控、保护装置汇集而成小型发配电系统，是能够实现自我控制、保护和管理的自治系统，既可以与外部电网运行，也可以独立运行。JLM Energy公司所提供的智能微网系统具有云在线远程监控、实时需求响应管理等显著特点，其发展模式对于我国开展智能微网建设极具参考价值。发展智能微网系统，应最大程度接纳分布式电源，应通过远程监控实现节能增效，应满足用户对供电可靠性的个性化需求，应利用储能装置和控制保护装置实时调节以平滑系统的波动，应实现用户侧需求响应等功能。

4.2　欧盟地区智慧能源发展动向

4.2.1　欧盟地区智慧能源政策分析

近年来，欧盟成员国部分国家经济遭遇较大冲击。以英国为例，该国经济发展状况持续低迷，英国政府期望通过扶持新兴高科技技术的发展，来增强国家在国际竞争中的实力，依靠科技领先带动整个经济发展。

2013年10月31日，英国商务、创新和技能部发布《英国数据能力发展战略规划》，旨在使英国成为大数据分析的世界领跑者，并使公民和消费者、企业界和学术界、公共部门和私营部门均从中获益。该战略在定义数据能力以及如何提高数据能力方面，进行了系统性的研究分析，并提出了举措建议。该战略在数据能力方面提出了3方面要求：人力资本、基础设施和数据资产。

为提高大数据应用能力，《英国数据能力发展战略规划》提出了一系列措施：一是在人才建设方面，通过大力发展数据相关技术、全面提升和改革教育体系中数据相关课程和专业研究，以及企业的人才激励和数据相关职业的发展，来促进人才的培育；二是在基础设施、软件和协同研发方面，以强大的数据存储、云计算、网络等基础设施为基础，大力开发新软件和新技术，提升研发实力，促进学校和企业、跨学科/领域的机构和部门之间的合作共赢；三是重视数据安全和隐私保护，完善法律和制度建设，合理进行数据共享和信息公开。

为保障《英国数据能力发展战略规划》的实施，英国政府成立了信息经济委员会，作为一个跨企业界、学术界和政府的合作部门，以促进英国数据能力战略方针制定。在信息经济委员会的指导下，还分别成立了多个委员会，为英国政府的大数据存储和分析所需的基础设施、技术支持提供建议。

在能源大数据战略上，2013年8月12日，英国政府发布《英国能源技术战略》。该战略指出，英国今后对能源技术的投资将集中在大数据上，目标是将英国的能源科技商业化。英国技术战略委员会将协助该战略的实施，并将有高达6000万英镑的投资用于促进高新技术的开发上。在该战略的指导下成立的第一家"智慧能源技术创新中心"研究焦点将投向大数据产业，致力于将英国打造成智慧能源世界级强国。本战略的制定者——英国商业、创新与技术部强调了关于政府部门及其项目的IT技术重要性。

另外一方面，由于石油价格的不稳定、石油资源的有限性、能源需求的爆炸性和欧盟减少温室气体排放的计划，可再生能源有限的欧洲必须建立跨区能源交易和输送体系以解决其战略生存，也就是通过超级智能电网计划，充分利用潜力巨大的北非沙漠太阳能和风能等可再生能源发展满足欧洲的能源需要，完善未来的欧洲智慧能源系统。目前，英、法、意等国都在加快推动智能电网的应用和变革，意大利的局部电网已经率先实现了智能化。2009年初，欧盟有关圆桌会议进一步明确要依靠智能电网技术将北海和大西洋的海上风电、欧洲南部和北非的太阳能融入欧洲电网，以实现可再生能源大规模集成的跳跃式发展。欧盟为应对气候变化、对能源进口依赖日益严重等挑战，向客户提供可靠便利的能源服务，正在着手制定一整套能源政策。这些政策将覆盖资源侧、输送侧以及需求侧等方面，从而推动整个产业领域深刻变革，为客户提供可持续发展的能源，形成低能耗的经济发展模式。欧洲智能电网技术研究主要包括网络资产、电网运行、需求侧和计量、发电和电能存储4个方面。

在欧洲，智能电网建设的驱动因素可以归结为市场、安全与电能质量、环境等3方面。欧洲电力企业受到来自开放的电力市场的竞争压力，亟须提高用户满意度，争取更多用户。因此提高运营效率、降低电力价格、加强与客户互动就成了欧洲智能电网建设的重点之一。与美国用户一样，欧洲电力用户也对电力供应和电能质量提出了更高的要求，而对环境保护的极度重视，则造成欧洲智能电网建设比美国更为关注可再生能源的接入，以及对野生动物的影响。在欧洲已经有大量的电力企业如火如荼地展开了智能电网建设实践，内容覆盖发电、输电、配电和售电等环节。这些电力企业通过促成技术与具体业务的有效结合，使智能电网建设在企业生产经营过程中切实发挥作用，从而最终达到提高运营绩效的目的。智能能源技术可以帮助欧洲在未来12年内减少排放15%，这将成为欧盟完成2020年减排目标的关键。

4.2.2　欧盟智慧能源创新发展之路

在20世纪70年代，欧盟的前身——欧共体委员会推出了《1977—1980欧洲共同体科技政策指南》，标志着欧洲统一的科技研发合作战略形成。1983年，欧共体为协调成员国科技政策，搭建欧洲企业间合作平台，加强在高技术领域的商业竞争力，推出了第一个"技术研发框架计划"FP1（The First Framework Programme for Research and Technological Development）。

欧盟科技框架计划已成为世界上规模最大的官方综合性科研与开发计划之一，先后有第一框架计划FP1（1984—1987）、第二框架计划FP2（1987—1991）、第三框架计划FP3（1991—1994）、第四框架计划FP4（1994—1998）、第五框架计划FP5（1998—2002）、第六框架计划FP6（2002—2006）和第七框架计划FP7（2007—2013），其中FP7投入经费501.82亿欧元。

能源是科技框架计划的重要内容，特别是在FP6和FP7中，能源相关技术研发的地位更加突出。

进入21世纪，随着能源、环境问题的凸显，欧盟依托"技术研发框架计划"，加强了能源技术研发。在2002—2006年执行的第六框架计划FP6中，能源并未单独作为优先领域，而是放在"可持续发展，全球环境变化和生态系统"中，重点包括可再生能源技术、节能提效、替代燃料、燃料电池、氢储能等，目标是开发和使用新的技术和可持续发展的能源生产和使用策略，尤其是增加可再生能源的利用。能源部分经费为8.1亿欧元，占总预算的4.6%。在2007—2013年执行的第七框架计划FP7中，能源成为了独立的优先领域，重点包括氢能和燃料电池、可再生能源发电、可再生能源供热、制冷、二氧化碳捕获与封存、洁净煤技术、节能提效、电力/天然气网络和能源政策研究等，目标是优化能源结构，提高能源效率，应对能源供应安全和气候变化，提高欧洲工业竞争力。2008年，欧盟实施的《欧洲战略性能源技术规划》（European Strategic Energy Technology Plan，SET-Plan）是欧盟指导能源技术发展的战略性文件，体现了当时欧盟对能源技术发展的新认识和新判断。SET-Plan提出欧盟未来能源发展需依赖的6个支柱：工业用生物燃料、碳捕捉及运输与存储、欧洲电网、燃料电池和氢能、核电、太阳能和风能技术，另外还提出了以能效为主的智能城市的概念（但没有具体内容和投资估算）。

SET-Plan是欧盟能源政策最重要的决策支持工具，旨在加快知识发展、技术转化和扩大市场，确保欧盟在低碳技术上的产业领导地位，通过技术发展促进实现欧盟2020年能源气候变化目标，推动全球到2050年前形成低碳经济。

SET-Plan的实施机制主要包括：

（1）欧洲工业计划（European Industrial Initiatives，EII），包括风电、太阳能发电、碳捕捉和储存、电网、生物质能和核裂变6项计划。

（2）欧洲能源研究联盟（European Energy Research Alliance，EERA），它通过分享实施和联合实施成员国的研究计划，实现欧盟能源研究能力的优化。

（3）燃料电池与氢能联合行动（Fuel Cell and Hydrogen Joint Undertaking，FCHJU），2008年由欧洲委员会和企业建立，旨在加快燃料电池和氢能技术在欧洲的市场化。

SET-Plan各类项目的经费主要通过3种渠道获得：欧盟第七科技框架计划（FP7）、欧洲能源复兴计划（European Energy Programme for Recovery，EEPR）和NER300。SET-Plan总投入近40.8亿欧元，其中碳捕捉和存储技术（Carbon Capture and Storage，CCS）占29%，风电占23.8%，生物质能占20.3%。

4.2.3　欧盟Horizon 2020能源规划

2013年12月，欧盟出台了Horizon 2020研究创新计划（以下简称H2020）。2014年1月H2020正式启动，是欧洲最大的研究创新计划，经费近800亿欧元，时间跨度从2014年到2020年，主要涉及领域包括：农业与林业、水产资源、生物技术、能源、环境与气候变化、交通、信息控制技术研发等。欧盟认为，该计划对实现"欧洲2020发展战略"——智能、可持续和包容性增长与增加就业发挥着核心作用。H2020能源技术创新计划（以下简称"H2020能源规划"）是其中的重要组成部分，体现了欧盟对能源技术创新发展的最新认识和理念。

H2020能源规划项目需求分2014年、2015年两期，内容包括4个方面——能源效率、低碳能源、智能城市和社区与中小型企业参与；可分为3类——研发类RIA、示范类IA和协调支撑类CSA。其中研发类RIA包括实验室或仿真环境下的基础性、实用性技术研发、集成、实验等；示范类IA包括新的或改进的技术、产品、工艺、服务或解决方案的技术经济性示范或试验项目；协调支撑类CSA包括改善市场环境、加速市场转型，如标准化、能力建设等。两期总预算约12亿欧元。2014年和2015年预算分别为58317万欧元、61592万欧元。

该计划的长期驱动力是推动实现欧盟的能源长期发展目标，即保障能源安全、提高欧盟产业竞争力、确保能源价格可承受以及应对气候变化。直接驱动力是应对欧盟能源发展面临的挑战，即减少能源消费和碳足迹；确保低成本、低碳电力供应；使用替代燃料和可移动能量源（如移动储能装置、电动汽车等）；构建一体、智能的欧洲电网；加快新知识和新技术研发；实施稳健的政策，吸引公众参与；加强能源和ICT技术融合，扩大创新技术市场份额。

4.2.4　欧盟大数据发展战略

目前，欧盟及其成员国已经明确制定大数据发展战略，数据价值链不同阶段产生的价值将成为未来知识经济的核心，利用好数据可以为运输、健康或制造业等传统行业带来新的机遇。

欧盟在大数据方面的活动主要涉及四方面内容：研究数据价值链战略因素；资助"大数据"和"开放数据"领域的研究和创新活动；实施开放数据政策；促进公共资助科研实验成果和数据的使用及再利用，如图4.3所示。

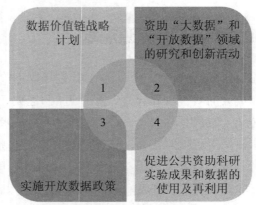

图4.3 欧盟大数据战略主要内容

1. 数据价值链战略计划

欧盟委员会正在研究制定数据价值链战略计划，以实现数据的最大价值，重点是通过一个以数据为核心的连贯性欧盟生态体系，让数据价值链的不同阶段产生价值。数据价值链的概念为数据的生命周期，从数据产生、验证以及进一步加工后，以新的创新产品和服务形式出现的利用和再利用。

数据价值链战略计划遵循的主要原则是：高质量数据的广泛获得性，包括公共资助数据的免费获得；作为数字化单一市场一部分，欧盟内数据的自由流动；寻求个人潜在隐私问题与其数据再利用潜力之间的适当平衡，同时赋予公民以其希望形式使用自己数据的权利。

这一计划的重点是培育一个连贯的欧洲数据生态系统，促进围绕数据的研究和创新工作，采纳数据服务及产品，采取具体行动，改善数据价值提取的框架条件，包括基础能力、基础设备、标准以及有利的政策和法规环境，目前正在单一战略框架下制定一系列重点行动，解决数据价值链中与价值创造相关的大量交叉问题。

数据价值链战略计划包括数据开放、云计算、高性能计算和科学知识开放获取4大战略。

（1）数据开放战略

欧盟认为，为加强创新潜力，应尽可能以最好的方式使用资源，这些创新资源就是数据。开放数据将成为新的就业和经济增长的重要工具。为了应对这一变革，2010年11月欧盟通信委员会向欧洲议会提交了《开放数据：创新、增长和透明治理的引擎》的报告，报告以开放数据为核心，制定了应对大数据挑战的战略。

（2）云计算战略

2012年9月，欧委会通过并公布了"释放欧洲云计算服务潜力"战略，计划通过两年时间，把欧盟打造成云计算服务的强势集团，为2014—2020年期间的欧盟云起飞（Cloud Takeoff）夯实基础。欧盟云计算战略及3大关键行动分别为：规范和简化的云计算标准；云计算安全和公平的合同条款及条件；建设欧盟云计算伙伴关系，驱动创新和增长。其他的具体行动举措还包括：数据保护、网络安全、信任举措、云计算互操作性、宽带部署、在线服务、公共行业首先参与云计算和国际对话与合作等。目前欧盟已成立了6个战略实施工作小组，具体涉及云标准协调、服务标准协议、认证计划、行为守则、专家研究小组和云伙伴关系。

（3）高性能计算战略

在欧盟第七框架计划和"地平线2020"计划下的研究和创新支持可扩展的高性能计算系统，如micro-server/form-factor数据中心的概念。小型"数据中心式开箱"可以单独部署或集中在嵌入式系统于汽车或电话交换机，或者大规模聚集成为一个云服务器，如处理单元（GPU）或者高性能计算（HPC）系统中。

（4）科学知识开放获取

科学知识开放获取的目标是提高欧盟层面和成员国层面政府资助的科学研究的影响力。2012—2013年，欧盟委员会投入4500万欧元建设支持开放共享和科学信息长期保存的基础设施，并与各个相关利益团体就开放共享和数字信息保存工作进行对话，同时建议各成员国制定本国的公共资助科研论文开放共享政策，探索科学数据开放共享和科学信息长期保存，支持相应的基础设施建设。2012年7月17日，欧盟委员会发布开放共享政策，宣布欧盟Horizon 2020计划所资助的科研论文全部实行开放共享。2013年12月25日，欧盟委员会宣布启动试点，开放公共资助研究数据，2014—2015年，参与开放研究数据试点的关键领域项目将获得约30亿欧元的经费。

2. 资助"大数据"和"开放数据"领域的研究和创新活动

欧盟委员会除资助"大数据"和"开放数据"领域的研究和创新活动外，还启动"连接欧洲设施"（Connecting Europe Facility，CEF）计划，采取权益和债务证券及补助相结合的形式促进数字基础设施建设。在2014年1月的信息和网络日上，欧盟委员会确定了"Horizon 2020"连接欧洲设施计划的2014—2015年工作内容。

3. 实施开放数据政策

开放数据政策一方面制定公共信息再利用的法规和国家执行规则以及欧盟委员会自身数据再利用规则，另一方面支持公共部门信息开放活动，此外还搭建开放数据平台。

4. 促进公共资助科研实验成果和数据的使用及再利用

促进公共资助科研试验成果及数据的使用和再使用，也称科学知识开放获取。

4.2.5　德国智慧能源典型案例

2000年德国制定了能源转型的政策，目标是使全德国的能源利用更加"环保、经济、安全"，这奠定了德国构建能源互联网的基础。为了加强研发活动，德国联邦经济和技术部在智能电网的基础上启动了E-Energy（以ICT为基础的未来能源系统）促进计划，提出打造新型能源网络的目标。E-Energy计划旨在推动地区和相关企业积极参与创建基于ICT技术的能源系统，其目标不仅是通过供电系统的数字联网保证稳定高效供电，还要通过现代信息和通信技术优化整个能源供应和消费系统。在德国政府部门的支持下，E-Energy向全国招标示范地区，在2008—2013年进行开发和示范能源互联网领域的关键技术与商业模式，最终共有6个地区竞标成功。此外，在E-Energy项目实施以后，德国政府还推进了IRENE、Peer Energy Cloud、ZESMIT和Future Energy Grid等项目。

1. eTelligence项目

eTelligence项目选择在人口较少、风能资源丰富、大负荷种类较为单一的库克斯港进行。物理结构上，该项目主要由1座风力发电厂、1座光伏电站、2座冷库、1座热电联产厂和650户家庭组成。其典型的调节措施包括：冷库负荷随着电价和风力发电的出力波动进行自动功率调节，真正实现面向用电的发电和面向发电的用电这两者的深度融合；引入分段电价和动态电价相结合的政策，8:00—20:00点之间基准电价为39.8欧分，其余时间为11.7欧分，在8:00—20:00点会根据负荷和新能源发电的情况来制定优惠电价和高峰电价；引入虚拟电厂的概念，对多种类型的分布式电源和负荷情况进行集中管理。通过以上分析可以得出，eTelligence项目运用互联网技术构建一个复杂的能源调节系统，利用对负荷的调节来平抑新能源出力的间歇性和波动性，提高对新能源的消纳能力，构建一个区域性的一体化能源市场。

经过几年的运行，eTelligence取得了较好的经济效益和社会效益，主要体现在：虚拟电厂的运用减少了16%的由于风电出力不确定性造成的功率不平衡问题；分段电价使家庭节约了13%的电能，动态电价使电价优惠期间负荷增长了30%，高峰电价时段负荷减少了20%；虚拟电厂作为电能的生产消费者，根据内部电量的供求关系与区域售电商进行交易，可以降低8%～10%的成本，以热为主动的热电联产作为电能的生产者实现电力的全量销售，在虚拟电厂的调节下，其利润也有所增加；基于eTelligence项目设计的Open IEC 61850通信规约标准已被德国业内所认可。

在eTelligence项目中，组合利用可再生能源与可变热需求的虚拟电厂具有更高的可控性，相较而言，热电联产系统更难做出以市场交易为先的判断。我国可以在此项目的基础上做出改进，使热电联产系统不是作为发电设备单独参与市场交易，而是作为虚拟电厂统一进行控制，这样做的好处是在冬季或其他热需求量较大的时候，更易实现灵活控制。

2. E-DeMa项目

E-DeMa项目选址于莱茵-鲁尔区的米尔海姆和克雷菲尔德两座城市，侧重于差异化电力负荷密度下的分布式能源社区建设，基本手段是将用户、发电商、售电商、设备运营商等多个角色整合到一个系统中，并进行虚拟的电力交易，交易内容包括电量和备用容量。E-DeMa项目共有700个用户参与，其中13个用户安装了微型热电联产装置。E-DeMa项目的核心是通过"智能能源路由器"来实现电力管理，既可以实现用电智能监控和需求响应，也可以调度分布式电力给电网或社区其他电力用户。"智能能源路由器"由光伏逆变器、家庭储能单元或智能电表组合而成，根据电厂发电和用户负荷情况，以最佳路径选择和分配电力传输路由，传输电力。对于接收到的电能，能源路由器都会重新计算网络承载和用户负荷变化情况，分配新的物理地址，对其传输发送。对于结构复杂的网络，使用能源路由器可以提高网络的整体效率，保障电网的安全稳定。

3. Meregio项目

Meregio项目开展于德国南部格平根和弗莱阿姆特两个有较发达工商业的乡村小城。这两个小城已有大量的分布式可再生能源接入到配电网中，由于配电网的网架结构比较薄弱，分布式电源的接入引起了电网一系列的问题。故此项目旨在通过感知每一位用户的负荷，定位配电网中最薄弱的环节，更好地预测、配置资源，从而降低电网的拥堵，提高配电网的运行效率。共有1000个工商业和家庭用户参与了此项目。Meregio项目的主要措施有：

（1）在电价方面，引入红绿灯电价制度，在这种制度中红色表示高电价，黄色代表中等电价，绿色表示低电价。在最初的3个月内，用户看到电价由红色变为绿色，会增加25%～35%的用电；由黄色变成绿色了，会增加10%～22%的用电。3个月后用户用电变化幅度逐渐下降并达到一个稳态，由红色变为绿色时会增加7%～12%用电，黄色变为绿色时增加4%～7%的用电。

（2）在用户负荷曲线的定制方面，智能电表将把用户的实时负荷数据上传到EnBW数据中心，一段时间后会根据统计方法建立每个家庭的负荷特征曲线，使电网运营商能更准确地预测每一个点每一个用户的负荷情况，进而计算出配电网的负荷情况，定位配电网薄弱环节，采用可视化技术进行展示。当用户用电行为反常时，用户会在个人账户中里收到提醒。

（3）在设备改造方面，Meregio项目在变电站中安装了可变变压器，根据低压网中馈入的可再生能源的电力情况来调整变压器，从而稳定中压网的电压水平，可变变压器的引入使分布式能源消纳能力提高了近一倍。

4. Moma项目

Moma项目进行于德国南部的工业城市曼海姆，这里有着众多的卫星城市，且能源供给很大程度上来自于分布式能源。Moma项目是典型的能源互联网示范项目，其主要目标是为能源生产者、消费者和网络运营者构建一个虚拟能源市场，进而研究消费者对能源利用效率的影响程度。在这种能源市场中，消费者被置于核心地位，有权获知如何降低能源消耗和支出。Moma项目主要分为3个阶段，试验1为前期准备阶段，为后续试验测试技术的可实现性；试验2为实际试验阶段，对一种名为"能源管家"的新系统进行测试，这种新系统可实现自动开闭电器；在试验3中，智能电表、"能源管家"和门户网站三者协调配合，向参与客户提供更为自由多样的电价选项，鼓励其在非高峰时间用电。

Moma项目的主要贡献是提出了细胞电网的概念，并将细胞电网分为3个层级：物体细胞、配电网细胞和系统细胞。细胞电网中的每层细胞能够自行优化，尝试平衡和调整。细胞与上级细胞之间通过PLC通信，上级细胞通过网络协议（Internet Protocol，IP）来识别下级细胞，系统细胞对电网具有调度和控制作用，进而完备电力市场交易。对于系统细胞来说，只用关心配电网细胞提供的接口量，而不用关心每个家庭用户中的光伏板和家电。在物体细胞和配电网细胞平衡过一轮之后留下的残余功率不平衡由系统细胞去调度和补足。将电网进行细胞划分的优点总结如下：

● 尽量使得能源就近消纳，减小输送损耗。
● 保障电网的安全，当一个细胞电网崩溃时，不至于使大电网崩溃，可以立即拉停细胞电网并快速重新启动。
● 降低了由于大量分布式设备引起的电网管理复杂度，分区分层适合未来能源发展的思路。
● 分布式数据处理与储存，提高了数据处理的实时性。
● 有些细胞有时可保证自给自足，形式上可以与上级网络脱离开来。

显然，每一层级的细胞电网电能质量、电压、频率、相角都要保证在一定的范围内，因此细胞电网的架构对电力生产比传统的电网有更高的要求。

5. Smart Watts项目

共有250个家庭参与了位于亚琛的Smart Watts项目，其目标是运用高端成熟的ICT技术来追踪电力从生产到消耗价值链中的每一步，进而向用户传达其所用的电力来源以及用户所用电器的电力消耗水平。消费者通过智能电表来获知实时变化的电价，根据电价高低来调整家庭用电方案和电动车充电方案。用户可以自由选择自己的电费套餐，套餐中的电价也是分时电价。通过智能插座获知的数据，用户不仅可以在电子设备上查看每个用电设备用了多少电，还可以查看用了多少钱的电；也可以通过应用程序控制家电开关，通过设定参数让程序自动决定家电的运行。实际试验的数据结果表明：在价格最低的时段，用电负荷上升了10%；在价格最高的时段，负荷下降了5%。

Smart Watts项目的另外一个亮点是设计了EEBus。针对智能家具中各个电气设备之间存在多种通信标准的问题，EEBus作为一个通信的翻译器应运而生，能够将现行的通信标准翻译给售电商、电网、发电商、用户、家用电器商等相关部门。

6. Reg Mod Harz项目

Reg Mod Harz项目开展于德国的哈慈山区，其基本物理结构为2个光伏电站、2个风电场、1个生物质发电，共86MW发电能力。生产计划由预测的日前市场和日内盘中市场的电价及备用市场来决定。Reg Mod Harz项目的目标是对分散风力、太阳能、生物质等可再生能源发电设备与抽水蓄能水电站进行协调，令可再生能源联合循环利用达到最优。其核心示范内容是在用电侧整合了储能设施、电动汽车、可再生能源和智能家用电器的虚拟电站，包含了诸多更贴近现实生活的能源需求元素，可称为能源互联网的雏形。

Reg Mod Harz项目的主要措施是：

（1）建立家庭能源管理系统，家电能够"即插即用"到此系统上，系统根据电价决策家电的运行状态，根据用户的负荷也可以追踪可再生能源的发电量变化，实现负荷和新能源发电的双向互动。

（2）配电网中安装了10个电源管理单元，用以监测关键节点的电压和频率等运行指标，定位电网的薄弱环节。

（3）光伏、风机、生物质发电、电动汽车和储能装置共同构成了虚拟电厂，参与电力市场交易。

Reg Mod Harz项目的典型成果包含3个方面：

（1）开发设计了基于Java的开源软件平台OGEMA，对外接的电气设备实行标准化的数据结构和设备服务，可独立于生产商支持建筑自动化和能效管理，能够实现负荷设备在信息传输方面的"即插即用"。

（2）虚拟电厂直接参与电力交易，丰富了配电网系统的调节控制手段，为分布式能源系统参与市场调节提供了参考。

（3）基于哈慈地区的水电和储能设备调节，很好地平抑了风机、光伏等功率输出的波动性和不稳定性，有效论证了对于可再生能源较为丰富的特区，在区域电力市场范围内实现100%清洁能源供能是完全可能实现的。

7. IRENE项目

IRENE项目开展于德国南部的维尔德博尔茨里德小镇，其核心目标是整合可再生能源和电动汽车，建立独立的能源供应系统。其主要的措施如下。

（1）在每个配电台区、充电桩、用户端安装实时测量和控制设备，用于统一协调电力生产、电动车充放电以及用户负荷。

（2）在光伏电站安装可远程控制的逆变器，以维持一定的无功功率。

（3）变电站安装可远程控制的可调变压器，用来维持电压稳定。

（4）西门子公司开发了一套统一的区域中心电网自适应调节系统，用于维持配电系统的安全稳定。

（5）每个家庭都安装了用户能源管理系统，负责用户端的能源生产、储存、消耗，并与中心电网控制系统响应。

IRENE项目的主要运行经验如下。

（1）大量分布式能源的接入，需要实时了解配电网的运行状态，配电网需要可视化和透明化。

（2）能源消费终端和区域控制中心相结合的分层分布式控制系统，是未来区域能源系统的典型模式。

（3）储能是消纳大规模可再生能源接入的关键，从经济性角度出发，电池储能仍然具有较大优势。

事实上德国能源互联网示范工程的建设是一个逐步推进的过程，Peer Energy Cloud、ZESMIT、Future Energy Grid和Web2 Energy等示范工程也取得了较为理想的结果。

4.3 日本智慧能源发展动向

日本是亚洲地区较早将智慧能源升级为国家战略的国家，由于日本本土自然资源稀缺，其能源安全问题较为突出，并且近年来日本政府面临着国际地位下降、人口结构老龄化、社会基础设施老化等诸多问题。为了扭转现状并保持经济增长，在日本，智慧能源项目"数字电网"被提出，将智慧能源完全建立在信息互联网之上，用互联网技术为其提供信息支撑。日本决定大力发展智慧能源，将互联网技术与能源产业相结合，提高能源使用效率。

2011年日本"3·11"大地震后，核电的大面积关停导致日本夏季用电高峰期多地出现计划性限电，民众对电力基础设施建设关注更多。日本政府和整个电力行业也都开始重新审视日本智能电网该如何发展，对电力市场自由化、新能源固定价格采购制度的争论和关注也日益增多。早先日本提出的智能电网理念着重强调进一步全面提升电网信息化、智能化和互动化水平，积极接纳分布式电源和电动汽车等新型负荷。经历"3·11"大地震之后，日本智能电网理念从功能形态和发展重点方面得到进一步优化和提升。同时，为了重振日本电力行业的国际领先地位，日本政府牵头成立了包括智能社区联盟在内的多个行业联盟，推动包括新能源发电技术、储能技术、电动汽车技术、电力路由器等在内的智能电网技术发展和国际标准化实施，并开展了多个智能电网示范工程。

4.3.1 相关政策体系和产业规划

日本智能电网的政策体系可分为战略与规划、法律、实施与推进3类，主要政策都由经济产业省发布，部分经内阁和参议院审议后形成法律生效。

日本拥有丰富的光资源，政府一直出台各项政策鼓励光伏发展。2009年，日本开始实施《太阳能发电固定价格收购制度》，并于2012年将全额采购的范围扩大到其他可再生能源，以鼓励其发展。2014年内阁通过了《能源基本计划》草案，将核电定位为"保障日本能源稳定供应的重要基础能源"的同时，也明确了加速可再生能源的利用，将其作为未来实现能源本土化供应的重要手段。提出了到2030年12月底将现在的能源自给率和化石燃料的自主开发比率翻一番的目标，可再生能源和智能电网被作为达成这一目标的手段之一。日本内阁通过《电气事业法》修正案，设立了"广域系统运行协调机构"，旨在监督全国电力交换计划，协调电力供需，确保紧急情况下的稳定供电，这也有益于实现可再生能源在日本全国范围内的跨区消纳。

2015年，日本经产省提出可再生能源（光伏、风力、水力、生物质和地热）消纳量2030年达到21%的目标，可再生能源还享有规划和调度优先权。按照这一估算，预计光伏发电的装机容量将达到6141万kW，发电量约700亿kW·h，在电力能源构成中占到7%。日本十分重视开拓国际智能电网市场，凭借技术优势，参与国际市场竞争。在经产省主导下，成立了智能社区联盟，共有东芝、东京电力、丰田、松下、日立等知名企业在内的741家企业和团体参加，联盟成立了国际战略、国际标准化、规划、智能住宅4个工作组，意在积极关注国际智能电网动向，推进国际标准化，掌握市场主导权。

目前，日本4座城市将通过协调电力、热能与运输方面的能源使用，以期降低碳排放量，并增加对可再生能源的依赖。这四座城市承诺，到2030年，使其二氧化碳排放量削减40%，各城市采用一种智慧能源系统，将超越美国以及其他国家正在实施的"智能电网"工程。日本经济贸易产业省曾表示，智能电网工程能够管理用电，日本的"智慧能源共同体"示范工程也能管理能源，进行供热与运输。这项计划2010年开始进行，由日本政府发起，以履行其提出的在2020年前使温室气体排放量下降25%的承诺。这项计划将耗资10亿美元左右，为期5年。为了达到这个减排目标，将要安装一些280亿瓦的太阳能发电设备，智能电网技术将帮助电网运营者容纳大量来自太阳以及其他可再生能源的电量。比如，当空中有云层经过或者风的模式发生变化时，太阳能或风能的发电情况将会受到影响，这个信号就会被发送到智能用电设备上，进而使用电设备暂停运作或者降低它们的耗电量。在一个智慧能源共同体中，这种适应性也会扩展到对热能的管理上，一半以上的能源是以热能的形式使用的，所以热能与电能的整合显得非常重要。

管辖能源政策的经济产业省组织了各种委员会和研讨会，在大量引进利用可再生能源客户的前提下，以电力系统的对应措施为中心，构筑"日本型智能电网"，为实现"新一代能源·社会系统"，发表了以下的构想和技术方案。

（1）新一代输配电网：通过新一代智能输配电系统的实证试验，进行系统控制技术，光伏发电出力数据的储存、分析、孤岛型微网的试点试验等。

（2）热能、未利用能源的有效利用：构筑热电融合的控制系统，根据实证试验取得的数据进行系统改良，确立最佳的运营技术和方法。

（3）区域能源管理：建立在由实证试验数据基础上的区域能源管理系统（Energy

Management System，EMS），并对其效果进行验证。

（4）智能电表：用于消费电力量的可视化，与电费价目联动的实证试验。

（5）蓄电复合系统：通过实证试验，开发可设置在用户端的蓄电池并积累实验数据。

（6）智能住宅·智能家电：对应智能化运用的连接设备及数据的标准化研究。

（7）零能耗建筑（Zero-Energy Building，ZEB）：在节能法规中强化建筑物的节能标准。

（8）新一代汽车：到2020年末，新车销售中约一半为新一代节能汽车。

（9）国际标准化：设立专门委员会推进国际标准化。

（10）海外展开：和美国合作构筑新墨西哥州能源管理系统（日美智能电网共同实证试验项目）。

4.3.2 日本智慧能源市场规模

随着大数据时代的来临，大数据与智慧能源已经上升为日本的国家战略。智慧能源正在成为国家竞争的前沿，以及产业竞争力和商业模式创新的源泉。2020年度日本智慧能源市场规模预计将超过1兆日元（约680亿元人民币）。

根据统计显示，2014年度智慧能源产业规模约为2000亿日元，同比增长约5%。2015年日本智慧能源市场规模约为2500亿日元；2016年的日本智慧能源市场规模大约为3200亿日元；2015年以后，日本智慧能源市场规模增长都在20%以上，2017年达到了4560亿日元，预计到2019年，日本智慧能源市场规模将达6300亿日元。

2017年度以后，能源管理系统等维护社会基础设施的系统需求将会推动市场的发展。日本Gartner的调查报告也指出，大约六成以上的能源相关企业目前正在积极考虑活用大数据技术，将其用于智慧能源战略中。同时，预计到2018年，积极致力于智慧能源项目的日本企业的数量将增加一倍，其中七成将有IT部门之外的经营及事业部门参与。

日本的智慧能源战略，以务实的应用开发为主，尤其是在将能源和交通、医疗、农业等传统行业结合方面，日本智慧能源应用是可圈可点的。未来，日本智慧能源将会进一步推广，来促进日本的能源战略发展。

4.3.3 日本智慧能源典型案例

Auto Grid是一家提供智慧能源综合解决方案的科技企业，基于其能源数据平台，为电力供应商和消费者提供各种规模的电力消耗预测，使用该预测来优化电网运行，并通过灵活的需求管理计划来实现节能减耗。

Auto Grid的核心为其能源数据云平台（Energy Data Platform，EDP）。Auto Grid的能源数据平台EDP创造了电力系统全面的、动态的图景，通过挖掘电网产生的结构化和非结构化数据的财富，进行数据集成，并建立其使用模式，建立定价和消费之间的相关性，并分析数以万计的变量之间的相互关系。通过该能源数据平台EDP，公共事业单位可以提前预测数周，或只是分、秒的电量消耗。大型工业电力用户可以优化他们的生产计划和作业，以避开用电高峰。

需求响应优化及管理系统（Demand Response Optimization and Management System，DROMS）为Auto Grid的需求响应管理工具。DROMS从智能电表、建筑管理系统、电压调节器和温控器等设备获得实时数据，形成数据分析引擎；结合电力系统的模型，基于智能算法，分析计算对单一负荷的精确预测，在需求响应要求产生之前介入，迅速生成针对某一需求响应的应对策略。

Auto Grid的客户覆盖发电端、输电端、配电端、用户，可以帮助电网各端匹配电力供应和需求，降低电网各端的成本。Auto Grid的能源数据云平台EDP收集并处理其客户接入智能电网的智能电表、建筑管理系统、电压调节器和温控器等设备的数据，面向其用电客户提供需求响应优化及管理系统DROMS，获取能量消耗情况，预测用电量，结合电价信息实现需求侧响应，生成需求侧管理项目的分析报告，提升客户全生命周期的价值收益；面向电网运营者提供DROMS，可提供需求响应应对策略，预测发电情况和电网动态负荷，预测电网运行故障，改善客户平均停电时间和系统运营时间，从而实现电网优化调度，减少非技术性损失，降低运营成本。

Auto Grid凭借其PB级的数据分析和预测能力，吸引了众多公用事业公司和软件产品公司与其进行合作。通过向第三方开放其能源数据平台EDP，Auto Grid正努力将其打造为能源行业大数据的统一公共平台。该开放的能源数据平台将使得能源"大数据"充分流动，各公共事业公司依托该数据平台开发满足自己需求的第三方应用。通过统一的能源大数据平台，Auto Grid将规范能源大数据的规范及协议，并将为能源大数据的发展注入新的推动力。

Auto Grid的收入主要来自向采用其DROMS或其他服务的用户收费，主要有3种收费模式。

（1）SaaS模式：用户按照Auto Grid为其处理的数据量付费。

（2）共享收益模式：Auto Grid给客户发送报告，客户进行需求响应，与客户分享收益。

（3）合作模式：给设备商提供软件，向设备商收取License费。

未来的智能电网将是依托电力大数据处理分析技术的全景实时电网。Auto Grid作为电力大数据服务的先行者，其商业模式和发展思路将为国内的电力大数据服务商和初创公司提供一定的参考。

4.4 中国关于智慧能源的战略

4.4.1 中国智慧能源发展现状

智慧能源是一种全新的能源形式，包括符合生态文明和可持续发展要求的相关能源技术和能源制度体系。结合"互联网+"来看，智慧能源是一套以能源工业为基础，通过互联网开放平台实现对创能、储能、送能、用能系统的监测控制、操作运营、能效管理的综合服务系统。

智慧能源的一个重要目标是提高能效，围绕这个目标的技术创新贯穿能源生产到消费的全部环节。智慧能源的思路是基于能源全产业链产生的各种数据，实现相应的服务（主要是节能减排）。这样形成的产业创新包括新型合同能源管理服务、智慧能源解决方案、智慧能源大数据运营服务等。

智慧能源的一系列创新服务需要借助互联网来实现，这个互联网就是能源互联网。能源互联网应用智慧能源标准，将电、水、气等能源数据化，利用IPv6、大数据、云计算等互联网技术，将能源产业互联网化，动态管理能源生产、传输和消费，达到提高效率、节能减排等作用。利用ICT技术，对能源产业进行互联网化，将能源赋予新的数据属性，达到能源的经济性、高效性及环保性。可以预见，能源互联网通过新一代信息通信技术与能源的完美结合，势必将产生一个巨大的能量体，彻底改变人们的生活。

目前，我国能源行业改革进入深水期，行业调整结构迫切需求转型升级的关口，能源企业纷纷希望借助"互联网+"实现改革、开拓、创新的发展新局面。"互联网+"智慧能源是实现转型升级、创新发展的重要途径。"互联网+"智慧能源，就是以电力系统为核心纽带，构建多类型能源互联网络，即利用互联网思维与技术来改造传统能源行业，实现横向多源互补，纵向"源—网—荷—储"协调，能源与信息高度融合的新型能源体系。其中，"源"是指煤炭、石油、天然气、太阳能、风能、地热能等一次能源和电力、汽油等二次能源；"网"是指涵盖天然气和石油管道网、电力网络等能源传输网络；"荷"和"储"代表各种能源需求和存储设施。实施"源—网—荷—储"的协调互动，实现最大限度消纳利用可再生能源，实现整个能源网络的"清洁替代"与"电能替代"，推动整个能源产业的变革与发展。"互联网+"智慧能源是指能源生产"终端"将变得更为多元化、小型化和智能化，交易主体数量更为庞大，竞争更为充分和透明。通过分布式能源和能源信息通信技术的飞跃进步，特别是交易市场平台的搭建，最终形成庞大的能源市场，能源流如信息流一样顺畅自由配置。

智慧能源将经历能源本身互联、信息互联网与能源行业相互促进，以及能源与信息深度融合3个阶段。首先，能源本身的互联阶段，以电力系统为核心枢纽的多种能源物理互联网络，实现了横向多源互补。其次，信息互联网与能源行业相互促进，信息指导能量，能量提升价值。一方面，互联网催生了能源领域新的商业模式；另一方面，信息的高效流动使分散决策的帕累托最优替代了集中决策的整体优化，实现资源配置更加优化。最后，能源与信息深度融合，能源生产和消费达到高度定制化、自动化、智能化，形成一体化的全新能源产业形态。

智慧能源是互联网与传统行业融合发展的新业态，互联网与诸多行业的融合，将有效提升实体经济的创新能力，逐步成为我国经济增长、结构优化的新动力。能源是国民经济的基础性产业，是经济社会发展的命脉，事关国家经济社会发展全局。在能源行业改革进入深水期，在行业调整结构迫切需求转型升级的关口，能源行业迎来了一次机遇。"互联网+"智慧能源既是能源技术革新，也是一次能源生产、消费和政策体制变革，是推动能源生产和消费革命的强劲引擎，更是对人类社会生活方式的一次根本性革命。"互联网+"为传统能源转型发展提供了技术支撑，从能源生产到消费的各个环节进行了大的变革，顺应能源发展的趋势。

智慧能源能有效解决我国面临的严峻的能源与环境问题。我国的能源结构不尽合理，目前，煤炭占一次能源消费比重高达60%以上，这导致我国经济社会发展与能源消费和环境之间的矛盾日益突出。互联网与传统能源的深入融合，既可提高可再生能源的入网比例，实现能源供给方式的多元化，促进能源结构优化，也可以实现能源资源按需流动，促进资源节约、高效利用，实现降低能源消耗总量，减少污染排放。也就是说，互联网和能源的高度融合，能够最大程度地提高能源资源的利用效率，降低经济发展对传统化石能源资源的依赖程度，从根本上改变我国的能源生产和消费模式，有效解决我国当前能源消费和环境与经济发展之间的矛盾。

智慧能源能将推动我国能源行业体制的变革。我国正处在能源产业结构调整以及体制改革的关键时期。"互联网+"智慧能源作为一次能源技术革命，互联共享将会从根本上改变我国的经济产业布局和能源生产消费模式，其高度开放的特性，也会推动我国能源行业体制的变革，提高我国能源行业的整体开放程度。"互联网+"智慧能源是多类型用能网络的多层耦合，电力作为重要的二次能源，是实现各能源网络有机互联的链接枢纽，电力互联是实现能源互联的重要途径。"互联网+"智慧能源的建设将会最大程度地推动当前我国电力工业体制改革进程，加速相关政策措施的完善以及智能电网等技术手段的研发速度，从而促进我国新型电力工业体系的建设完善。

智慧能源能够推动区域间电力资源的协调互补和优化配置。未来能源互联网是分布式和集中式相结合的高度开放式的能源系统。面对我国能源生产与消费逆向分布的格局，未来我国能源互联网的电力网络结构应该是大电网与微电网相结合的布局形式，各个区域各种形式可再生能源都能够通过能源互联网柔性接入，从而进一步推动区域间电力资源的协调互补和优化配置。互联网对电网跨区的输送能力、经济输送距离、网架结构等方面提出了更高的要求，对电力输送网络的合理布局是实现跨区域能源互联的重要保障。另外，依托于互联网，分布式电源与微电网也是优化电力资源配置的重要手段。微电网凭借其灵活的运行方式、能量梯级利用、提供可定制电源等特性，能够协调控制分布式电源、储能与需求侧资源，从而保证分布式可再生能源的并网需求。

智慧能源是保证我国能源安全的需要。随着我国经济社会的发展以及传统化石能源的日益枯竭，我国能源依赖进口的比重越来越大，在周边政治环境不稳定的情况下，我国的能源安全问题无法得到保障。互联网和能源的深度融合，是从根本上保证能源安全的有效途径之一。一是通过互联网，可将能源密度较低的可再生能源实现就近配置，降低我国对国外能源资源的依赖程度；二是互联网具有更大范围的能源资源的调控和整合能力，可大大提高能源资源供给的灵活性和弹性，有效避免能源系统受到大的冲击；三是利用互联网信息沟通的即时性特征，政府既可通过能源数据分析研究的结果，与公众在能源安全状况等方面做到公开透明的沟通和交流，降低能源安全对经济社会的不稳定影响，同时，还可利用互联网和大数据的结果，对危及国家能源安全的各方面因素进行识别，从而提高我国的能源安全管理和预警水平。

在未来10年，能源互联网的市场规模将超过20万亿元人民币。目前，我国的智慧能源进程和能源互联网的推进工作进展顺利。以时间先后为序，2013年11月"智慧能源产业技术创新战略联盟"成立，2015年2月"全国智慧能源公共服务云平台"启用，2015年3月IEEE 1888被ISO/IEC纳为能源互联网产业国际标准，智慧能源产业正一步一个脚印朝着建立可持续发展的能源体系的远大目标迈进。

目前，基于IEEE 1888标准的产业链已经形成。在产业链上游有Intel、Cisco、中国电信、中科软等企业加入，为产业链提供支持IEEE 1888标准的软件、硬件和解决方案，打破了过去一些企业利用私有协议和垂直产业链对市场的垄断；中下游，有哲达、积成电子、中能兴科、华源泰盟、澄光通讯等一大批企业组成的智慧能源创新产业群和新型节能技术服务产业群，为最终用户提供更高效低价、更公开透明的新型能源管理解决方案。

4.4.2　中国智慧能源政策分析

2015年6月24日的国务院常务会议，重点之一的议题锁定在了"互联网+"领域，除去之前"互联网+外贸"等议题之外，首次全面、系统地围绕"互联网+"进行制度议事。此次会议上，互联网+的顶层设计也获审议通过。

智慧能源应该整合通道、网关、平台、终端、信息安全等国际化资源，将水、电、气、热等能源数据网络化，应用物联网、云计算、大数据等先进技术，面向能源行业和节能环保行业，向用能单位、关键用能设备和节能工程项目等提供全面、丰富、专业的云—管—端服务。升级为能源互联网的能源产业将带动20%以上的产业增速，并实现生产力水平提高、经济结构转型等一系列巨大的经济、社会、民生效益，同时还将带动整个关联产业的发展。占国内GDP20%以上的能源产业互联网化后，在未来10年，所带来的直接和附带产业价值将超过20万亿元人民币，也势必将孕育出巨头企业。这将吸引全社会无数企业纷纷布局智慧能源产业，激励无数企业探索智慧能源行业发展的新的商业模式，营造新的价值链和生态圈。

2016年国家能源局提出《关于推进"互联网+"智慧能源发展的指导意见》（以下简称《意见》），《意见》指出能源互联网是一种能源产业发展新形态，相关技术、模式及业态均处于探索发展阶段。为促进能源互联网健康有序发展，近中期将分为两个阶段推进，先期开展试点示范，后续进行推广应用，确保取得实效。

2016—2018年，着力推进能源互联网试点示范工作：建成一批不同类型、不同规模的试点示范项目；攻克一批重大关键技术与核心装备，能源互联网技术达到国际先进水平；初步建立能源互联网市场机制和市场体系；初步建成能源互联网技术标准体系，形成一批重点技术规范和标准；催生一批能源金融、第三方综合能源服务等新兴业态；培育一批有竞争力的新兴市场主体；探索一批可持续、可推广的发展模式；积累一批重要的改革试点经验。

2019—2025年，着力推进能源互联网多元化、规模化发展：初步建成能源互联网产业体系，成为经济增长的重要驱动力；建成较为完善的能源互联网市场机制和市场体系；形成较为完备的技术及标准体系并推动实现国际化，引领世界能源互联网发展；形成开放共享的能源互联网生态环境，使能源综合效率明显改善，可再生能源比重显著提高，化石能源清洁高效利用取得积极进展，大众参与程度大幅提升，有力支撑能源生产和消费革命。

《意见》另外要求加强能源互联网基础设施建设，建设能源生产消费的智能化体系、多能协同综合能源网络、与能源系统协同的信息通信基础设施。营造开放共享的能源互联网生态体系，建立新型能源市场交易体系和商业运营平台，发展分布式能源、储能和电动汽车应用、智慧用能和增值服务、绿色能源灵活交易、能源大数据服务应用等新模式和新业态。推动能源互联网关键技术攻关、核心设备研发和标准体系建设，促进能源互联网技术、标准和模式的国际应用与合作。

鼓励建设智能风电场、智能光伏电站等设施及基于互联网的智慧运行云平台，实现可再生能源的智能化生产。鼓励用户侧建设冷热电三联供、热泵、工业余热余压利用等综合能源利用基础设施，推动分布式可再生能源与天然气分布式能源协同发展，提高分布式可再生能源综合利用水平。促进可再生能源与化石能源协同生产，推动对散烧煤等低效化石能源的清洁替代。建设可再生能源参与市场的计量、交易、结算等接入设施与支持系统。

鼓励煤、油、气开采、加工及利用全链条智能化改造，实现化石能源绿色、清洁和高效生产。鼓励建设与化石能源配套的电采暖、储热等调节设施，鼓励发展天然气分布式能源，增强供能灵活性、柔性化，实现化石能源高效梯级利用与深度调峰。加快化石能源生产监测、管理和调度体系的网络化改造，建设市场导向的生产计划决策平台与智能化信息管理系统，完善化石能源的污染物排放监测体系，以互联网手段促进化石能源供需高效匹配、运营集约高效。开发储电、储热、储冷、清洁燃料存储等多类型、大容量、低成本、高效率、长寿命储能产品及系统。推动在集中式新能源发电基地配置适当规模的储能电站，实现储能系统与新能源、电网的协调优化运行。推动建设小区、楼宇、家庭应用场景下的分布式储能设备，实现储能设备的混合配置、高效管理、友好并网。鼓励建设以智能终端和能源灵活交易为主要特征的智能家居、智能楼宇、智能小区和智能工厂，支撑智慧城市建设。加强电力需求侧管理，普及智能化用能监测和诊断技术，加快工业企业能源管理中心建设，建设基于互联网的信息化服务平台。构建以多能融合、开放共享、双向通信和智能调控为特征，各类用能终端灵活融入的微平衡系统。建设家庭、园区、区域不同层次的用能主体参与能源市场的接入设施和信息服务平台。

2017年4月25日国家发改委和国家能源局发布《能源生产和消费革命战略（2016—2030）》（以下简称《战略》），提出了全面建设"互联网+"智慧能源的目标，作为一种互联网与能源生产、传输、存储、消费以及能源市场深度融合的能源产业发展的新形态，有报告预测，中国能源互联网的总体市场规模到2020年将超过9400亿美元，约占当年GDP的7%。国家电网等企业已经提前布局。《战略》提出，将从推进能源生产智能化、建设分布式能源网络和发展基于能源互联网的新业态三个方面全面建设"互联网+"智慧能源。"能源互联网将从根本上颠覆传统的能源系统，并从根本上解决能源安全问题，新能源在能源互联网中占据核心地位。近十年来，我国在新能源产业发展的诸多领域已经形成了国家竞争优势，政策扶持和技术进步是新能源行业未来快速发展的主要驱动力。"《战略》提到，大力发展智慧能源技术，推动互联网与分布式能源技术、先进电网技术、储能技术深度融合。大规模储能技术是保障可再生能源有效利用、确保电力系统安全稳定运行的关键技术，规模化储能技术应用是推动电能规模化替代化石能源的重要基础，也是推动能源技术革命，促进电力改革的必要手段。而能源互联网技术、市场相关的许多方面都离不开储能技术的支持。《战略》提出，未来实现增量需求主要依靠清洁能源，推动非化石能源跨越式发展。坚持分布式和集中式并举，以分布式利用为主，推动可再生能源高比例发展。根据《战略》，到2020年，我国非化石能源占比将达到15%；到2030年，非化石能源占能源消费总量比重达到20%左右。此外，为了推动能源技术革命，抢占科技发展制高点，《战略》还提出，强化自主创新，加快非化石能源开发和装备制造技术、化石能源清洁开发利用技术应用推广。其中包括加快大型陆地、海上风电系统技术及成套设备研发，推动低风速、风电场发电并网技术攻关。加快发展高效太阳能发电利用技术和设备，重点研发太阳能电池材料、光电转换、智能光伏发电站、风光水互补发电等技术，研究可再生能源大规模消纳技术。研发应用新一代海洋能、先进生物质能利用技术。

4.4.3 中国智慧能源产业标准化

智慧能源的核心是智能电网，智慧能源标准化工作也不是凭空而起、一片空白。现有智能电网标准化建设已经取得积极成果，国家已经将智能电网标准化纳入《战略性新兴产业标准化发展规划》。

中国智能电网标准体系框架已经编制完成，形成了有9个专业分支、25个技术领域、110个标准系列的技术标准体系。针对新能源并网、智能变电站、智能调度、电动汽车充电设施建设等领域开展的智能电网综合标准化试点工作获得国家批准。

在智能电网重点领域重点标准建设已经取得突破，风电、光伏等新能源接入电力系统标准已经修订完成，特高压交直流标准体系已经建立，GB/T 30155—2013《智能变电站技术导则》、IEC 61850系列标准、关键标准相继编制完成，智能电能表、配电网自动化、微电网及需求侧管理等重要标准正在稳步推进。

在国际标准化方面，我国成功申请成立了国际电工委员会智能电网用户接口项目委员会、可再生能源接入电网分技术委员会、微电网系统评估组，由我国担任国际标准召集人，确定了我国在智能电网国际标准化工作中的地位。

目前，国际电工委员会（IEC）主要针对智能电网出台了一系列的技术标准，尚没有其他国际标准化组织明确提出智慧能源的标准架构，智慧能源建设可以采用国际电工委员会智能电网核心标准及配电、用电、储能、电力电子、信息和通信技术等相关标准，包括电动汽车充放电设施、智能家居及设备间的通信协议等相关技术标准；但仍有一部分标准缺失或标准间协调性不够，如分布式能源接入、大容量化学储能装置接入等，不能满足智慧能源建设需求，需要加大工作力度。

智慧能源与智能电网相比，更具系统性，复杂性也更高，亟须统一规划和顶层设计。目前，智慧能源在基本概念、术语定义、概念模型、体系架构、评价指标等方面尚未形成共识，需要从全社会的层面对智慧能源标准化进行统一规范，以支撑未来产业发展的需要。智慧能源标准化工作在国际上还处于萌芽状态，我国可以利用智能电网建设的优势，在国际标准化上积极进取，深入参与国际标准制定工作，实现在智慧能源标准化领域的中国与国际同步。

其中特别值得一提的是系列标准IEEE 1888《泛在绿色社区控制网络协议》。在构建能源互联网的过程中，数以百亿计的设备需要与网络互联互通，同时这些设备产生的海量数据需要进行格式统一，并最终保证数据的安全。在此过程中，其标准的制定及统一一直是行业的关键问题。

为解决设备与设备、设备与网络、信息与数据间存在的"孤岛"问题，最终实现能源互联网产业的全球部署，由我国主导的全球能源互联网首个国际标准IEEE 1888应运而生。

目前，它已作为能源互联网产业入口的重要标准受到全球关注。标准IEEE 1888《泛在绿色社区控制网络协议》于2015年3月2日正式获得国际标准化组织ISO/IEC通过。该标准采用全IP的思路，深度融合IPv6、物联网、云计算等信息通信技术，构建了一个开放的能源互联网体系，可广泛应用于智慧能源网络，包括下一代电力管理系统、楼宇能力管理系统、设施设备管理系统等领域的通信。

　　智慧能源作为能源和电力技术发展的重要方向，将带动技术的进步和产业的发展。规范统一的标准体系是支撑产业发展的基本条件，是实现复杂系统建设的保障。建立智慧能源的技术标准体系，制定智慧能源的核心技术标准，规范和指导关键设备的研制，引导并发展部分关键技术标准成为国际智慧能源的技术标准，是智慧能源标准化的重要工作。智慧能源的标准体系需要与智慧能源的技术和产业的发展相适应，应满足系统性、协调性、兼容性、自主性和开放性原则，符合结构合理、层次清楚、覆盖全面、相互协调、适应需求等要求，对能源互联网技术和管理以及试验、认证、评估进行合理规范和科学引导。

　　与智能电网、智慧城市和物联网相比，智慧能源的系统性更强，复杂性更高，需要从全社会层面对智慧能源的基本概念、体系架构和评价指标等方面形成共识，以支撑未来产业的发展。近几年来，国内外标准化组织在与智慧能源相关的技术领域开展了标准体系研究。

　　IECSG3致力于智能电网标准体系的研究和建设，开发了智能电网模型架构和标准体系，于2010年发布了《IEC智能电网标准化路线图》v1.0，将IEC 61850、IEC 61970、IEC 61968等确立为智能电网核心标准；国家电网发布了智能电网技术标准，涵盖了发电、输电、变电、配电、用电、调度、信息通信、综合规划8个专业方向，26个技术领域，总计92个标准系列；美国国家标准与技术研究院（National Institute of Standards and Technology，NIST）相继发布了3个版本的《智能电网互操作标准框架和技术路线图》，审查并通过了包括美国国家标准学会（American National Standards Institute，ANSI）、IEC、IEEE等制定的71个标准，对需求侧响应和能效管理、储能、电气化交通、高级量测体系（Advanced Metering Infrastructure，AMI）、配电管理系统（Distribution Management System，DMS）、安全、通信、广域状态监视8个优先技术领域推荐了25个技术标准。

　　此外，在互联网、智慧城市、物联网等与能源互联网密切相关的技术领域，国际标准组织、主要国家的标准组织也开展了标准研究，制定了一系列标准。通过上述工作，产生了大量的国际标准、区域标准、国家标准、行业标准和企业标准。智慧能源标准体系要以上述标准为基础，做进一步的梳理和拓展开发工作。

4.4.4　中国智慧能源的发展趋势

　　"互联网+"智慧能源是一种能源产业发展新形态，相关技术、模式及业态均处于探索发展阶段。国家已经出台了"互联网+"行动计划、"互联网+"智慧能源指导意见等政策，鼓励利用互联网理念积极探索能源互联网与不同行业融合发展的新途径；鼓励利用互联网手段，在大型建筑、场馆、园区、岛屿、城镇等不同规模范围内开展能源互联网技术应用、商业模式和政策创新试点。内容包括多能协同能源网络优化建设与协同运营、清洁能源互联网化交易、绿色货币与绿色证书等能源衍生品交易运营管理、电动汽车与储能互联网化运营、能源大数据应用服务等。

长期来看，未来能源中起主导作用的将是可再生能源。而依靠能源互联网技术，可以大大降低（甚至消除）因可再生能源发电的波动性对电网安全稳定运行带来的影响，并在保障可再生能源发电优先上网的情况下实现电网运行的全局性优化。由此，"互联网+电网"将大大促进可再生能源发电的规模化发展，并将彻底改变现在的能源结构，而跨国能源贸易，也将由化石能源通过管道和交通工具输送的贸易模式，转变成通过跨国电网输送电力的模式。"互联网+电网"的发展，可以将我国由能源对外依存度较高的国家，变成能源基本独立自主甚至能源出口的国家。

另外，在提倡清洁能源的今天，储能技术的突破将保证清洁能源的可持续发展。在能源互联网的背景下，储能将实现多样化发展。而分布式储能结合分布式发电、需求响应、电能辅助服务等，未来可能成为应用热点。能源互联网的发展对储能的需求日益迫切，这些需求会导致大幅增加对储能技术研发的投入，从而正向激励和推动储能技术的发展；而储能技术的发展将推动实现局域或区域性的微型能源互联网、全国性的能源互联网乃至跨越国界的能源互联网络。

在互联网时代，用户的参与互动具有重要意义。"互联网+"智慧能源的本质是以互联网思维来推动能源发展，它强调的是需求的互联，是一种人人参与、人人尽力、人人享有的发展理念。而智慧能源是充分调动每个人的主观能动性，综合采用多种方式提高能源利用效率，让家家户户都参与到这场能源变革中来，使能源能够成为每个家庭的一份未来投资，成为大家建设生态文明的通道。

能源是国民经济发展的重要物质基础，对经济的发展起着支撑与保障作用。同时，能源也是城市生产、城市建设、城市生活、城市交通的重要支撑资源。《关于推进"互联网+"智慧能源发展的指导意见》的正式发布，为产业未来10年的发展指明了方向。唯有通过多种能源优化互补，特别是新能源的有效供给、探索推进"互联网+"智慧能源，实现更为高效并可持续的能源开发和利用，方有可能破解能源资源约束的传统路径。

随着能源互联网概念的深入以及政策的推进，市场上各类主体纷纷行动，出现了各种形式的创新和结合。目前，有如下几种典型的发展趋势。

1. 传统能源公司与大数据通信公司互相渗透

在政策的推动下，一方面传统能源企业和互联网企业开始迅速寻求合作，各种模式的战略组合不断出现，另一方面传统能源企业自身开始向互联网企业转变，互联网企业也开始向能源企业转变，形成互相渗透的格局，尤其是在可再生能源领域，光伏行业与互联网的结合是目前整合速度最快的领域。加速整合是目前能源互联网最主要的趋势。比如一些传统发电企业开始与华为这样的互联网公司合作，通过用户大数据提炼出有价值的信息，进一步分析典型耗能用户的需求、更科学地做好用能预测，指导发电企业的战略布局。还有一类互联网公司，如阿里巴巴网络技术有限公司（以下简称阿里巴巴），在新能源领域已经与阳光电源、联合光伏等光伏企业在智慧光伏电站、能源互联网、互联网金融、云计算、大数据、信息安全等领域合作。在能源基础设施层面，阿里巴巴已经与浙江省电力公司、深圳供电局在能源互联网、"互联网+"城市供电系统等领域合作。在终端能源消费方面，开始将电动汽车、家庭能源管理纳入阿里能源云计划。

2. 传统能源公司开始向互联网金融拓展

金融行业在构建能源互联网中将扮演重要角色。金融是实现能源互联的重要抓手，从先期的基础设施建设，到后期商业模式、支付体系的变革都离不开金融资本的深度介入与助推。许多传统能源企业和信息技术企业都看到了互联网金融的重要作用和发展前景，通过打造各种能源互联网金融平台，建立起能源行业，特别是光伏产业与金融资本对接的桥梁。民营资本打造"能源+互联网+金融"体系的速度远远快于国有能源企业或电网企业，从2015年的能源互联网金融典型代表"绿能宝""微能云"到"国鑫所"，民营资本构建的能源互联网金融体系已经越来越成熟，同时也带动了国有能源企业进军互联网金融。

3. 传统能源公司集体向能源服务商转型

在新电改政策的激励下，传统能源公司纷纷谋求向能源综合服务商转型。当前，各类能源企业都开始成立区域性售电公司，为开展后续能源服务做准备。据不完全统计，截至2016年5月底，全国31个省（市、区）至少成立了559家售电公司。数量虽多，但都是抢占市场的心态，运作方式、商业模式都尚未真正建立起来，各售电公司也都在观望和摸索的状态中。当前一些资源大省对电改热情高涨，更多是着眼于降电价红利，而不是市场化本身。改革实质进展并不如预料的那么迅速，在实施过程中各方利益博弈重重。

4.4.5　中国智慧能源面临的挑战

中国于2012年推出首批100个国家智慧城市试点，2016年启动和在建的智慧城市达到335个。与此同时，中国能源改革正逐步迈入"深水区"，推动能源生产和消费的"四个革命"势在必行。智慧能源可以有效缓解城市建设过程中的能源与环境矛盾，实现对传统能源行业的重新塑造和逆向整合，在中国将大有可为。

任何新事物的发展，都有一个循序渐进的过程。中国要想踏上智慧能源的快车道，不得不面对现实的挑战。

1. 全社会认识程度和接纳程度尚需加强

"互联网+"智慧能源是新生事物，打破了传统能源产业之间的供需界限，改变了传统的能源生产和消费方式，改变了用户的用能习惯和思维方式，是由单向消费者向"生产—消费—销售"者的转变，是能源行业产、消、售的全面大融合，将渗透进大众生活的日常，对大众生产生活方式进行全新重塑。"互联网+"智慧能源的发展离不开大众的广泛认知和参与，但我国经济发展的地区差异决定了现阶段全社会对智慧能源的认识程度和接纳程度尚未达成共识，不同行业基于不同的立场，意见存在分歧，进而使公众对此缺乏清晰的认知，因此还需要深入培育，通过加强宣传提升大众参与程度，营造全民参与的氛围。

2. 技术层面尚需不断创新和突破

能源互联网是能源技术、互联网技术和物联网技术的深度融合，当前仍面临诸多技术挑战。多领域、多层级的融合发展需要技术创新的引领和关键技术的不断突破。"互联网+"智慧能源的发展不仅需要突破多能互补分布式系统发电、储能、智能微网、主动配电网、柔性直流等能源领域关键技术，还需要探索物联网、大数据、云计算等信息通信技术在能源领域的深度应用。随着电力交易市场的放开，计量、结算、智能用电管理等技术与能源系统的跨行业融合等技术需要进一步探索。能源互联网的发展尚处于起步阶段，所需的技术体系、标准体系尚未确定，以信息通信、电力电子、可再生能源等多种技术为核心的交叉融合技术需要不断创新和突破。

3. 跨界融合带来的监管问题不容忽视

"互联网+"智慧能源通过互联网将能源的生产、运输、消费、存储和金融的融资、交易、结算以及用户端的用能需求、用能行为等多主体紧密结合在一起，由于领域的不同、环节的增多，协调机制更加复杂，势必带来安全问题，跨界融合带来的监管问题不容忽视，需要从安全角度加强监管和风险管控。"互联网+"智慧能源系统内的用户信息、数据、设备在网络中的传递、保存、分发，都基于互联网的智慧能源交易平台，均需要得到安全保证。因此，必须充分认识到监管的重要性和必要性，密切把握能源互联网行业发展动态，适时调整监管政策和范围，提升"互联网+"智慧能源网络和信息安全事件监测、预警和应急处置能力。

4. 给设施联通方面带来新的挑战

"互联网+"智慧能源需要加强综合能源网络建设，主要包括建设以智能电网为基础，与热力管网、天然气管网、交通网络等多种类型网络互联互通，多种能源形态协同转化、集中式与分布式能源协调运行的综合能源网络；需要构建开放的共享体系，建立面向在多种应用和服务场景下能源系统互联互通的开放接口、网络协议和应用支撑平台，支持海量和多种形式的供能与用能设备的快速、便捷接入。实现"互联网+"智慧能源中能源流与信息流的互联互通具有极大挑战性。

中国智慧能源建设将分2016—2018年和2019—2025年两个阶段推进，"独立建设、连接成网"将是智慧能源建设的必由之路。就近中期而言，掌握智能电网、储能、天然气分布式利用等核心技术的创新型企业将会首先享受红利，而传统能源公司因其具有的基础优势，一旦插上互联网思维的翅膀，将会成为未来的智慧能源巨头，为终端用户提供"电、热、冷、气、水"一揽子服务，和能源生产、转换、运输、存储、消费一体化的解决方案将成为这些企业的核心竞争力。同时，结合大数据分析，为用户提供能源健康诊断、风险管理和解决方案等增值服务的管理咨询公司也将占有一席之地。

近年来颇引人关注的是，在低油价的冲击下，过去一向安枕无忧的壳牌、BP、雪佛龙等跨国石油巨头们，纷纷开始谋划和踏足新能源布局，似乎预示新一轮的能源转型正加速启程。智慧能源的发展，必然需要大企业的战略眼光、智慧思维和胸怀格局，"不谋全局者不足以谋一域，不谋万世者不足以谋一时"，未来的能源生产商将逐步向能源生产服务商转变，成为新生产生活方式的创造者、能源解决方案的提供者和商业模式的创新者。在中国这块孕育着无穷希望和机遇的土地上，将会涌现出一批伟大的企业，在一个崭新的智慧能源时代，开启能源发展的新里程。

第5章
电网大数据资源

5.1 大数据对电网信息化建设的影响

在当前电网信息化体系之下，大数据作为新兴的力量和技术系统，在引入初期即呈现出强大的生命力。在实际工作中应当围绕电力系统的发展需求，妥善展开技术布局，使大数据成为推动电力事业发展的重要力量。

5.1.1 电网信息化现状分析

电力工业作为国家基础性能源设施，与社会发展和人民生活息息相关，是国民经济社会健康稳定、持续发展的重要条件。积极应用大数据技术，推动中国电力大数据事业发展，对实现中国电力工业科学发展具有极大的现实意义。

2013年，中国电机工程学会电力信息化专委会编制发布了《中国电力大数据发展白皮书》，这是我国首次就电力大数据问题发布白皮书。

白皮书第一次提出了电力大数据的定义，并同时指出重塑电

力核心价值和转变电力发展方式是中国电力大数据的两条核心主线。

随着电力工业与信息化的深度融合，电力信息化对电力企业的决策、运营、销售的价值不断增强，这种价值的跃升将使电力企业具有大数据的时代特征。电力信息化将突破传统运维，产生更多的增值服务，致使催生新的管理模式创新。数据中心将被赋予更多的职能，比如强大的数据挖掘、数据分析和决策能力。

电力企业业务数据主要来自生产数据和运营管理数据。电力企业生产数据既包括发电量、电压稳定性等实时采集的数据，也包括物联网、云计算、新能源并网等技术带来的新数据业务。

电力企业运营管理数据则包括ERP、一体化平台、协同办公等方面的数据。如能充分利用这些基于电力生产、使用等实际数据，对其进行深入分析，便可以提供大量的高附加值服务。这些增值服务将有利于电厂生产安全检测与控制，电力企业决策分析与管理流程控制，电力企业精细化运营管理等，实现更科学的电力需求侧管理。

电力系统想要实现更为高效的工作，信息化势在必行。从整体发展状况来看，只有高

水平的电力信息化，才能推动电力系统运行稳定性的提升，并且帮助找到其正确的发展方向。在当前的技术背景下，信息化技术应用不断深入，也从客观上形成了对电力系统发展的推动。而在信息化技术框架下，大数据作为当红的信息技术之一，其价值不容忽视。

电力行业应当在大力推广信息化建设的同时，认识到数据背后的价值，搞好数据治理，并积极投入到数据挖掘与分析运用工作中，实践大数据战略，挖掘数据价值，为电力行业发、输、配、变、用电各环节建设，以及电力营销等业务发展提供科学指导和有效解决方案，重视提升电力行业信息化系统辅助决策能力。

5.1.2 电网信息建设在大数据时代的思考与探索

大数据不仅仅是一门技术，同时也是一种全新的商业模式，它与云计算共同构成了下一代经济的生态系统，大数据对于电网信息化建设的影响已经发生并将继续深入。对应现在已经建立健全的信息系统，电力企业应该在技术上做好哪些准备工作？越来越多的大数据出现在电力企业面前时，电网信息化建设应如何应对？电网信息化建设将做哪些工作提高大数据时代的信息安全性？电网信息化建设将如何将大数据变成利润增长点？这些问题都是大数据时代带给电网信息建设的思考与探索方向。

电网信息化建设如果接受大数据变革，要建立合适的数据规则，中国的发电企业多以集团化运营，分、子公司遍布全国甚至海外，发电形式多样。要实现集团内大数据处理首先要通过详尽调研、研讨后根据不同类型电厂制定统一的、标准化的数据结构。每一个电力企业根据自身发展、管理、运营的需要进行信息化建设时，在决策层发挥的作用与实现的方式都存在而且应该存在差异。而从电厂生产设备、管理运营方式、集团管理制度的方向出发，同一发电集团公司内的同种类型电厂信息化系统可利用数据结构相同度要远大于差异度。梳理数据结构整个过程包括涵盖业务的梳理与理解、数据构成的理解、数据结构的准备、建立相对应的数据挖掘模型、评估和部署6个步骤。

在做这项工作前，应对发电企业的业务有详尽了解，根据业务需求明确需要进行梳理的数据结构的意义、要求和最终目的。在明确业务需求后可对原始数据进行可利用评估，从发电集团公司到电厂根据实际决策需要确定各层级需要的数据，并对原始数据进行汇总、清理、集成、变换、分析等一系列收集和预处理工作；在搞好数据准备工作后可通过电网信息化建设手段针对不同单位的业务需要各自研发或集中研发适合的信息系统和数字化产品；利用统一的数据结构，利用不同技术将企业需要的数据以可视化的产品呈现出来。

电力企业所要做的就是切实利用和推广好信息系统，以便在相对统一的数据收集框架下开展数据收集工作和需求调研工作。在结合实际工作中，要深入认识各数据生产企业的差异性，存在的数据冗余、缺失、错误、更新不及时等不同问题，针对发现的问题不断合理优化数据取舍与收集标准，并利用数据预处理技术提高和确保数据质量。因为高质量、规范化、格式统一的数据结构是进行数据挖掘工作的基础。

在成功进行数据结构规范工作后，生产数据的企业在研发信息系统时只需要根据规范数据结构进行开发。上级管理单位在实施集中开发时只需要关注新研发系统对不同数据来源的容错能力和优化能力，而不再关注数据是如何产生的、一个数据字段到底代表了什么含义等频繁、错误率高的工作。统一的数据标准在不改变生产数据企业的工作量的同时有效降低了上级企业信息系统开发的难度。

提升大数据的使用能力。当前电力企业信息系统存在业务单一、类型多样，基本都局限在处理单一的业务层需求，仅实现单一需求报表和业务图表的功能。业务管理与决策者仅能通过一个系统获得有限的静态业务信息，往往利用信息决策要访问多个信息系统，且信息系统之间相互独立，缺乏关联，孤岛现象一直存在电力信息系统中，导致系统使用者要自己判断数据的准确性和指导性。面对庞大的企业组织架构和复杂的业务体系，以及不断变化的资源与经济形势，仅将大量数据静态呈现是远不能满足企业决策需要的。

因此，在电力信息建设践行大数据战略过程中，首先要利用云计算技术或数据挖掘相关技术建立数据孤岛之间的联系，放弃探寻数据间的因果关系，注重数据的关联关系，探寻数据与人、生产、政策、利润以及数据与业务之间的各种关联性，为企业决策提供全面的、准确的、更具实际意义的预测与辅助决策。

5.1.3　电力信息时代之下的大数据实现核心技术

信息化想要进一步在电力领域中实现其价值，大数据技术的引入已经势在必行。这种整体趋势一方面决定于技术本身的进步，另一方面，在电网信息化实现的过程中，数据量的增加和数据结构的多样化、复杂化，以及电力领域对于数据价值的深刻认识，都成为推动大数据技术在该领域发展的重要动力。

具体而言，当前在电力信息环境中发挥重要作用的大数据技术包括如下4项。

1. 多数据融合

数据融合的职责主要在于完成对来自多个信息源的数据进行自动检测、关联、相关、估计及组合等处理。电力环境中大量数据涌入，不同的数据隶属于不同的分类子系统，因此均具有不同的理解背景和相关价值，实际加以处理和分析的时候，唯有对其展开融合，才能使其在大系统背景之下具有意义，也才能实现进一步的分析和理解，关联多个数据库，实现数据最大价值的发现。

2. 数据分析挖掘

电力大数据分析挖掘主要面向结构化数据和非结构化数据，需解决复杂数据结构、多种类型、海量数据的有效处理等问题。在这方面，从技术的角度看，对结构化数据的统计分析以及特征提取等相关技术已经相对成熟，而对非结构化数据，包括非结构化的文本以及流媒体的研究，则成为当下热点。对于电力信息系统而言，当前的工作重点仍然放在结构化数据的领域上，以深入分析和高效利用相关数据作为基本工作重点展开。但是同时也应当注意到，视频、音频和图像作为安全系统的重要实现手段，对电力信息化系统而言，亦具有积极价值。

3. 数据可视化

数据可视化是实现信息系统与工作人员之间互动和沟通的有效工具，尤其是在海量数据环境下，此种技术更是具有重要价值，它借助图形描述数据中的复杂信息，通过多种形式来展现数据深入分析和处理出来的信息。在电力系统之中，数据可视化能够有效面向电力生产与企业经营实现支持，更为重要的是，在电力系统与外界环境沟通的过程中，数据可视化成为能够帮助彼此理解的重要桥梁。

4. 数据深入存储和处理

数据的存储策略直接关系到电网信息化体系的工作效率，对于提升整体实时性水平有着积极价值；而同时数据的深入处理，直接关系到对数据的理解程度，因此同样不容忽视。目前在电网信息化体系下，内存计算机技术和Hadoop技术的融合是解决电力大数据存储和处理的一个有效办法。内存计算技术通过将数据读入内存进行处理的方式来提升单机运算速度，此种技术将在内容性价比不断提升的背景下有着良好的应用前景。而Hadoop集群系统具备低廉的硬件成本、开源的软件体系、较强的灵活性、允许用户修改代码等特点，同时能支持海量数据存储和计算任务。

5.1.4 大数据对电网信息化发展的应用与价值

为打造"美丽中国"贡献力量，电力企业在清洁能源项目的投入不断增加，光伏发电、风力发电都对地形地貌、环境特征有很高的要求和条件。针对清洁能源项目建设的要求，可借助电力生产MIS系统与地理信息GIS系统中大量的数据，结合环境采集数据等，来综合考量不同地域电力生产水平、地形优势与资源分布。利用大数据的数据挖掘技术为规划人员提供支撑电站建设布局的决策数据，实现项目建设的科学调配。也可通过综合分析影响风力发电、光伏发电机组运行的诸多环境因素，例如温度、光照、湿度、风力等数据，预测气候模式，从而规划出最佳的机组运行方案。通过这种方式，可有效降低生产成本并提高产出效益。

通过建立分布式数据中心，处理厂级监控系统SIS系统数据，共享电力行业内的设备运行状况、生产数据和维护方式；通过数据中心服务器整合分析，机器自主学习产生问题时的相关数据状态，形成基于大数据的自动预警值，实现对潜在问题的评估和预警，建立前瞻性的设备维护体系，建立可预测的设备维护方案。通过海量基础数据分析建立每个设备的"维护生命周期"，以数据为依据决定哪些设备、在什么时间进行维护，并通过多家电厂的共享大数据提供相应设备的维护方案。

通过建立各生产系统数据互通，依靠不同种类生产系统，对传统发电企业和清洁能源发电企业给予数据层面的决策性预测。在基础数据不断累积的前提下，分析电厂或发电设备周围环境变化和气候变化，掌握不同时期煤炭储备量和煤炭消耗量的关系，都可对全国范围的季节性来水与机组负荷下降等因素影响的机组停备工作进行有效预测与数据支持。通过对大数据的分析，提供生产设备状态数据，开展机组停备检修工作，加强设备管理，强化员工培训。

电网信息化建设利用大数据技术，从企业数据共享的平台下获取电力企业生产数据、管理数据、地形地貌数据、煤炭资源检测数据、水资源数据等有效数据中提炼准确的、有价值的数据都将成为管理效益、决策能力提升的有效臂膀，甚至可通过大数据的累积将数据打包销售或共享给金融机构、科研院所、政府机构等，成为新的效益与设备效益增长点。

大数据技术是未来信息社会发展的一个大方向，它为人类全面、深刻地认识世界、认识自身提供了新的方式和视角，这在此前的时代是无法办到的，大数据是未来技术发展的一片蓝海。大量的数据处理无疑向现在的信息技术提出了新的挑战，而这一问题在信息化程度不断提高的电力企业同样凸显出来。随着信息技术的推进和发展，电力企业的数据也会爆炸式增长。大数据不是洪水猛兽，而是可以利用的信息资产。如何使用好大数据，充分活化企业数据资产，更好地服务于电力事业发展和广大电力客户将成为摆在电力企业面前值得思考的课题。

5.2　大数据对电网科技研究的影响

近年来，大数据引起了各界和政府的高度关注，各国针对大数据提出了自己的发展部署，如美国启动"大数据研究和发展计划"、欧盟针对大数据的研究项目投入了大量资金，中国也出台了相关的政策和措施来支撑大数据相关产业等。聚焦到电力行业，面对大数据时代的发展趋势，如何从电网数据中挖掘出有价值的信息、如何存储和利用这些数据以促进电网发展等，都是需要研究和探讨的课题。

5.2.1　电力大数据的研究及应用展望

伴随着以云计算、物联网为代表的第三次IT浪潮，信息通信技术发展从计算效能开发转向数据效能挖掘。数据的经济价值和科学价值不断提升，被视为等同于自然资源、人力资源的新型战略资源，而"大数据"问题也成为产、学、研各界关注的热点。大数据是云计算、物联网技术的延续和变革，对国家治理模式、企业运行机制、个人生活方式都将产生巨大的影响。

在电力行业，坚强智能电网建设及"三集五大"管理体系的决策部署，对数据的管理、共享及互操作提出了更高要求。电力大数据环境正在形成，数据体量正在迅速膨胀，数据类型逐渐多样化，数据时效性不断提高。对此，需要挖掘大数据环境下业务数据处理的潜在需求，探索适应电力数据科学的理论及方法，使得信息系统运维的外延向数据运维范畴进一步拓展。

1. 应对大数据带来的技术挑战

电力大数据的复杂性源自电网的复杂性，体现在"量""类""时"3个维度。

"量"指数据的体量，表现为：空间维度上，数据感知泛在分布，广域分布的监测终端、智能设备和计算机集群等共同构成了泛在的信息感知网络；时间维度上，监测终端密度的增加、监测频率的提高，使得单位时间内的数据采集量不断增加。

"类"是数据的种类，表现为：数据模型异构异质，包括文本、图形、图像、视频、音频等相互关联的不同形态；数据来源种类繁多，包括电力一次设备、二次设备和各类移动IT设备等。

"时"反映了数据使用的时效性，表现为：电力供需的平衡应当是一个实时响应的过程，发用电计划等业务在数据处理、决策制定与执行方面必须具备时效性。

目前信息系统的运行方式是以计算为中心，将数据应用于计算。这种"以不变应万变"的计算模式已不能适应电力数据处理的复杂性，难以应对智能电网信息的多源多模态的特征。对此，需要考虑对整个电力信息IT架构的革命性重构，将信息系统的运行方式转变为以数据为中心，将计算用于数据，形成业务逻辑、计算结构、数据模型间的柔性关联。

2. 电力大数据特征的本质在于关系网络

电力信息系统的数据组成是"竖井式"的孤立数据和离散连接，把这些数据连接整合起来可构成一张庞大的关系网络。例如生产管理系统与信息管理系统在信息资源和数据拓扑上存在隔阂，但在逻辑层面两者应当是统一的，形成集约化的基础架构。电力大数据处理是对跨时间、跨地域、跨物理空间和网络空间的数据资源进行关联分析，其信息的共性、网络的整体特性隐藏在数据网络中，需要以各种类型、不同形式存储的业务数据（非结构化、结构化、历史/准实时、电网空间数据）为对象，参照社会关系、生物科学的方法论，从图论的角度挖掘出数据网络的基本参数，如最短路径、生成子树、核数、介数等。在技术框架上必须打破现有的体系格局，继承统计科学的技术特点，充分汲取图形数据库、机器学习、分类器组合设计等各类信息技术的养分，建立面向业务与数据、数据与数据间关联关系的科学体系。

3. 数据规模的扩大将提升信息检索的重要性

传统信息处理技术主要面向特定数据集应用，数据规模通常在可控范围内，解决问题的关键在于数据的采集及表示方法。将这类技术应用于大数据环境，试图寻求大数据描述的固定模式、因果关联，必将显现出技术的局限性。究其根本在于数据环境的不确定性，这种不确定性将随着数据规模的增加而呈现出非线性增长的态势。

信息检索正是应对数据布局的不确定性而产生的技术领域，可借鉴国外已提出的基于搜索的应用理念（Search-Based Application，SBA），专注于分析信息检索技术应用于信息系统的内涵和外延，从服务的角度将搜索引擎扩展为异构异质数据源优化整合的一体化数据服务体系。以此为目标，针对典型的业务应用场景设计数据级稳定、可靠、可扩展、安全的搜索架构。

电力大数据研究是信息科学、计算机科学在电力应用领域的拓展，形成关于电力信息的"数据科学"。在研究内容上，电力大数据研究是电力云计算、物联网的延续和深化，将研究对象从IT资源提升到信息资源；在科研方法论上，将打破传统"分而治之"的还原论思想，探索适合大数据特征的新型科研范式；在技术手段上，需要融合模式识别、智能系统、统计分析等多种技术。总之，电力大数据是具有开创性的前沿科学领域，如何理清其研究的目标、对象和方法，对智能电网、"三集五大"、企业经营管理与决策，以及构建绿色、节能、环保、高效的IT架构具有重要意义。

5.2.2　电力行业的大数据发展解析

1. 电力行业的大数据发展趋势

近年来，"大数据"已经成为科技界和企业界关注的热点。2012年3月，美国奥巴马政府宣布投资2亿美元启动"大数据研究和发展计划"，这是继1993年美国宣布"信息高速公路"计划后的又一次重大科技发展部署。美国政府认为大数据是"未来的新石油"，将"大数据研究"上升为国家意志，对未来的科技与经济发展必将带来深远影响。

在我国，工信部在"十二五"期间，以加快云计算服务产业化为主线，以提高创新能力和信息服务能力以及创新服务模式为目标，从国务院到地方政府出台了一系列的政策和措施，重点扶持物联网、云计算等大数据相关产业，为培育发展战略性新兴产业、加快转变发展方式提供更加有力的支撑，迎接大数据时代的到来。

聚焦到电力行业，电网具有天然的海量数据基础，为大数据的应用提供了土壤；电网大数据业务需求强烈，急需契合电网业务的大数据产品；大数据技术本身相对成熟，但在电网的大规模应用仍在起步阶段。但毋庸置疑，大数据技术应用于电网业务，助力电网科技研究是大势所趋。

1）电网中的大数据基础

回顾中国电网的发展历程，SG186工程为电网运营积累了超大规模、类型众多的海量数据，这是大数据技术应用于电力行业的天然基础。伴随着智能电网建设的大力推进，进一步催生了海量、高频的用电、配电、输电等环节的采集或监控数据，国家电网公司对电网实时状态的精益化管理需求，极大地促进了大数据技术在电网中的应用。

2）电网中的大数据需求

随着智能电网精益化监控水平的提高，电网运营日益面临海量数据处理的挑战，主要体现在：

（1）电网数据规模海量膨胀。信息化水平不断提高的电网六大环节，时刻在产生海量的数据。以调度中的PMU为例，常规秒级采样频率达到几千次以上；省网用电信息采集系统每年数据增长规模达到PB级别。

（2）电网数据类型不断增加。伴随着电网业务的发展，实时数据、结构化数据、半结构化数据、非结构化数据以及其衍生类型，在各类业务系统中大量产生，智能电网本身也在努力挖掘其中隐藏的数据价值。

（3）跨专业、跨部门的数据汇聚挖掘需求明确。智能电网的综合决策保障，依靠跨专业、跨部门的数据综合分析，不仅仅是关注调度、营销等业务范围内的数据，还要分析它们的相关性，进行综合考虑。这就需要海量数据的高速存储和综合分析方面的能力，而这恰是大数据技术所长。

3）电网中的大数据应用现状

从智能电网的角度看，目前众多的大数据产品并未贴近电网业务，没有系统分析电力行业大数据产生的实际背景、特点和应用特征，更没有真正整体融合电力系统实时数据处理的相关业务需求和IT先进技术，为电力行业量身打造的海量实时数据处理一体化、成熟产品仍未出现。

综上所述，大数据处理技术在智能电网的发、输、变、配、用、调度环节及经营管理方面还有广阔的前景，可为"三集五大"和公司运营与决策提供一体化的数据服务支撑。电力大数据体系的建设可以最大限度地发挥数据的价值，大力提升生产集约化和管理现代化水平，提高智能电网的信息化水平；通过对数据的高速处理和及时响应，进一步增强智能电网操作控制的自动化能力；借助高吞吐、大并发的处理能力，进一步提升用电服务的互动化水平，提供更优质的服务。

2. 大数据之抽丝剥茧

（1）大数据的技术及产品

从技术层面看，大数据技术是一系列相关技术的组合。目前，国际国内主流大数据技术主要包括以开源Hadoop及HBase系列软件为基础的相关技术，包括分布式计算框架（Map Reduce）、分布式文件系统（HDFS）、分布式数据库（HBase）、云计算、数据挖掘等。这些技术本身主要由互联网搜索应用逐步发展而来，技术早已存在，是各种原有技术的有机组合。

从产品层面看，在大数据处理方面，国内外的成熟产品，其技术路线及产品思路有部分一致性。主要是基于大数据处理技术，借鉴国外开源产品进行本地化改造，以不同行业的应用需求为引导，研发针对行业需求的自主深化产品。在电力行业外，如淘宝，基于淘宝店铺的海量统计需求进行Hadoop的改造，形成了"云梯"等一系列产品。在电力行业内，国网电科院瑞中数据自主研发的"海迅电力云计算处理平台"，可以实现PB级的存储，在线扩容，且具备跨实时数据、结构化数据、非结构化数据等异构数据的并行计算能力，满足用电采集、调度检索等海量数据处理需求，大幅提升了原有系统的业务处理效率。从技术和产品上看，瑞中的团队始终认为：大"数据的发展，一定不是技术引领，而是应用引领"。因此，如何将大数据技术与电网业务场景紧密结合到一起，成为大数据技术应用到电力行业是否能够成功的关键。

（2）大数据的安全问题

电网自身的安全问题影响到电网运营的方方面面。大数据的引入是否会影响电网的安全，如何保障电网的安全。从安全的角度看，其本身是一个很大的范围。从技术上看，大数据等新技术的引入，作为一种非安全性相关的技术，并不会带来新的安全问题，也不会特意去解决一些安全，是否安全主要还是依靠软件的应用场景、设计思路及成熟度。以大数据的开源产品Hadoop为例，其内含的复制因子模块保证了数据的备份恢复；在线扩展特性使在线应用可持续工作，这些特性一定程度地提高了系统安全性。但因为其本身的分布式架构，无法保证实时响应且不支持事务操作，使其在费控等严格一致性业务中无法使用。因此，瑞中的观点是："谈安全，必须明确业务场景所需要的安全范围。大数据技术不会带来安全问题，也不能够消灭安全问题"。随着适用于电网应用的大数据产品的日益成熟，大数据产品相关的安全争议一定会得到终结。

3. 大数据给电网创造的价值

随着智能电网大数据体系的建设，大数据技术的充分应用可以在各方面为智能电网创造价值。从目前智能电网的现状看，在以下业务环境，大数据技术的应用能够带来明显价值。

（1）以大数据建立平台，为关键业务系统提供技术保障。为用电信息采集系统、WMS等提供事件数据的高效率存储、查询和分析计算的平台环境，支撑电量统计、线损分析、异常告警等营销业务，解决好新旧系统的兼容、协作以及平滑迁移问题，大幅度提高业务系统的数据处理效率。

（2）拓展业务应用，持续提升大营销管理水平。为大营销提供数据处理服务，提高需求侧用电分析、有序用电、反窃电分析、能效管理以及实时费控等的计算分析效率，加快系统响应速度，有效提升营销经营管理水平。

（3）提速双向交互，提供高水平优质服务。通过为95598等相关平台提供高通量的数据交换和存储与查询能力，提高双向交互的吞吐量、降低响应时延，提升互动化水平，为用户提供更高水平的优质服务。

（4）深挖数据价值，不断促进电网发展。在调度自动化、用电负荷、电压、电量等数据及统计信息的基础上，深挖数据价值，为大规划、大运行、大检修提供数据分析计算的基础支撑，提高一体化平台数据中心数据管理效率，为决策提供高质量的数据支持，不断促进电网发展。

4. 决胜大数据——来自电网内部企业的工作

面对大数据时代的发展趋势，应对电力行业海量数据带来的挑战，国网电科院瑞中数据等电力行业企业，以智能电网需求为导向，以"三集五大"政策为支点，未雨绸缪在大数据领域开展切实的工作。国网电科院瑞中数据致力于自主研发契合电网业务场景、处理电网海量数据的高科技产品，解决电网运营中的数据难题，保障电网运营安全。针对电网大数据实时存储的需求，瑞中自主知识产权的旗舰级产品"海迅实时数据库管理系统"是进行海量实时/历史信息处理的专业平台，可广泛应用于电力、石油化工、钢铁冶金、水情水利、智能交通、环境监测、气象监测、金融电信等工业自动化及现代服务业领域，同时能够作为新兴物联网应用的海量信息处理平台。针对电网大数据综合计算难题，瑞中自主研发了旗舰级产品"海迅电力云计算平台V1.0（HighSoon BigInsight V1.0，HB）"，适用于多类超大规模异构数据类型高效存储和分析的一体化基础性支撑平台，解决了电网运营过程中海量数据规模（PB级）、异构数据（时间序列型数据、结构化数据、半结构化数据、非结构化数据）存储、计算、综合分析的难题。

目前，以中国电科院、国网电科院为首的国家电网公司下属产业公司，纷纷组建了大数据部门及研发团队，就大数据技术在电网中的应用做了诸多探索。可以预料，众多的电网大数据应用将有所突破，为智能电网建设添砖加瓦。

5.3 大数据对电网安全体制的影响

电力行业作为国家基础性能源设施，是国民经济与社会发展的基础，正在受到大数据的深刻影响。由于电网安全关乎着人民的生命健康安全，因此有必要通过大数据技术来应对电网安全方面的问题。当今数据快速增多、日益复杂化，现有数据技术已无法满足，为了解决这个尴尬现状，大数据技术应运而生。积极应用大数据技术推动我国电力行业大数据事业发展，发现潜在的电网安全事故隐患，构建高效安全的智能电网，对实现我国电力行业安全稳固发展具有重大的现实意义。

近年来，大数据在金融、保险、零售、互联网、医疗、电力等众多行业快速推广，市场规模迅速扩大。中国信息通信研究院日前发布的《中国大数据发展调研报告（2017）》称，2016年中国大数据市场规模达168亿元，预计2017—2020年仍将保持30%以上的增长。大数据已经渗透到如今的众多行业，成为重要的生产要素。

在利用大数据对电网安全事故进行处理时，首先要对电网出现安全事故的原因进行详尽了解；然后根据事故原因明确需要进行梳理的数据结构；再对数据进行汇总、清理、变换、分析等一系列收集和处理工作，对于数据的错误、冗余、缺失等问题要合理优化数据的取舍与收集标准，并利用数据预处理技术提高和确保数据质量。电力企业根据大数据技术处理得出的结论有针对性地加强电网安全事故方面的防范措施，更好地保障人民的用电安全。

5.3.1 电网安全事故监管

电网安全事故监管是电力企业的基础性工作，为电力企业的安全运营提供了必要条件。为了实现电网安全事故监管业务的网络化，可以设计安全工作报表，安全工作报表包括月报管理、季报管理和年报管理。通过报表记录下各个事故发生时的细节，为运用大数据技术的数据收集提供依据，如图5.1所示。

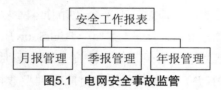

图5.1　电网安全事故监管

5.3.2 电网安全事故报告

在电网安全事故报告工作中运用大数据技术，能有效地实现数据的录入、审核、上报，以及上级单位审查、发布的全过程数据化处理，找出电网安全事故的原因，更好地保障电网的安全运营，如图5.2所示。

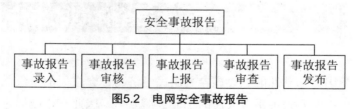

图5.2　电网安全事故报告

5.3.3 电网安全事故统计分析

电网安全事故统计分析是指根据已经发布的电网安全事故报告，对报告中的数据记录进行各种大数据统计分析，从而形成各种报表及图形，如图5.3所示。

事故统计分析 ➡ 每月用电报表

图5.3　电网安全事故统计分析

5.3.4　电网安全事故档案管理

　　档案管理包括档案的收集、整理、价值鉴定、保管、统计和提供利用等活动，各项工作都必不可少，它们组成了一个有机整体，为实现档案管理系统整体功能发挥各自的作用，相互关联、相互制约。电网安全事故档案管理存放各类事故资料、文档等，为日后运用大数据技术进行事故调查采集数据提供便利，如图5.4所示。

事故档案管理 ➡ 事故调查报告

图5.4　电网安全事故档案管理

5.3.5　电网安全事故基础信息管理

　　电网安全事故基础信息管理包括电力企业和其他外部企业之间的信息管理，各电力企业之间的信息管理，电力企业各部门的内部信息管理等，使今后日常工作中的报表统计和数据管理有据可查，如图5.5所示。

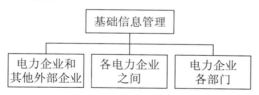

图5.5　电网安全事故基础信息管理

5.3.6　电网安全事故用户管理

　　电网安全事故用户管理是指对电力用户的管理，包括用户概况分析、用户忠诚度分析、用户性能分析、用户产品分析以及用户未来分析等，如图5.6所示。通过运用大数据技术对电力用户详细资料的深入分析可满足不同价值观的个性化需求，提高客户忠诚度和满意度，实现客户价值持续贡献，从而提高电力企业自身的竞争力和盈利能力。

图5.6　电网安全事故用户管理

5.3.7　电网运行安全性评价分析模型

评价指标体系的构建是综合评价电网运行安全性的核心环节。在遵循科学合理的评价原则的基础上，采用从整体到局部的分层递阶方法，结合最新的理论研究成果提出了一套新的安全评价指标。该评价指标体系包括安全供电能力、静态电压安全性、拓扑结构脆弱性、暂态安全性、风险指标5个方面，每一方面又分别包含各自的分指标，以便从不同的角度加以量化，从不同的角度全面有效地评价电网的安全水平。

逼近理想点法是基于归一化的原始数据矩阵，借助于多目标决策问题的"理想解"和"负理想解"对待选项目进行排序，将既要靠近理想解又最远离负理想解的项目确定为最优项目的一种排序方法。该模型的具体算法如下：

设有 n 个备选方案，即有备选方案集 $A = \{A_1, A_2, \cdots, A_n\}$，备选方案优劣评估的指标有 m 个，记为指标集 $G = \{G_1, G_2, \cdots, G_m\}$。

（1）构造原始数据矩阵

通过对规模等级相同的 n 个地区进行评价指标的定性和定量计算，获得地区电网对于评价指标集的初始决策矩阵为：

$$Y = \begin{bmatrix} y_{11} & y_{12} & \cdots & y_{1m} \\ y_{21} & y_{22} & \cdots & y_{2m} \\ \cdots & \cdots & \cdots & \cdots \\ y_{n1} & y_{n2} & \cdots & y_{nm} \end{bmatrix} = y_{ij} \tag{5-1}$$

其中 y（$i=1, 2, \cdots, n$；$j=1, 2, \cdots, m$）表示备选方案的评价指标属性值。

（2）对决策矩阵进行标准化处理

通常在评价体系中，存在着两种不同形式的指标：正指标和逆指标。在对不同类型的指标进行标准化处理时，应采用不同的方法，目的是使处理后的指标都具有正指标的性质。具体处理方法如下：

对于正指标，一般可令：

$$X_{ij} = \frac{y_{ij} - y_i^{\min}}{y_i^{\max} - y_i^{\min}}, i = 1, 2, \cdots, n \tag{5-2}$$

式中，$y_i^{\max}$、$y_i^{\min}$ 分别为 G 指标的最大值和最小值。

对于逆指标，一般可令：

$$X_{ji} = \frac{y_i^{\max} - y_{ij}}{y_i^{\max} - y_i^{\min}}, i = 1, 2, \cdots, n \tag{5-3}$$

各评价指标的原始值经过标准化处理后取值范围均为0~1。由此得到标准化矩阵：

$$V^+ = \max_i y_{ij}, i = 1, 2, \cdots, n \tag{5-4}$$

$$V^- = \min_i y_{ij}, i = 1, 2, \cdots, n \tag{5-5}$$

（3）确定正理想解与负理想解

所谓正理想解是指每一准则项目中选出的最大评估值，成为正理想解的结合，负理想解则相反。

（4）计算各评价对象与正理想解D^+与负理想解D^-之间的距离

$$D_i^+ = \sqrt{\sum_{j=1}^{m} \left| V_{ij} - V_j^+ \right|^2} \tag{5-6}$$

$$D_i^- = \sqrt{\sum_{j=1}^{m} \left| V_{ij} - V_j^- \right|^2} \tag{5-7}$$

（5）计算各评价对象与正理想解之间的贴近度

计算诸评价对象与最优方案的接近程度C，其计算公式如下：

$$C_i = D_i^- / (D_i^- + D_i^+) \tag{5-8}$$

其中C越接近1，表示该评价对象越接近正理想解，即最具竞争力。

（6）对评价对象进行排序

将（5）计算出的结果按照C值排序，C值越大表示离理想方案越近。亦即第i个备选方案优于其他方案。据此，可排出优劣次序。

5.3.8　促进我国电力行业大数据发展的措施

在发展电力行业大数据时，应加大对大数据安全形势的宣传力度，明确其为重点的保障对象，加强对敏感和要害数据的监管，制定设备特别是移动设备安全使用规程，规范大数据的使用方法和流程。加快面向大数据的信息安全技术的研究，推动基于大数据的安全技术研发，研究基于大数据的网络攻击追踪方法，抢占发展基于大数据的安全技术的先机。结合实际情况在电力生产、用户用电、企业运营等数据量大的领域引导行业厂商参与，关注电力行业的特点，快速开展电力大数据的实践应用，从简单到深入，循序渐进，逐步深入。

打破各电力企业之间、电力企业内部各部门之间的数据壁垒，推动电力企业间数据共享的形成，建设电力行业统一的数据中心，开发电力大数据模型，挖掘电力大数据价值，为电力企业提供完善的信息服务。

结合电力行业大数据的实际发展情况，统筹考虑、统一规划，开展大数据技术行业人才的培养工作，为积极推动电力大数据发展提供坚强的人力资源保障。

电力大数据一方面能够与宏观经济和人民生活的信息充分融合，促进社会经济发展；另一方面，它是电力行业或企业内部跨专业、跨单位和跨部门的数据融合，可提升企业管理水平和经济效益。在电网安全方面，坚强智能电网建设对数据的管理和共享提出了更高的要求。

大数据技术是未来社会发展的一个大方向，随着大数据技术的不断发展和应用，电力企业的数据也会爆发式增长，对电网安全事故方面的研究会更加全面、准确，有利于减少电网安全事故的发生频率，保障人民的生命健康安全。大数据技术通过良好的数据管理将切实提高电力生产、电力营销、电网安全以及电网运维等各方面生产管理水平，为使中国电力企业继续立于世界先进行列提供强大的信息技术支撑。

5.4 大数据对电网服务体系的影响

智能电网将是下一代的电力基础设施，与我们经常见到的高压电传输相比，智能电网更先进可靠。智能电网有着非常复杂的监控、通信和发电系统，可以提供稳定的服务，如果出现停电或其他问题，可以更好更快地恢复。各类传感器和监控设备记录了电网本身和流经电流的许多信息。

智能电网顾名思义就是电网的智能化，也被称为"电网2.0"，它是建立在集成的、高速双向通信网络基础上，通过先进的传感和测量技术、先进的设备、先进的控制方法以及先进的决策支持系统的应用，实现电网的可靠、安全、经济、高效、环境友好和使用安全等目标，其主要特征包括协调、自愈、兼容和经济、抵御攻击、提供满足21世纪用户需求的电能质量、容许各种不同发电形式的接入、启动电力市场以及资产的优化高效运行。

根据国内外的研究并结合我国电科院各研究的大数据应用需求分析，我们国家的智能电网大数据重点在3个方面开展：一是服务社会、政府部门及相关行业；二是服务电力用户；三是支持电网自身的发展和运营。每个方向包含了若干技术领域，如表5.1所示。

表5.1 智能电网大数据重点方向和领域

方　　向	重点领域
服务社会、政府部门及相关行业	社会经济状况分析和预测 相关政策制定依据和效果分析 风电、光伏、储能设备技术性能分析
面向电力用户服务	需求侧管理/需求响应 用户效能分析 客户服务质量分析与优化 业扩报装等营销业务辅助分析 供电服务舆情监测预警分析 电动汽车充电设施建设部署
支持公司运营和发展	电力系统暂态稳定性分析和控制 基于电网设备在线监测数据的故障诊断与状态检修 短期/超短期负荷预测 配电网故障定位 防窃电管理 电网设备资产管理 储能技术应用 风电功率预测 城市电网规划

5.4.1　服务社会与政府部门类应用领域

1. 社会经济状况分析和预测

电力关系到经济发展、社会稳定和群众生活，电力需求变化是经济运行的"晴雨表"和"风向标"，能够真实、客观地反映国民经济的发展状况与态势。智能电网中部署的智能电表和用电信息采集系统可获取详细的用户用电信息。用电信息采集系统与营销系统所累积的电量数据属于海量数据，需要采用大数据技术来实现多维度统计分析、历史电量数据比对分析、经济数据综合分析等大数据量分析工作。对用户电量数据从行业、区域、电价类别多维度地开展用电情况统计分析，提取全社会用电量及相应社会经济指标，分析用电增长与相应社会经济指标的关联关系，归纳总结各指标增长率与全社会用电情况的一般规律。通过对用户用电数据的分析，可为政府了解和预测全社会各行业发展状况和用能状况提供基础，为政府就产业调整、经济调控等做出合理决策提供依据。

2. 相关政策制定依据和效果分析

通过分析行业的典型负荷曲线、用户的典型曲线及行业的参考单位GDP能耗，可为政府制定新能源补贴、电动汽车补贴、电价激励机制（如分时电价、阶梯电价）、能效补贴等国家和地方政策提供依据，也可为政府优化城市规划、发展智慧城市、合理部署电动汽车充电设施提供重要参考，还可以评估不同地区、不同类型用户的实施效果，分析其合理性，提出改进建议。

5.4.2　面向电力用户服务类应用领域

1. 需求侧管理/需求响应

根据不同的气候条件（如潮湿、干燥地带，气温高、低地区）、不同的社会阶层将用户进行分类；对于每一类用户又可绘制不同用电设备的日负荷曲线，分析其主要用电设备的用电特性，包括用电量出现的时间区间、用电量影响因素，以及是否可转移、是否可削减等，对于会受天气影响的用电设备，如热水器、空调等，需分析其对天气的敏感性。当然，不同的季节以及每天的不同时间，用户用电对天气的敏感性都是不同的。分析不同用户对电价的敏感性，包括在不同季节、不同时间对电价的敏感性。在分类分析的基础上，通过聚合，可得到某一片区域或某一类用户可提供的需求响应总量，再分析哪一部分容量、多少时间段的需求响应量是可靠的。分析结果可为制定需求管理/响应激励机制提供依据。

2. 用户能效分析和管理

对用户进行用电效率分析，首先需要采集到用户使用的电器分类用电数据。在智能电表部署之前，多采用侵入式方法，例如在不同的用电设备接线处加装传感器，由传感器获取不同用电器的数据后，通过与典型数据、平均数据进行比对给出能效分析结论。在智能电表大量部署的情况下，由于智能电表可以获得较短时间间隔的用电数据，无须再加装传感器，可以通过电表数据，识别用户端的不同类型负荷比例，并与典型数据比对得出能效分析结果。

从海量用户的负荷曲线，采用数据挖掘技术，按照特定的函数算法，按行业、季度聚合成行业的典型负荷曲线模型，然后将所有的用户负荷曲线与行业典型负荷曲线进行对比，分析出与典型负荷曲线变化趋势不一致的用户，由此对用户的能效给出评价，并提出改进建议。

3. 业扩报装等营销业务辅助分析

业扩报装辅助分析以营配集成为纽带，将用电信息采集系统、营销系统和PMS及SCADA系统的数据相融合，实现对变电站、线路及下挂用户和台区的负荷、电量监测分析，为加快业扩报装的速度和提高供电服务水平提供技术支撑。同时极大地提高了电网设备运行的可靠性，为优化配电网结构，降低电网生产故障，提高公司用电营销管理精益化水平提供了手段。

4. 供电服务舆情监测预警分析

通过与微博、微信等互联网新媒体的服务对接机制收集海量用电信息、用户信息以及互联网舆论信息，建设大数据舆情监测分析体系。利用大数据采集、存储、分析、挖掘技术，从互联网海量数据中挖掘、提炼关键信息，建立负面信息关联分析监测模型，及时洞察和响应客户行为，拓展互联网营销服务渠道，提升企业精益营销管理和优质服务水平。

5. 电动汽车充电设施建设部署

融合电动汽车用户信息、居民信息、配电网数据、用电信息数据、地理信息系统数据、社会经济数据等，可利用大数据技术预测电动汽车的短中长期保有量、发展规模和趋势、电量需求和最大负荷等情况。参照交通密度、用户出行方式、充电方式偏好等因素，依据城市与交通规划以及输电网规划，建立电动汽车充电设施规划模型和后评估模型，为电动汽车充电设施的部署方案制定和建设后期的效能评估提供依据。

5.4.3　支持公司运营和发展类应用领域

1. 电力系统暂态稳定性分析和控制

在线暂态稳定分析与控制一直是电力运行人员追求的目标，随着互联电网规模越来越大，"离线决策，在线匹配"和"在线决策，实时匹配"的暂态稳定分析与控制模式已不能满足大电网安全稳定运行的要求，因而逐渐向"实时决策，实时控制"的方向发展。

基于WAMS数据的电力系统暂态稳定判据和控制策略决策已有很多研究成果，但目前主要停留在理论研究阶段，并没有付诸实施。在大数据理论和技术指导下，需要将现有的分析方法与数据的处理技术相结合，不仅需要考虑计算速度能否满足需求，还需要考虑数据的缺失和错误对分析结果的影响等问题。此外，如何将分析结果用直观的方法展示出来，有效指导运行人员做出科学的决策，也是需要解决的问题。

2. 基于电网设备在线监测数据的故障诊断与状态检修

在实现GIS、PMS、在线监测系统等各类历史数据和实时数据融合的基础上，应用大数据技术进行故障诊断，并为状态检修提供决策，可实现对电网设备关键性能的动态评估与基于复杂相关关系识别的故障诊断，为解决现有状态维修问题提供技术支撑。

3. 短期/超短期负荷预测

分布式能源和微网的并网增加了负荷预测和发电预测的复杂程度。负荷预测也必须考虑到天气的影响以及能源交易状况，包括市场引导下的需求响应等。传统的预测方法无法体现某些因素对负荷的影响，从根本上限制了其应用范围和预测精度。应用大数据技术建立各类影响因素与负荷预测之间的量化关联关系，有针对性地构建负荷预测模型，可更加精确地预测短期/超短期负荷。

4. 配电网故障定位

利用大数据技术，配合故障投诉系统，融合SCADA、EMS、DMS、D-SCADA等系统中的数据做出最优判断，建立新型配电网故障管理系统，可以快速定位故障，应对故障停电问题，提高供电可靠性。此外，随着分布式电源在系统中比重的逐渐增加，其接入会影响到系统保护的定值及定位判据。对于带分布式电源的配电网故障定位也要根据不同的并网要求选择合适的定位策略。

5. 防窃电管理

电力公司通过对电量差动越限、断相、线损率超标、异常告警信息、电表开盖事件等数据的综合分析，可建立窃电行为分析模型，对用户窃电行为进行预警；通过营配系统数据融合，可比较用户负荷曲线、电表电流、电压和功率因数数据和变压器负载，结合电网运行数据，实现具体线路的线损日结算，通过线损管理功能不仅可以知道实施窃电用户所在的具体线路，还可以定位至某一具体用户，克服目前检查范围广，查处难度大的问题。

6. 电网设备资产管理

基于电网设备信息、运行信息、环境信息（气象、气候等）以及历史故障和缺陷信息，从设备或项目的长期利益出发，全面考虑不同种类、不同运行年限设备的规划、设计、制造、购置、安装、调试、运行、维护、改造、更新直至报废的全过程，寻求寿命周期成本最小的一种管理理念和方法。依据交通、路政、市政等可能具备的外部信息，如工程施工、季节特点、树木生长、工程车GPS等外部信息，关联电网设备及线路GPS坐标，对电网外力破坏故障进行预警分析。

7. 储能技术应用

由于储能系统大多是由数量庞大的电池单体组成（动辄以万计），每个电池单体又包含单体电压、电流、功率、电池荷电状态、平均温度、故障状态等相关信息，汇总起来整个电站监测信息可能达到数十万个点，储能的相关数据量十分庞大。利用大数据分析技术，可对储能监控系统相关数据进行有效采集、处理与分析，为储能应用提供依据。

8. 城市电网规划

通过实现用户用电数据、用户停电数据、城市电力服务数据（95598客服电话）、基于GIS的城市配电网拓扑结构和设备运行数据、城市供电可靠性数据、气候数据和天气预报数据、电动汽车充电站建设及利用数据、人口数据、城市社会经济数据、城市节能和新能源政策及实施效果数据、分布式能源建设和运行数据以及社交网站数据的整合，识别城市电网薄弱环节，辅助城市电网规划。在上述数据融合的基础之上，利用人口调查信息、用户实时用电信息和地理、气象等信息绘制"电力地图"，可以街区为单位，反映不同时刻的用电量，并将用电量与人的平均收入、建筑类型等信息进行比照。通过"电力地图"，能以更优的可视化效果反映出区域经济状况及各群体的行为习惯，为电网规划决策提供直观依据支撑。

智能电网技术已经在欧洲和美洲开始广泛应用。我国从2009年以来，国家电网公司全面推动了智能电表的安全和应用，截至2017年12月，更新智能电表4.5亿只，安装数据采集终端超过4000万台，覆盖了超过99%的用电客户。我们相信在不久的将来，世界上每一处电网都会被智能电网取代。电力公司因为使用了智能电网，他们所掌握的耗电数据量会以指数级增长。

这类数据要怎样使用？

从用电管理的角度来看，智能电表数据可以帮助人们更好地理解电网中客户的需求层次。此外，这些数据也可以使消费者受益。例如业主可以选择把待测试的电器打开，与此同时保持其他电器的稳定，这时从智能电表处可以监控到详细的电力消耗情况，这样我们就可以明确地测量出各种电器究竟消耗了多少电量。

世界各国的电力公司现在都已经在积极地转向这样的定价模型，即按时间或需求量的变化来定价，智能电网的出现加速了这种趋势。电力公司的主要目标之一是利用新的定价程序来影响客户行为，减少高峰时段的用电量。为了应对用电高峰需要另建发电站，需要一大笔钱而且还会对环境造成很大的影响。如果用电成本可以灵活地根据时间来设定，并由智能电表来测量，我们就可以促使客户改变他们的用电行为。较低的峰值和较为平稳的用电需求等同于更少的对新基础设施的需求和更低的成本。

当然，电力公司通过智能电表提供的数据还能识别出其他的各类趋势，如哪些地方的用电量有所回落？哪些消费者每天或每周的用电需求比较相同？电力公司可以根据使用模式对客户进行分类，以针对某些特定的群体开发产品和活动。使用这些数据还可以识别出模式出现异常的那些地方，它们揭示了需要解决的问题。

实际上，电力公司有能力执行其他行业已经使用多年的客户分析工作。例如，电信公司知道客户月底的所有账单，但并不知道具体的通话内容；零售商店只知道整体销售状况，而不知道顾客任何购买的细节信息；金融机构知道客户的月终余额，但并不了解客户这个月的资金流动状况。从很多方面讲，电力公司面对的这类数据对于理解客户而言仍略显不足，他们也有简单的月终汇总数据，但这种月结数据往往是估计值而不是实际的耗电量。

有了智能电表数据，电力公司就可以进行全新的分析，使大众全都受益。消费者可以根据自己的使用模式定制费率套餐，就像车载信息服务支持个性化的汽车保险费率那样。高峰时段用电客户比非高峰时段用电客户的收费要高。面对这样的刺激政策，客户会改变自己的用电模式，比如可能用户会选择在非高峰时间再使用洗碗机而不是吃完午饭就马上使用。

电力公司也会有更准确的需求预测，他们能更清晰地识别出需求来自于哪些地方，还能了解某一类客户在某个时间的用电需求。电力公司可以使用不同的方法来驱动各种行为，使需求更加平稳，并降低异常需求峰值出现的频率。所有这些都会使对昂贵的新发电设备的需求受到抑制。

每一个家庭、每一个行业都能感受到智能电表数据产生的威力，这些数据能够让电力公司更好地跟踪、更积极地管理用电情况，这样不仅能节约用电，使这个世界更加低碳，还可以省钱。如果客户能清楚地知道自己的耗电量比预期要多，肯定就会根据需要做出适当调整，而只使用每月账单，客户将无法识别出这种机会。但是，使用智能电表数据将使这一切变得简单。

5.5　大数据对电网商业价值的影响

在"互联网+""工业4.0""共享经济"等不同热词的引领下，现今的中国经济有了一系列新的阐释。虽然这些主张不尽相同，但核心思想都与大数据有着密切的关系。大数据对打通业务壁垒、发现商业价值具有重要支撑作用，促进了互联网、金融等领域企业的市场开拓、产品研发、客户服务。

国务院相继印发《运用大数据加强对市场主体服务和监管的若干意见》及《促进大数据发展行动纲要》，这表明大数据已上升为国家战略，并具备推动传统产业升级转型的重要作用。由大数据带来的商业模式创新，也给企业带来了新的发展契机，电网企业亦是如此。

但电网企业大数据在应用方面有两种做法不可取。

一是将大数据作为新概念，将原有商业模式、管理模式进行包装，最终结果往往过于空洞且不尽如人意。

二是将大数据作为新的IT技术，在没有明确战略意义与发展路径的前提下，仅依靠信息化应用的方式实施推广，最终结果往往成为信息系统的立项依据且发挥作用有限。

电网企业如何应用大数据，如何使之成为推动管理创新、商业模式创新与产业革命的内在动力，成为大数据应用中的关键问题。要实现电网大数据的商业模式创新，建立大数据的系统思维至关重要，表现为应用格局、应用主线与应用基础3个方面。

首先，要建立能源大数据的商业生态系统格局。这意味着电网企业开展大数据应用不能局限于本企业掌握的电力数据及相关客户数据、设备数据，而应从促进能源生产、供应、存储、消费的产业格局方面发挥电网企业的数据资源优势。未来电网企业要将电力、燃气等能源领域数据及人口、地理、气象等其他领域数据进行综合采集、处理、分析与应用，发挥能源大数据"黏合剂"与"助推剂"作用，在产业层面探索建立具有"平台"特征的完整能源生态系统。"黏合剂"主要是指对其他企业的吸引力以及形成平台模式后的协同效应，"助推剂"主要是指对能源产业生产、消费革命以及企业发展转型的推动作用。对电网企业来说，在以能源大数据为基础的生态系统中占据主导地位具有十分重要的意义：一方面，电网企业的价值将不再局限于传输电力流的物理盈利模式，而是能够通过信息、知识、数据的汇集与分享创造价值，增强核心竞争力；另一方面，电网企业通过吸引社会资本及不同主体的参与，共建互利合作的商业环境，来提升企业的科技创新与可持续发展能力。

其次，要以电力能源价值链延伸为主线，转变应用模式。电网面向内部大数据分析、应用已具备成熟基础，在电力负荷预测、电网设备状态监测、配网故障抢修精益化管理等方面积累了大量经验。未来，电网企业对数据资产的应用重点将体现内部数据与外部数据的交叉应用，这也将进一步拓展企业商业空间，实现业务价值链向电网外部延伸。一方面，由发现电网运行规律转向提升用户价值。在电力供给、需求、客户负荷特征等数据分析基础上，注重对用户的数据挖掘与价值发现。在电力需求侧管理、家庭能源管理、节能服务、智能家居、合同能源管理、95598客户服务等业务中缩短与用户的距离，挖掘用户行为的特点，加强对用户需求与体验的引导与满足，这不仅使公司具备应对电力市场化改革与数据化竞争的技术优势，还会为社会促进节能减排、实现"两个替代"等做出贡献。另一方面，由支撑内部管理转向提供外部服务，公司不仅能够通过数据分析提升运营管理效率，还可将数据资产作为一项产品或服务进行变现。一是借鉴大数据交易所的运营模式，将底层数据清洗、脱敏、建模，转化为可视化后的数据结果，使数据资产能够在隐私得到保护的前提下进行交易；二是对相关行业提供数据咨询服务，如用电行业能耗数据、居民用电特征数据、电力数据APP软件等；三是提供征信数据产品，向P2P、商业银行等终端客户广泛提供信用报告、信用评分及反欺诈、商业决策等产品。

最后，要加快建设统一的基础数据管理平台，形成平等、共享的创新创业氛围。以往电网企业在数据利用方面以业务系统设计的功能为主，数据可二次利用程度较低，不利于不同部门、员工开展商业模式创新。产生这种情况的主要原因是各信息系统的数据编码、元数据规则不同，且一些信息系统在初期开发阶段就将功能固化难以二次修改完善。未来，围绕基础数据的融合、共享是开展商业模式创新的重要前提与基础。一方面，建设统一的基础数据管理平台，以全面、准确、实时、高效为原则，整合现有信息系统，对数据资产中涉及敏感信息的经营管理与客户数据可采用清洗、脱敏、建模等技术手段，保证处理后的数据能够被公司大多数部门与单位共享；另一方面，加快形成数据资产创新创业机制，鼓励各单位建立以产品需求、应用需求为导向的数据资产开发小组，提高数据资产的利用效率与质量。

（1）价值发现—直接影响。国家电网的用电信息采集系统采用云象行业大数据处理平台，以开源Hadoop为基础，支持复杂计算以及运维管理。该系统每隔15分钟对全网省电力用户（规模超过千万户）的用电数据进行采集并进行统计分析。通过云象行业大数据处理平台的试点实施并和传统方案进行对比，用电数据可实时存储到平台中，同时日电量计算、终端流量统计、数据完整率分析等业务计算的效率比关系型数据库的解决方案提高了6～20倍，而成本仅为传统方案的1/5。利用收集、处理的用电数据还可深入实现客户用电行为分析、用电负荷预测、营销数据分析、电力设备状态评估等功能。该方案面向业务人员提供了统一的可视化的数据分析结果展示工具；对技术人员提供PMML语言支持，支持包括关系型数据库、日志文件在内的多种数据源，实时计算和分析，具有基于消息队列的实时数据加载和在线分析能力，提供10种分类算法、12种聚类算法、5种降维算法、基因优化算法、线性回归算法，以及并行化协同过滤算法，快速建模与验证；基于并行化计算框架，计算性能线性可扩展；支持复杂数据分析任务的流定义、复杂数据分析任务的动态配置；基于普通PC服务器集群搭建，同时还提供增强的实时状态监控和告警。

（2）价值发现—间接影响。国家电网实行"大营销"体系的电力营销建设，建设营销稽查监控系统、24小时面向客服的省级集中的95598客服系统以及业务属地化管理的营销管理体系。公司以分析性数据为基础，以客户和市场为导向，构建营销稽查监控的分析模型，以此建立专属营销的系统性算法模型库，从而发现数据之中的隐藏关系，提供直观、全面、多维且深入的电力预测数据，提高企业各层决策者洞察市场的能力并能够采取有效的营销策略，优化企业现有的营销组织体系，提高服务质量和营销能力，从而起到改善企业整体营销能力的作用，确保企业、用户、社会经济三者利益最大化。以广西省电力有限公司为例，该省公司对95598客服系统、电力营销MIS系统、计量自动化等营销系统的业务系统数据进行整合，提取出190个数据指标，设立示警阀值实施检查，对营销环节进行全过程、全方位、全维度的闭环分析及管理，做到了事前示警、事中跟踪和事后分析，及时发现系统相关问题并进行督察办理。

（3）价值创造—直接影响。国家电网使用大数据技术协助其运营监测系统的有效运行。运营监测系统中的资金收支管理主要针对营销的售电数据、财务的资金变动、银行账户等数据进行实时监控，主要包括资金流入、资金存量、资金流出以及应收票据四大功能近1000个指标。在该系统中通过云豹流处理平台的实施，实现了每5分钟对所有变动数据的指标进行计算和监控预警，峰值时可处理超过2000万条交易数据。此外，国家电网还将大数据应用在OA办公系统中，即协同办公平台，用云计算模式构建虚拟化统一管理应用，利用分布式大数据存储解决存储压力。

（4）价值创造—间接影响。国网公司构建统一的资金调度与监控平台来满足资金集中管理及风险防控需要，并在2013年展开全面推广。该系统涵盖了七大功能，包括银行账户和票据监控、融资和对账监控、收支余监控、资金计划监控和监控分析。省公司与系统各级分公司的业务包括领用、结存、贴现、应收应付票据购入、银行结算票据等的信息管理，实现了一体化上线，建立了归集路径清晰的银行账户体系，资金计划全部实现了在线审批和全程监控，包括纵向申报、审核、汇总和下达，银行账户的开立、变更和撤销等。

（5）价值实现—直接影响。目前电力行业的大数据还处于逐渐发展阶段，在直接利用大数据应用创新新产品方面还有所欠缺。国家电网提供发电、传输、配电等业务，在电动汽车领域建设运营充换电设施，在城市轨道交通领域做好配套供电建设，并积极开展智能电网建设。随着大数据应用的日渐深入和足够成熟，国家电网会将大数据应用直接应用到新型产品中。

（6）价值实现—间接影响。国家电网开展智能电网建设，为居民、商业用户提供智能用电服务。智能电网本质上就是大数据在电力行业中的应用，获取、分析用户的用户信息以此来优化电力生产、传输、分配情况。同时智慧电网中的互联设备，也需要大数据技术及相关应用来确保其工作的有效性。

国家电网作为电力行业的领先企业，是大数据在国内电力行业应用的先行者，可以更大程度地发现知识、信息，确保良好的数据运维，并具备良好的条件和基础。目前在价值发现和价值创造两阶段已有了较为成熟和领先的大数据应用案例，但是在最为深入的价值实现阶段，国家电网的大数据应用还处于试点应用阶段。随着时间的推进、技术的发展和大数据应用的不断成熟，国家电网完全可以立足于数据运维服务，挖掘并创造数据业务的增值价值，提供和衍生多种服务。如果能够合理充分地利用上述数据，对基于电网实际数据的深入分析，国家电网即可分析挖掘出大量高附加值服务，具体包括掌握具体的客户用电行为，对用户进行细分，开展更准确的用电量预测，进行大灾难预警与处理，支持供电与电力调度决策，有利于电网的安全监控，优化电网的运营管理过程等，从而实现更科学的需求侧管理。大数据的成功运营可以带来新型的数据运维方式，形成一种新的交付方式和消费形态，给用户带来全新的使用感受，并进一步推动电网生产和企业管理，打破传统电力系统业务间各自为政的局面，从数据分析和管理的角度为企业生产经营和管理以及坚强智能电网的建设提供更有力、长远、深入的支撑。

电网企业要顺应大数据发展趋势，立足企业，服务社会，深化大数据商业模式创新，将能源大数据作为实现企业发展战略的催化剂，发挥对"全球能源互联网"建设、"两个替代"方面的助推作用，将数据资产作为推动传统产业转型升级、建设创新型社会的驱动因素，全面提升服务客户、服务社会的水平。

5.6　大数据对电网运营管理的影响

提到能源互联网，不能不提的是互联网的核心——数据资源。国务院2016年2月底印发的《关于推进"互联网+"智慧能源（能源互联网）行动的指导意见》中明确强调：积极推动拓展能源大数据采集范围，促进能源领域跨行业信息共享与业务交融，打通政府部门、企事业单位之间的数据壁垒。这表明了数据资源开放和共享是"互联网+"智慧能源发展的必由之路，凸显了数据资源开放和共享是"互联网+"智慧能源发展的重要地位。

如果说2016年是中国电力改革市场化改革破题之年，那么，2017年将成为电力改革攻坚之年。根据"电改9号文"和陆续出台的"电改"配套文件（《关于推进输配电价改革的实施意见》《关于推进电力市场建设的实施意见》《关于电力交易机构组建和规范运行的实施意见》《关于有序放开发用电计划的实施意见》《关于推进售电侧改革的实施意见》和《关于加强和规范燃煤自备电厂监督管理的指导意见》），电网营销部门将作为主体分拆出来成立国有售电公司与新成立的其他售电公司参与竞争性售电。这意味着，电网公司售电的营销利润来源渠道将逐步收窄。同时，在电力能源的实践大军里，正逐渐涌现出信息与通信技术企业或电子企业，如电信供应商、家庭的安全供应商正在利用智能家居的概念涌入电力能源领域。这些企业在电力领域表现得非常活跃，在不断地挤压电网企业在电力领域相关产品的生长空间。

伴随着信息技术与电网公司营销业务的深度交汇融合，引发的营销数据规模迅猛增长，正日益对电力生产、传输、分配、消费活动以及运行机制产生重要影响。营销数据资源已在电力需求侧管理、能效管理以及优质供电服务等方面提供辅助支撑，已成为电网公司基础性战略资源。面对"电改"下的竞争加剧形势，依靠多年累积的售电服务优势，如何扩展整合更多的天气、交通等外部数据，将营销数据资源在建立健全市场主体信用体系、提供优质电能服务和促进能效管理等方面的价值更大程度地发挥，对整个电网公司营销部都是一项挑战。

随着全球新一轮科技革命和产业变革，先进信息技术与政府、各经济产业加速融合，底层正是信息数据的交融在推动各个产业的融合。政府机构和一些企业单位等对电网营销数据的开放存在迫切需求。例如，政府层面，克强指数通过全社会用电量作为经济形势判断的一个依据；银行层面，通过电表数据作为是否发放贷款的一项指标，人民银行还将部分省市的电费缴纳信息纳入征信系统；能源投资机构通过用电数据来判断行业前景和投资方向。种种营销数据的共享和利用需求彰显外界对营销数据的开放存在热切的期盼。

综上所述，不论是国家宏观政策的积极引导，还是电网公司营销部内在利益的驱动，或是外界对电网公司营销数据开放的迫切需求，都说明了电网营销数据开放和共享是电网公司营销部掘金的必备武器。因此，进行电网营销数据市场化的研究和讨论就非常必要。本节旨在研究在开放的数据交易市场中，以电网营销数据为切入点，以市场对数据需求为导向，从国内外经验借鉴、框架设计及重点方向、实现过程及关键点等方面对电网营销数据运营市场化进行全面分析，研究如何搭建营销数据运营机制，实现营销数据资源充分合理配制，实现数据资源价值和运作效率最大化的目标。

5.6.1 国内外经验借鉴

1. 电力行业内：法国电力、Opower、Emprimo

法国电力公司作为全球能源基础服务供应商，非常重视数据运营在企业管理中的作用。法国电力利用电表数据，结合气象数据、用电合同数据及电网数据，从而预测电力需求变化、识别用户用电行为、发现电力消费规律，促进电力需求侧的管理提升。通过智能手机、连接设备以及传感器来实现数据整合和分析，精确地找到对产品感兴趣的目标客户，进行产品推广，以扩大市场份额，为企业战略转型与服务升级提供有效的决策支撑。

美国Opower通过获取公用事业公司的大量家庭能耗数据，依托用户档案信息、房龄信息、周边天气等，进行家庭耗能分析并给出节能建议。最令用户满意的地方是，用户除了可以看到自身的用电数据，还可以看到临近区域内最节能的20%的用户的耗能情况。

Opower公司为客户提供的这些服务增强了客户对其忠诚度，促进客户继续从公司购电。

德国的Emprimo公司利用数据运营手段，制定灵活的分时电价、阶梯电价，为客户提供节能环保服务以及制定特色化的售电套餐。如针对大城市经常出差、生活时间不规律的商业人士，该公司率先推出了远距离跨区的售电套餐"都市合约"。该售电合约的月固定费用便宜，但是单价较贵。Emprimo公司的数据运营经验主要集中在通过调查分析客户的需求特点的不同，针对这些特点提供个性化和差异化的服务，从而受到客户的热烈欢迎。

作为全球领先的电力服务提供商，法国电力、Opower公司以及Emprimo公司以业务数据需求为导向，以为用户提供最优质的服务为遵旨，以数据运营价值最大化为目标，以完善整合内外部数据为基础，以增强数据分析能力为手段，不断发掘数据运营的资产价值，对我国电网数据市场化具备标杆性研究价值。

2. 电力行业外：谷歌、Recruit、阿里巴巴

谷歌是世界上最擅长收集、分析数据、数据运营并从中获取数据资源价值的公司。谷歌旗下拥有众多子业务，涵盖搜索、广告、地图、电子邮件、应用、YouTube、Android以及相关技术基础设施，这些业务形成的产品都是用来收集更多、更详细用户信息的工具。一方面，谷歌利用近乎垄断地位的搜索引擎来收集台式机用户信息；另一方面，在移动端谷歌通过免费提供安卓系统及其预装的应用程序来收集智能手机用户的信息。利用这些网络数据和手机端数据，谷歌从中分析出哪些信息比较重要，哪些信息与谷歌有关，最著名的案例就是将关键词广告和内容广告转化成营业收入，这几乎达到谷歌总收入的90%。

Recruit目前是日本国内第一招聘巨头，主要为求职者和企业提供就职、转职等人才领域的信息和咨询服务。Recruit平台上累积了日本求职者从毕业开始的数据，如职位投递记录，职业发展轨迹，在线教育记录等。以招聘核心业务和数据运营为轴心，Recruit逐步发展与结婚、买房、转职等人生大事，以及美食、旅游等每天的生活方式相关的业务领域并进行相关领域数据运营。在这些将企业与人联系在一起的各类扩展领域中，Recruit实现了对所需的数据进行高速处理、分析和运营，大多数都是采用Hadoop及相关大数据生态系统来实现的推荐、关联分析、属性分析等功能，取得了不错的成果。

阿里巴巴是国内首屈一指的数据运营标杆企业，公司的大数据平台已汇集了海量用户和商家，聚集成富有张力的生态系统。阿里巴巴的大数据运营不再仅仅局限于阿里企业本身，且正逐渐演变成为整个大生态系统健康运作的核心主体。阿里巴巴所拥有的用户消费数据，与电网营销领域的用户用电数据同属于用户行为数据。因此，阿里巴巴对用户购物消费数据运营的成功经验，可以为电网企业营销部进行用户用电数据运营和市场化提供典型的范本。阿里巴巴的收购逻辑，就是以获取用户行为数据的角度去业务并购、布局。阿里巴巴通过收购和投资墨迹天气、友盟、美团、虾米、快的、UC浏览器、新浪微博、高德软件、优酷土豆、快的和58到家等，获得了用户的娱乐、社交、地理位置、交通出行、

生活服务信息，其内在逻辑招招都不离数据。通过这些并购投资，阿里巴巴试图拼出一份囊括互联网与移动互联网，涵盖用户生活方方面面的全景数据图。之后利用数据运营平台，提供数据服务或者衍生新的业务。阿里巴巴数据运营最典型的例子就是阿里金融。阿里巴巴通过对电子商务平台上的客户行为进行分析，诞生了蚂蚁小贷、花呗、借呗，形成了数据产品的标杆阿里金融。其海量的数据交易记录是阿里金融的基础，通过调取卖家与网购有关的日志、聊天记录、信用评价、退换货记录等各种结构化和非结构化的数据，加上外部采集的用电量、银行信贷等数据分析，把碎片化的信息还原成对个人和企业的信用积累和认识，阿里金融可以精准决策是否放贷和放贷额度。

综上所述，不论是电力领域内公司利用数据运营实现企业内部的管理效益提升，还是电力领域外公司等通过数据运营增加企业收入和扩张业务版图，都离不开理念上对数据资源的重视、实际行动上对数据资源的整合利用。由此，一个成功、有效的数据运营框架设计，一方面需要考虑为企业进行已有业务的管理提升和优化，另一方面需要考虑为公司发现新领域和衍生新业务提供支撑。

5.6.2　框架设计及重点方向

电网营销现有业务和数据现状，是以提供优质供电服务和相关支撑数据为中心的，具体包括：计量体系管理数据、计量点管理数据、抄表管理数据、核算管理数据、资产管理数据、客户关系管理数据、客户档案数据、供电合同管理数据、有序用电数据、稽查及工作质量数据、市场管理数据、线损管理数据、能效管理数据、新增扩容变更数据、电费收缴及营销账务管理、分布式电源并网数据等。

这些业务背后涵盖的主体数据就是用户用电数据，其本质体现的是用户的行为数据。这些数据具备以下特点。

（1）电网供电具备公共事业属性，覆盖区域广，客户群规模大、用户黏性高。按照流量为王的互联网逻辑，电网营销占领了独一无二的先天优势。

（2）具备金融属性。售电作为电力生产的出口和用户服务的入口，可以衍生、嫁接众多金融服务。

（3）用电相关数据质量较高，实时性强。围绕用电和电动汽车、充电桩、新能源等，可以不断地发掘和创建新的增值服务。

如果将电网营销数据市场化分为3个境界的话，可以概括如下。

（1）发展比较成熟的营销数据1.0时代：是自身营销业务产生什么数据，就用这些数据做分析优化。

（2）目前正在进行的营销数据2.0时代：是将现有数据与大营销的历史或上下游数据交叉，由此优化数据。

（3）即将到来的营销数据3.0时代：通过购买外部数据或者将营销数据分享出去，在数据的互融共通中，挖掘出尚未被认可的价值洼地，或是重新解构出价值高地。

基于此，本文设想了营销数据3.0时代的框架，涵盖从数据源到数据最终的价值变现，实现将数据形成有价值资产到数据资产价值反馈业务优化的闭环。

如图5.7所示，最底层支撑的数据源的采集和整合主要包括：

（1）外部数据采集——外部数据采集系统。积极推动、拓展能源大数据采集范围，逐步覆盖气象、经济、交通等其他领域。

（2）上下游数据贯通——能源供应链聚合系统。能源资源、新能源、电动汽车、储能电站、输变电、配用电、终端用能大数据的集成融合。

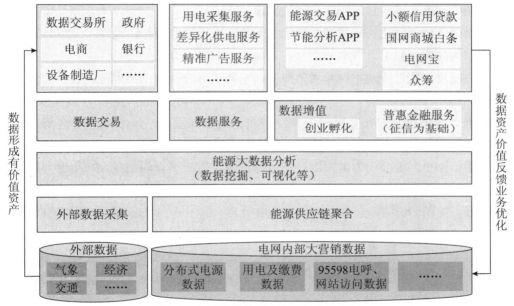

图5.7　电网营销数据市场化的框架设计

基于底层数据支撑，进一步提出了电网营销数据运营的4大方向，具体内容如下：

1）方向1：加强建设电网营销数据的应用服务

数据服务——能源大数据分析系统。基于各类数据资源整合，开展用电采集服务、差异化供电服务、精准广告服务，提升基于能源统计、分析、预测等业务的时效性和准确度。

根据电网营销相关数据，开展数据分析服务，选取如用户画像、用电信息采集等典型业务场景，为客户提供更灵活、专业化的服务。

用户画像。结合客户用电行为数据、客户信用风险数据，形成客户消费的偏好画像，利用画像为用电客户提供差异化服务，能够提升公司美誉度，增加客户黏性。比如，可以通过用电曲线，识别出用户哪些是空巢家庭、哪些是老人家庭，哪些是上班族家庭，识别出哪些是单身贵族用户，哪些是三口之家，哪些是商业综合体用户；识别出哪些用户用电是夜间高峰，哪些用户用电是节假日高峰。这些特征的识别，有助于营销部根据不同人群制定灵活的售电套餐，也有助于电力公司对用户进行用电建议和指导。

用电信息采集。结合客户档案数据、智能家居数据、电动车数据、充电桩数据，形成客户关于用电更灵活的选择和交易方式。如客户通过遥控手机APP设置家里屋顶光伏面板的角度和开关，在手机APP上把自家屋顶多余的光伏发电卖给附近充电桩。等到自己的电动汽车剩余电量不足时，该客户可以自主选择供电单位是在自己家完成充电还是在电网公司充电桩进行充电，且在有合作电力交易的充电桩进行充电时享有优惠折扣。

通过典型的数据分析应用服务，电网营销部可以给电力客户提供更多差异化的能源商品和服务方案。

2）方向2：推动电网营销的创业孵化建设

数据增值之创业孵化——能源数据增值系统。对于创业孵化，允许第三方开发商在此之上开发相关的增值应用。

硬件智能化、软件管理平台和增值服务，是为电网公司营销部现阶段设想的深度垂直服务体系。

围绕电力营销服务，允许第三方开发商在此之上开发出增值应用，与电网公司共同为客户提供服务。第三方可以在线使用电网营销数据并连接到第三方的应用和服务中。比如，一款手机APP，可以成为电力用户的能源管家，用户可以通过此APP实现一站式的电力消费相关的服务体验，如电子账单获取、智能家居及电动汽车的智能温控、节电设备的在线检修等，如图5.8所示。

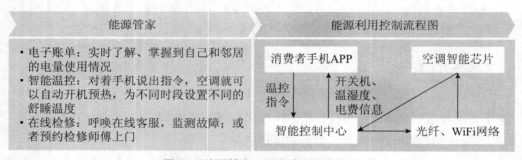

图5.8　能源管家APP及能源利用控制

电子账单：实时了解、掌握到自己和邻居的电量使用情况；了解最近的电力价格和相关缴费等信息。

智能温控：对着手机说出指令，空调就可以自动开机制热，为不同时段设置不同的舒适温度。

在线检修：呼唤在线客服，检测故障；或者预约检修师傅上门。

以上做法可以实现双赢，营造良好的合作氛围，有助于电网自身的客户良好体验。同时，第三方公司可以依赖电网的庞大用户群轻松获取流量，形成厚实的业务拓展基础。

3）方向3：促进电网营销与普惠金融的深度融合

数据增值之普惠金融——能源数据增值系统。以电网营销数据运营为核心，以个人和企业征信为基础，培育能源金融新商业模式。

针对广大电力个人客户/企业的缴费记录、商城消费记录数据进行深度挖掘，建立信用评级指标体系，完成对电力个人客户/企业客户的信用评估，为拓展金融服务奠定基础。普惠金融具体涵盖以下4种主要形式：

（1）发展电网宝模式

将资产端和资金端进行结合，发展电网宝等浮动收益类、保底类理财产品。比如以电网公司已建成的充电桩等为基础资产，当投资者购买该理财产品时，实际上购买的是每份产品对应的充电桩的利润，到期返还本金和收益。推广类似理财产品，随着充电桩运营效率的提升，投资人的收益也会提升。电动汽车的普及和市场占有率发展是影响充电桩收益的主要因素，为了减少不利因素对投资人的影响，产品可尝试提供收益保底保障。电网营销部可将充电桩的当日售电量、累计售电量、当日收益、累计收益等数据进行实时更新，通过充电桩的运维监控系统，透明的呈现在相应的金融APP或APP的用户个人账户里。

（2）发展电网商城白条模式

通过搭建电网商城，针对商城网购的消费分期信贷服务，尝试探索类似一种"用于网购的虚拟信用卡"，发展电网商城白条模式，只服务于商城平台上的消费金融产品。根据用户的用电记录、缴电费记录、商城购物记录、个人信息、注册行为以及外部搜集的其他征信数据来确定授信给用户的额度，用户可以自由分期、灵活还款。成熟市场的消费信贷提供者呈现多元化状态，中国的万亿级市场仅靠商业银行及少量消费金融公司是远远不够的。电网公司的电网商城白条这种模式通过挖掘出用户关于智能用电及相关领域的购物需求，并能够很好地服务于他们，让更多的用户能享受到普惠金融。

（3）发展电网小贷模式

依托互联网、大数据和云计算平台，结合对小微、微金融的理解，做好反欺诈、征信和资金风险运营3个方面的工作，电网公司可以发展小贷模式。对于电力上下游的核心企业，电网公司除了可以提供贷款，促进电力能源产业链上下游的小企业找到资金，在企业获取客户方面也会提供导流，将客流推介给小微企业。

（4）发展众筹模式

电网企业作为公共事业属性的单位，组建一个围绕电力能源服务相关的公益性的非盈利平台作为众筹工具，在此平台上来帮助个人/企业募集更多的资金。假如某个人或企业在此众筹平台上发起电力服务相关的众筹，告诉其他用户他们需要多少资金，该用户就能随时查看参与众筹人数。该用户通过点击就能链接到各种支付方式完成众筹。

方向4：营造电网营销数据交换和共享氛围

数据交换和变现——数据资产交易系统。通过与数据交易所、电商、设备制造厂以及政府企业等单位的数据资产的在线交换和交易，增强数据的流动性，发挥电网营销数据价值的变现能力和提升数据对业务优化支撑的广度和深度。

电网营销数据交换和共享包含数据流入和数据流出两部分。

从数据流入来看，即电网营销作为需求端来说：需要从国家气象局获取天气数据，更好地为电力客户提供优质服务；需要从交通部门获取交通数据，比如拥堵指数，更好地为充电桩布局以及供电响应及时性上提供服务；需要从国土资源部门获取建设用地供应情况，更好地提前安排业扩报装服务；需要从人民银行和税务局获取用户的信用数据，更好地进行电费预存和缴费智能授信额度等服务；需要从公安局获取用户户籍和家庭关系链数据，更好地进行客户关系维系和关联。

从数据流出来看，即电网营销作为提供方来说：可以将客服中心的客户的语音普通话/方言数据提供给语音识别的公司研究使用，可以将分布式电源的分布信息数据提供给新能源设备提供商布局市场，可以将充电桩位置数据提供给电动车运营单位，可以将电费缴纳数据提供给人民银行作为征信使用，可以将用户用电数据提供给银行做贷款风险评估，可以将营销领域知识提供给科研和培训机构使用。

总之，通过数据的流入流出，实现营销数据的流动，增加了数据价值变现的能力和水平。

5.6.3　实现过程及关键点

电网营销数据市场化也将从数据化运营向数据运营转变。在营销数据化运营阶段时，营销数据就产生价值，电网企业只是有意识地使用它，却没有过多地关注它。而当营销数据已经和电网企业营销部战略融合后，就要有意识地收集数据，管理数据。

营销数据市场化的步骤遵循"规划梳理—逐步推广—完善提升"策略原则，统筹协调解决重大问题，及时总结推广成功经验和有效做法，切实推动行动的贯彻落实。现阶段需要找准切入点，具体如下：

（1）数据服务实施方面：按照营销业务的核心度，首先从优质供电、优质服务等角度切入，进行营销业务优化和运营管理水平提升。随后再逐步推广至其余领域。

（2）数据增值之创业孵化实施方面：按照与营销数据结合价值的发挥度，创业孵化首先从微信APP创新等方面切入。

（3）数据增值之金融服务实施方面：以征信为起始点，基于此开展普惠金融服务模式演进。

（4）数据交换和交易实施方面。按照与营销数据结合的优先度，内部首先从电网商城共享数据，外部数据从天气、经济以及交通等领域进行数据交换。

同时，鉴于市场成熟度和技术支撑度，相关的系统建设先后顺序为：外部采集系统、能源供应链聚合系统、能源大数据分析系统、能源数据增值系统和数据资产交易平台。

关于电网营销数据市场化的过程关键点，主要集中在以下4个关键点（参见图5.9）。

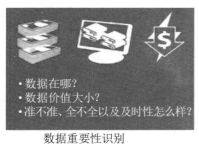

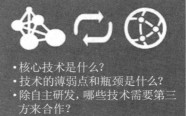

数据重要性识别　　　　　　　　　　　　　数据市场化人才

政策法规　　　　　　　　　　　　　　　　技术支撑

图5.9　电网营销数据市场化过程的关键点

1. 数据重要性识别

数据市场化的第一步就是对数据的重要性进行识别。想制定更合适的交换策略和交易价格，关键是完全明白现在可供公司使用的数据。即需要弄清楚电网营销的数据分布在哪？数据价值大小？数据准不准、全不全以及及时性怎么样？

具体实现上需要把握以下策略：

（1）列出数据清单，盘点数据分布，明确数据的质量情况，对数据可能的需求方进行梳理。

（2）对数据进行分类。数据可以按照用途为纯商业类数据、与国家安全相关的保密数据、公益性质数据等；也可以按照数据本身性质分为图像类、文本类、语音类、结构化数据等；按照数据是否原生态可分为原始数据、经过加工的数据。

（3）针对不同数据需求商，建立一整套的价值交换模型和方法论。对数据进行更深入的标准化和产品化处理，筹备建立数据交易系统，根据公司掌握的数据体量、数据质量，结合数据使用者的需求，实现价值的变现或者交换。

（4）通过数据交易系统，完成营销自营数据产品和平台数据产品的线上交易，确保数据的真实性和有效性。进行数据交易效果盘点，用户增长情况、销售业绩数据管理、用户关系管理。同时，做好数据交易售后服务支持。

这4个环节循环执行，目的就是为了使得营销及相关数据更好用、价值能更有效地发挥。

2. 数据市场化人才

营销数据市场化，离不开相关领域的人才。电网营销数据来自各个系统，加上与外部数据的交换融合，无论是数据材料的质量、精细化的保证，还是数据安全，都需要全局性地安排，这迫切需要一个独立的团队。电网企业营销部领导需要知道在整个过程中需要哪些人参与，由谁负责，各小组职责分工是什么样的，以及需要什么样的能力培训。

为此，需设立营销数据市场化团队领导小组，建立内部和外部业务组、技术组和审计组，任命一个数据科学家作为团队负责人来指导各小组，形成合力，同时设置各小组负责人，其中：

- 审计组—数据审计负责人：主要对数据的质量进行评估，同时判断数据的公开与否，把握"谁应该看什么，谁不应该看什么，谁看什么的时候只能看什么。"从国家安全、系统安全和用户信息安全需求出发，按照电力营销信息的分级分类，进行电力营销及相关数据采集、传输、存储、处理和共享全过程的安全监管。
- 技术组—技术负责人：主要对过程中的关键技术进行把握，解决技术难题，为团队提供技术支撑。在技术创新等方面深入探索，先行先试，总结积累可推广的成功技术经验。
- 业务组—内部/外部业务负责人：以电网营销和外部不同领域相关业务需求为驱动，建立主要数据之间的整合和关联，关注数据如何对现有业务进行优化以及拓展新业务。

这样，营销数据市场化组织一方面可以整合内部系统各个源头的数据质量，另一方面需要和外界进行数据资源交换协调，最终将这些数据资源应用在指导企业管理和业务扩展等方面。

随着数据运营的深化，可以持续完善营销大数据运营人才培养机制，加快新技术吸收和应用能力，进一步完善新技术、新知识培训和认证体系，构建多类别、多层次、立体化的专业技术人才队伍。

3. 技术支撑

营销数据市场化的关键之一是对技术的掌握程度。营销数据市场化过程中需要明确在数据市场化过程中核心技术是什么？电网公司技术的薄弱点和瓶颈是什么？除自主研发，哪些技术需要第三方来合作？

根据电网公司已有技术基础和发展需求，结合大数据4V的特性，此处提出从数据存储计算、数据整合、外部数据采集、数据分析与挖掘、数据交易与服务以及数据应用和展示6个方面开展大数据核心关键技术研究，从数据定价和交易、高性能存储与计算、数据挖掘及分析处理和数据安全四个方向形成自主知识产权的大数据产品体系，满足"电改"后大数据运营处理需求，如图5.10所示。

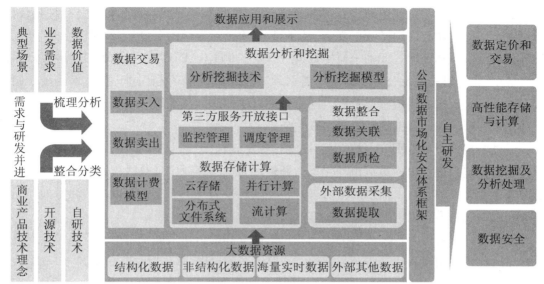

图5.10　电网营销数据市场化的关键技术

数据分析与挖掘是利用传统的数据分析手段和数据挖掘算法来呈现业务背后和底层的逻辑规律及发展趋势，以指导未来的实际工作。

数据的应用和展示主要是基于一些电力营销相关的业务场景，利用图表等方式，为领导层直观了解数据之间的联动和关系提供支撑。

第三方服务接口是提供给第三方开发产品的孵化平台，通过对这些产品的监控和调度，建立起围绕某个能源产品或者服务的一个接口，利用电网营销现有数据，寻找、挖掘和培育新的利润增值点。

数据整合是先进行数据质检，再进行"坏数据"清洗，最后使准确度比较高的数据之间产生关联。

数据存储计算是实现营销数据运营梦想所需的处理大规模、高并发、高关联性甚至是低价值密度数据的存储运算。

数据安全是数据运营的生命线，只有保障数据存储和运营的技术流程规范、安全，维护系统稳定，降低系统BUG造成的数据泄露等，才能支撑起整个数据的市场化运作。

数据交易包括数据买入和数据卖出。数据定价是数据交易的前提。在宏观政策监管下，利用制度和技术推动数据市场化发展，促进数据交易活跃度提升，实现电网营销数据的交换、共享和交易。

4. 政策法规

电网营销等带有政治因素的企业在进行数据开放和共享时，考虑更多的是这种做法是不是符合法律法规，市场化与隐私安全规定是否冲突，以及过程中会不会造成数据泄露引发不良后果。

数据开放在一些国家逐渐成为国家战略，这有效推动了公共数据的开放应用。电网营销数据市场化的核心问题是数据安全，保障数据安全最科学的手段是对数据进行标准化、打包、安全审核和处理。即基于原始数据进行数据加工，或者基于数据形成服务或产品，以服务/产品的形式进行公开和分享。若必须开放原始数据，需通过一些技术手段，例如数据脱敏脱去数据的"敏感部分"，同时辅助以法律法规从组织、制度、流程等方面进行数据安全管理，保证数据的开放和共享安全。

通过覆盖用户群范围广、数据相对准确、数据增值想象力空间大的电网营销数据，作为样本和突破口进行电网数据市场化探索分析，为电网企业实现从以供给为导向、具有较强公共事业属性的、自上而下的旧有模式，逐渐转变为自下而上的、以消费为导向、提供服务和应用的新模式提供辅助支撑。

通过对国家数据开放和共享的宏观政策的解读和剖析，考虑到电网自身的长足发展，进行电网营销数据市场化是势在必行的，需要电网公司提前谋划和统一布局。

从法国电力到中国的阿里巴巴都在从自身优势资源出发，得到有效的数据运营是以坚固的数据运营系统支撑为基础，通过庞大的客户群管理奠定牢固优势，以金融服务的产业布局为未来引领方向，积极通过数据的开放共享释放数据价值，托举整个电网数据市场化加速运转，推动电网从电力销售企业向综合能源服务提供商转型，加速电网从能源企业向高科技企业升级。

最后，电网营销数据市场化从数据服务、数据增值的创业孵化、数据增值的普惠金融到数据交易，均需要从数据重要性识别、数据市场化人才培养、技术支持和政策法规4个关键点进行重点关注，从而促进电能高效利用，形成新的经济增长点，推动电力互联网新技术、新模式和新业态的培育和发展。

5.7 电力行业邂逅大数据

以物联网和云计算为代表的新一代IT技术在电力行业中的广泛应用为基础，电力数据资源开始急剧增长并形成了一定的规模。作为经济社会发展的"晴雨表"，电力大数据将会在服务政府与社会、服务电力用户等方面发挥积极作用。当电力行业邂逅大数据，其应用价值潜力巨大。

5.7.1 宏观经济形势评价与预测

1. 克强指数

使用"克强指数"可基于电力大数据来评价、预测宏观经济形势。2010年英国《经济学人》综合了耗电量、铁路货运量和银行贷款发放量三种经济指标，经回归计算得到了一个崭新的"克强指数"，并认为该指数比官方GDP数字更能反映中国经济的现实状况。

2. 产业关联分析

产业关联分析即依据产业之间的关联关系、产业用电量来分析产业发展潜能。例如，根据电力大数据分析房地产泡沫；依据钢铁、水泥、装饰等行业的用电量走势分析房地产的发展走势；挖掘其他行业之间关联度等。

3. 产业结构分析

产业结构分析即分析用电与行业分布、地区产业结构的关系。根据各地区、各行业的用电信息，利用大数据分析技术分析和研究行业用电量地区结构变化、地区用电量行业结构变化。通过分析各行业、各地区的产业结构变化，为了解地区各行业发展趋势和行业发展前景提供数据支撑。

结合企业经济情况和企业用电量关系分析企业是否进行了产业转型或升级，例如，用电量提高了，销售额提高了，可能是拓展了新的产业；用电量持平或增长不高，销售额大幅提高，可能是产业转型。这样优化资源配置，可增加核心竞争力。

5.7.2 服务电力用户

1. 用户能耗分析及用电优化

用户能耗分析是指基于用电信息、用户负荷等数据，研究用户的负荷特性及用电行为习惯，研究用户用电行为分析、用电负荷特性分析、用电影响模型、用户能耗分析、用户用电建议等。在此基础上制定节能方案，提高能源利用率，降低电能损失，保障客户经济利益，促进节能减排。

2. 用电信息征信体系服务

用电信息征信体系服务是指基于电力客户基本信息、长期的用电记录、缴费情况、缴费能力等数据，对各类数据进行统计分析，建立用户信用评级指标和标准，进行用户信用评价，并分析客户信用变化趋势和潜在风险。同时，利用相似的方法，基于电力客户基本信息、用电情况、利润贡献、设备装备水平等数据，建立用户价值评级指标和评分标准，综合考虑企业信用等级及企业经营情况，实现对客户价值等级的评估。

5.7.3 当电力行业邂逅大数据

世界知名风电制造商丹麦Vestas公司计划将全球天气系统数据与公司发电机数据相结

合，利用气温、气压、空气湿度、风向等数据以及公司历史数据，通过使用超级计算机及大数据模型解决方案，来支持其风力发电机的选址，以充分利用风速、风力、气流等因素达到最大发电量，并减少能源成本。这是电力企业有效利用大数据实现增效的美好设想。有专家分析称，每当电力大数据利用率调高10%，便可使电网提高20%～49%的利润。

1. 电力海量数据将带来高附加值服务

相对于其他行业而言，电力行业的大数据资源更为丰富，对于其海量数据的处理难度更大。目前电力行业大数据的来源有三类，再加上"智能电网"衍生出的各种新型业务，会使大数据资源放量增长，这对电力单位信息安全和维护能力都将是巨大的考验。

如能充分利用这些基于电网实际的数据，对其进行深入分析，就可以提供大量的高附加值服务。这些增值服务将有利于电网安全检测与控制，包括大灾难预警与处理、供电与电力调度决策支持和更准确的用电量预测，客户用电行为分析与客户细分，电力企业精细化运营管理等，实现更科学的需求侧管理。

2. 数据识别和挖潜成难点

目前，电力行业在应用大数据方面已经不是简单的数据量问题，而是如何从海量的数据中识别出可用的数据，评估潜在的价值，以及电力信息化过程中的安全问题。

数据海量、信息缺乏、数据质量较低、防御脆弱、基础不牢、共享不畅等都是大数据应用中存在的瓶颈。

电力行业数据在可获取的颗粒程度，数据获取的及时性、完整性、一致性等方面的表现均不尽如人意。数据源的唯一性、及时性和准确性急需提升，部分数据尚需手工输入；采集效率和准确度还有所欠缺，行业中企业缺乏完整的数据管控策略、组织以及管控流程。

从数据类型方面来看，除传统的结构化数据外，还产生了系统日志、表计等半结构化数据和视频检测、客服音频等非结构化数据。对于这些非结构化数据，多数保存在本地系统中，且不能被检索分析，缺乏对其进行数据管理的手段。从数据价值挖掘方面来看，对数据利用的手段还主要停留在基于报表的统计分析，缺乏对数据进行挖掘和探索的高级分析手段，这制约了数字化向智能化的发展。

电力大数据应用仍处于前期研究阶段，需要电力企业、生产厂商、研究机构共同致力大数据关键技术及在电力行业的应用研究和开发，改变电网思维模式，用数据说话。

第6章
电网大数据应用技术

6.1 电网大数据平台架构

6.1.1 数据分析平台层次解析

大数据分析处理架构如图6.1所示。

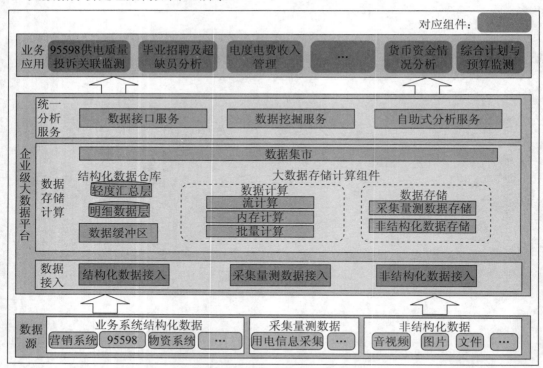

图6.1 大数据分析处理架构图

- 数据接入：通过数据抽取、实时数据采集、文件数据采集、数据库实时复制等多种技术，从营销业务应用、用电采集、规划计划信息管理等系统中抽取和采集结构化数据（关系数据库记录）、半结构化数据（日志、邮件等）、非结构化数据（文件、视频、音频、网络数据流等）。同时，实现数据的实时、非实时采集。
- 数据存储：负责进行海量数据的存储，针对全数据类型和多样计算需求，以海量规模存储、快速查询读取为特征，存储来自数据整合阶段所抽取和采集的各类数据，支撑数据处理层的高级应用。通常情况下，非结构化数据存储在分布式文件系统中，半结构化数据采用列式数据库或键值数据库，结构化数据采用行式存储数据库存储，实时性高、计算性能要求高的数据存储在内存数据库或实时数据库。

● 数据计算：对多样化的大数据提供流计算、批量计算、内存计算、查询计算等计算功能，允许对分布式存储的数据文件或内存数据进行查询和计算。通过流计算技术提供实时分析处理的计算能力，实现实时决策、预警等。通过离线计算提供落地数据的计算能力，实现数据的批量处理。

● 数据分析：对多样化的大数据进行加工、处理、分析、挖掘，产生新的业务价值，发现业务发展方向，提供业务决策依据。

● 平台服务：将底层数据分析工具、组件等能力封装后为业务系统的大数据应用提供平台服务支撑，包含存储服务、计算服务、分析服务、展现服务等。

通过统一的平台服务接口层，支持文件数据的多协议访问，提供结构化、半结构化数据的SQL操作能力，支持通过Web Service方式访问平台服务，提供可嵌入业务系统的大数据展示组件。

6.1.2　规划的数据平台产品AE（Accelerate Engine）

AE是支持下一代企业计算关键技术的大数据处理平台，包括计算引擎、开发工具、管理工具及数据服务。如图6.2所示，计算引擎是AE的核心部分，支持从多数据源的异构数据进行实时数据集成，提供分布式环境下的消息总线，通过Service Gateway能够与第三方系统进行服务整合访问；设计了一个分布式计算框架，可以处理结构化和非结构化数据，并提供内存计算、规划计算、数据挖掘、流计算等各种企业计算服务。Data Studio包括了数据建模、开发、测试等集成开发环境。管理工具包括了实施、客户化及系统管理类工具。AE平台还可以通过UAP开发者社区提供丰富的数据服务。

图6.2　AE架构图

新规划将BAP平台拆分为两部分，底层技术平台发展内存计算和数据处理，上层BI展现端重点发展仪表盘、Web和移动设备展现。

两大产品通过数据处理接口和嵌入式应用服务于业务系统。

大数据处理平台担负着为BI系统提供语义层和OLAP引擎等底层技术支撑、BI及ERP系统的性能提升，以及数据挖掘、非结构化数据处理等系列数据整合与处理的解决方案。具体模块包括：

语义层：为统一的查询建模平台和数据访问接口。它除了提供标准的查询建模能力外，还有语义驱动、语义规则、语义函数、描述器等扩展方式，满足不同层面的扩展要求。

OLAP引擎：提供全面的多维建模与分析能力。多维模型包括维度、层次、级别、属性、指标、计算成员等；预置的系列分析函数包括同比、环比、期比、基比等时间序列分析，占比、排名、方差等统计分析，指数回归和线性回归分析等；提供标准的MDX解析与执行，与数据仓库等模块结合，提供针对海量数据的实时分析和处理能力。

数据集成：数据集成项目有多种类型。

- 企业数据仓库：从众多的系统中提取数据到通用数据仓库，供报告、分析或商业情报之用。
- 数据移植和合并：将现有系统的数据转化或合并为新系统和应用的格式和结构。
- 主数据管理（MDM）：生成单一的视图、集中注册，或客户、产品、供应商等主数据的数据集中地。
- 云计算的数据集成：用软件即服务（SaaS）应用集成留在公司内的数据。
- 运营数据集成：跨应用或数据库进行实时的数据访问、转化和交付。
- B2B数据交换：跨企业边界集成客户、合作伙伴、供应商数据。

信息使用期限管理：着重于应用和数据库存档、测试数据管理、数据隐私和应用淘汰。

信息使用期限管理要求能够胜任在大数据量、高并发、多维分析等环境背景下的实时分析。该模块通过实时数据集成（RDI）提供的数据实时复制与DW的列式存储引擎，解决了以往在传统架构模式下，普通行式存储引擎无法实现的业务场景。

数据挖掘：又译为资料探勘、数据采矿。它是数据库知识发现（Knowledge-Discovery in Database，KDD）中的一个步骤。近年来，数据挖掘引起了信息产业界的极大关注，其主要原因是存在大量数据，可以广泛使用，并且迫切需要将这些数据转换成有用的信息和知识。获取的信息和知识可以广泛用于各种应用，包括商务管理、生产控制、市场分析、工程设计和科学探索等。

数据挖掘利用了来自如下一些领域的思想：统计学的抽样、估计和假设检验；人工智能、模式识别和机器学习的搜索算法、建模技术和学习理论。数据挖掘还迅速地接纳了来自其他领域的思想，这些领域包括最优化、进化计算、信息论、信号处理、可视化和信息检索。一些领域对其起到了重要的支撑作用，特别是需要数据库系统提供有效的存储、索引和查询处理支持。源于高性能（并行）计算的技术在处理海量数据集方面常常是重要的。分布式技术也能帮助处理海量数据，并且当数据不能集中到一起处理时更是至关重要。

数据挖掘一般是指从大量的数据中通过算法搜索隐藏于其中的信息的过程。数据挖掘通常与计算机科学有关，并通过统计、在线分析处理、情报检索、机器学习、专家系统（依靠过去的经验法则）和模式识别等诸多方法来实现上述目标。支持运行于分布式文件系统和分布式计算平台之上的分布式数据挖掘算法，具体包括：逻辑斯蒂回归、朴素贝叶斯分类算法及其分布式实现；K均值、谱聚类算法及其分布式实现；潜在狄利克雷分配语义挖掘算法及其分布式实现；频繁模式挖掘分析算法及其分布式实现；协同过滤、概率矩阵分解推荐算法及其分布式实现；提供分布式挖掘算法的统一操作原语和执行引擎。

数据仓库：数据仓库提供针对海量数据进行高效的查询和分析。它包括同时支持关系数据库、NoSQL数据库和分布式文件系统进行数据存储、加载的多存储引擎，基于Map Reduce框架针对海量数据的高性能查询和分析，以及Map Reduce框架本身具有的高扩展性和容错性。

非结构化数据管理：非结构化数据不包含内嵌的语义结构描述信息，而信息系统需要结合其"内容"而不仅仅是数据本身进行查询、检索、分析与挖掘，因此非结构化数据管理系统需要实现非结构化数据的数据提取。提取的非结构化数据是进行后续处理的基础，具体包括结构化信息和底层/高层特征的提取。非结构化数据提取组件依赖于分布式文件系统和非结构化数据存储提供的原始数据作为数据源数据，依赖于非结构化数据存储来存储提取的元数据或者特征数据，依赖于并行计算框架来分布化执行过程，加快执行速度。

消息总线：一种通信工具，可以在机器之间互相传输消息、文件等。消息总线扮演着一种消息路由的角色，拥有一套完备的路由机制来决定消息传输方向。发送端只需要向消息总线发出消息而不用管消息被如何转发，为了避免消息丢失，部分消息总线提供了一定的持久化存储和灾备机制。消息总线包括主数据管理、集中身份管理、应用集成开发环境、集成监控管理等，满足集成平台的应用需求，支持界面集成、信息集成、服务集成、流程集成等集成方式。

分布式计算系统：分布式计算机系统是将多台小型、微型机互连组成的一种新型计算机系统。它冲破了传统的集中式单机局面，从分散处理的概念出发来组织计算机系统，具有较高的性价比，灵活的系统可扩充性，良好的实时性、可靠性与容错性等潜在优点，是近几年来计算机科学技术领域中极受重视的新型计算机系统，现已成为迅速发展的一个新方向。分布式计算系统包括分布式文件系统和分布式计算框架。分布式文件系统以高可靠的容错机制为核心，系统架构包括多元数据服务器、多数据存储服务器、多监管者、多客户端，支持大文件和大数据块的分布式存储与管理；分布式计算框架基于Map Reduce与MPI计算模型，提供了一套并行计算框架，并利用物理机以及虚拟机的监控信息，实现对计算资源的合理分配，支持对大量工作任务的灵活切分和分布式调度。

　　流计算引擎：为解决系统的实时性和一致性的高要求的实时数据处理框架。在传统的数据处理流程中，总是先收集数据，然后将数据放到数据库中。当人们需要的时候通过数据库提取数据做方向，得到答案或进行相关的处理。这样看起来虽然非常合理，但是结果却非常的紧凑，尤其是在处理一些实时搜索应用环境中的某些具体问题时，类似于Map Reduce方式的离线处理并不能很好地解决问题。这就引出了一种新的数据计算结构——流计算方式。这种方式可以很好地对大规模流动数据在不断变化的运动过程中实时地进行分析，捕捉到可能有用的信息，并把结果发送到下一个计算节点。流计算引擎是为解决系统的实时性和一致性的高要求的实时数据处理框架，具备高可拓展性，能处理高频数据和大规模数据，实时流计算解决方案被应用于实时搜索、高频交易的大数据系统上。

6.2　电网大数据基础平台关键技术

　　随着人类对自然和社会认识的进一步加深及人类活动的进一步扩展，科学研究、互联网应用、电子商务、移动运营商等诸多应用领域产生了多种类型的海量数据。大数据的出现对传统的数据存储、数据处理及数据挖掘提出了新的挑战，同时也深刻地影响着人类的生活、工作及思维。传统的数据存储方法、关系数据库、数据处理和数据分析方法已不能满足当前的需要。维基百科给出的大数据定义如下：巨量数据（或称大数据、海量资料），指的是所涉及的资料量规模巨大到无法通过目前主流软件工具，在合理时间内达到撷取、管理、处理，并整理成为帮助企业经营决策有用的资讯。

　　英特尔创始人戈登·摩尔（Gordon Moore）在1965年提出了著名的"摩尔定律"：即当价格不变时，集成电路上可容纳的晶体管数目，约每隔18个月便会增加1倍，性能也将提升1倍。

　　1998年图灵奖获得者杰姆·格雷（Jim Gray）提出著名的"新摩尔定律"：每18个月全球新增信息量是计算机有史以来全部信息量的总和。

　　我们可以将新摩尔定律同1439年前后古登堡发明印刷机时造成的信息爆炸做对比：在1453—1503年这50年间大约印刷了800万本书籍，比1200年之前君士坦丁堡建立以来整个欧洲所有手抄书还要多，即50年内欧洲的信息增长了1倍；而现在的数据增长速度则是每18个月全球信息总量翻一番。图6.3可以清楚地看到大数据的增长，图6.4是IDC公司对未来全球数据总量的预测，图6.5则表明了大数据正在日益成为人们关注的焦点。我们已经进入到大数据时代。

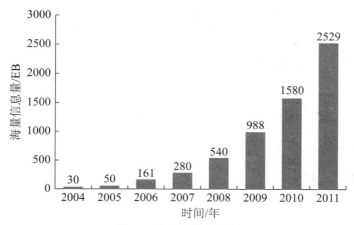

图6.3　全球数据量增长

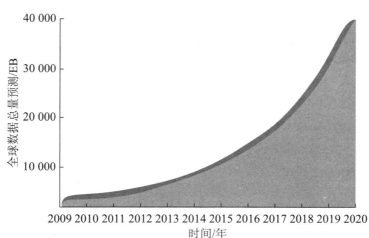

图6.4　未来全球数据量增长

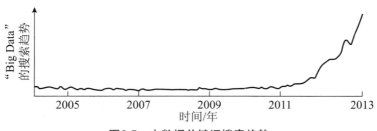

图6.5　大数据关键词搜索趋势

　　电网大数据的关键技术（见图6.6）主要包括大数据的采集、大数据的预处理、大数据存储、大数据挖掘等方面。

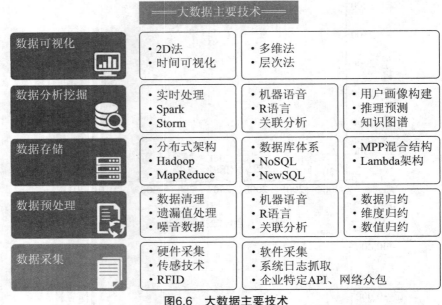

图6.6 大数据主要技术

6.2.1 大数据采集技术

1. 大数据采集的定义

大数据的采集是指将分布的、异构数据源中的数据，如关系数据、平面数据文件等抽取到临时中间层后进行清洗、转换、集成，最后加载到数据仓库或数据集市中，成为联机分析处理、数据挖掘的基础。并且利用多个数据库来接收发自客户端（Web、App或者传感器形式等）的数据，用户可以通过这些数据库来进行简单的查询和处理工作。

2. 采集技术

大数据顾名思义就是数据量比较大，单位一般为TB级。传统的数据采集方法如网络调查、留置问卷调查、邮寄问卷调查等适合数据需要量较小的采集，但还不能胜任大数据技术的要求。由于传统的数据采集方法已经满足不了大数据采集工作的要求，所以开发者在传统的数据采集方法上采用了一些新的数据采集方法，其中比较典型的有系统日志采集方法和网络数据采集方法。

（1）系统日志采集方法

日志文件能够详细记录系统每天发生的各种各样的事件，对网络安全起着非常的重要作用。网络中心有大量安全设备，将所有的安全设备逐个查看是非常费时费力的。另外，由于安全设备的缓存器以先进先出的队列模式处理日志记录，保存时间不长的记录将被刷新，一些重要的日志记录有可能被覆盖。因此在日常网络安全管理中应该建立起一套有效的日志数据采集方法，将所有安全设备的日记录汇总，进行统一管理。

优点：数据信息完整性强，便于管理和查询，从中提取出有用的日志信息供网络安全管理方面使用，及时发现有关安全设备在运行过程中出现的安全问题，以便更好地保证网络正常运行。

缺点：数据信息量较大，在选择时无用信息量较多，在分析和处理前必须先进行大量的数据筛选和过滤，需要投入的人力物力较多。

（2）网络数据采集方法

此方法主要用于非结构化数据的采集，是指利用互联网搜索引擎技术实现有针对性、行业性、精准性的数据抓取，按照一定规则和筛选标准进行数据归类，并形成数据库文件的一个过程。目前网络数据采集采用的技术基本上是利用垂直搜索引擎技术的网络蜘蛛（或数据采集机器人）、分词系统、任务与索引系统等技术进行综合运用而完成。随着互联网技术的发展和网络海量信息的增长，对信息的获取与分拣成为一种越来越大的需求。人们一般通过以上技术将海量信息和数据采集回后，进行分拣和二次加工，实现网络数据价值与利益更大化、更专业化的目的。

优点：支持自定义表单、自适应采集、集群采集、仿人工式的随机采集数据、各种排重过滤等功能；数据来源广，信息量丰富。

缺点：信息真实性存在争议，信息太多，过滤量较大，给数据采集工作增加工作量。

特定方法对于企业生产经营数据或学科研究数据等保密性要求较高的数据，可以通过与企业或研究机构合作，使用特定系统接口等相关方式采集数据。

6.2.2　数据预处理技术

在收集的原始数据中，存在着大量的杂乱性、重复性和不完整性问题，这些问题给后面的数据分析和数据挖掘带来不少难题。因此，对数据进行预处理显得尤为关键。数据预处理不仅保证了挖掘数据的正确性和有效性，而且通过对数据格式和内容的调整，使数据更符合挖掘的需要，即清除与数据分析、挖掘无关的项，给挖掘算法提供更高质量的数据。

通常数据预处理分为数据清理、数据集成、数据变换和数据归约四个部分。数据清理是指去除源数据集中包含的噪声数据和无关数据，处理遗漏数据和清洗脏数据等，解决现实世界数据不干净、不完整和不一致的问题。主要包括重复数据处理和缺值数据处理，并完成一些数据类型的转换。

数据集成主要是将来自不同数据源的数据整合成一致的数据存储。该部分主要涉及数据的选择、数据的冲突问题以及不一致数据的处理问题，并非简单的数据合并，而是把数据进行统一化和规范化处理后形成最初始的挖掘数据的复杂过程。

数据变换主要是将数据转换成适合挖掘的形式，包括平滑、聚类、规范化、属性构造等操作。这样能大量减少元组数量，提高计算效率，同时也提高了数据挖掘的起点，使得一个算法能够发现多层次的知识，适应不同应用的需要。也可以通过数据仓库技术的多维立方体来组织数据。

数据归约是针对数据处理的技术，如数据立方体聚集、维归约、数据压缩、数值归约和离散化都可以用来得到数据的归约表示，而使得信息内容的损失最小。

6.2.3 大数据存储技术

1. 存储管理数据的背景

大数据平台的关键技术之一是大数据存储及管理技术。企业对数据处理的需求日益增长，由此催生了海量的信息。美国互联网数据中心指出，互联网上的数据每年将增长50%，每两年便翻一番，面对庞大的信息量，如何存储及管理这些数据非常重要。随着大数据应用的爆发性增长，它已经衍生出了自己独特的架构，而且也直接推动了存储、网络以及计算技术的发展。毕竟处理大数据这种特殊的需求是一个新的挑战。硬件的发展最终还是由软件需求推动的，就这个例子来说，很明显大数据分析应用需求正在影响着数据存储基础设施的发展。

从另一方面看，这一变化对存储厂商和其他IT基础设施厂商未尝不是一个机会。随着结构化数据和非结构化数据量的持续增长，以及分析数据来源的多样化，此前存储系统的设计已经无法满足大数据应用的需要。存储厂商已经意识到这一点，他们开始修改基于块和文件的存储系统的架构设计以适应这些新的要求。

2. 大数据存储相关技术

1）大数据编码优化技术

基于纠删码的数据冗余技术是不同于多副本技术的另外一种容灾策略，其基本思想是：通过纠删码算法对 k 个原始数据块进行数据编码，得到 m 个纠删码块，并将这 $k+m$ 个数据块存到不同的数据存储节点中，以此建立容灾机制。当 $k+m$ 个元素中任意的不多于 m 个元素出错（包括数据和冗余出错）时，均可通过对应的重构算法恢复出原来的 k 块数据。这种方法具有冗余度低、磁盘利用率高等特点。相较于多副本策略，在大数据存储平台中利用纠删码建立容灾机制，对存储空间和网络带宽的需求有所降低，但是由于引进了纠删码计算，因此对纠删码编码的计算速度提出了要求。最有效的办法就是减少纠删码计算过程的异或次数。目前的调度算法都是启发式的，如CSHR、UBER-CSHR、X-Sets等。用这些算法对一个柯西矩阵求取调度时，各自得到的调度都无法保证是所有调度方法中最优的，并且柯西矩阵配置参数 (k, m, w) 通过组合会得到柯西矩阵，究竟哪一个矩阵会产生较好的调度，目前为止尚无规律可循。针对该问题，为了提高数据编码效率，我们提出了关于纠删码求取调度组合的选择框架思想。该框架基于现有技术提供了一种高效的数据编码方案——优化调度方案。此方案能为柯西矩阵配置参数（k，m，w）选择出具有高编码效率的柯西矩阵和相应的调度，以用于大数据存储的数据编码。

大数据快速Range-sum查询技术Range-sum，主要是对满足区间查询条件的数据进行求和，问题的具体形式描述如下：Select exp（Agg Column），other ColName where li1 < ColNamei < li2 opr lj1 < ColNamej < lj2 opr …。其中，exp包括SUM和COUNT两类基本函数，其他的聚合函数如AVG、STD等可以通过扩展SUM和COUNT来实现；AggColumn是聚合属性列；li1<ColNamei<li2、lj1<ColNamej<lj2是区间查询条件；opr表示逻辑运算符号，如逻辑AND或OR等。通常将支持聚合计算的属性Agg-Column称为聚合属性；支持区间查询条件的属性ColNamej，称为索引属性。分布式环境下Range-sum的计算开销主要是节点之间和节点内部两类计算时间延迟。节点之间的时间延迟是指在计算聚合结果时多个不同的节点之间进行数据通信、同步等带来的延迟；节点内部时间延迟是指由于区间查询条件包含的数据量大，每个节点需要处理不断膨胀的原始数据或索引数据而产生的延迟。只有对两类延迟进行有效优化，才能充分提高大数据Range-sum的计算效率。FastRAQ是一种根据聚合计算特点而设计的面向聚合计算模式的大数据分区方法。该方法通过在每个分区内独立获得近似聚合计算结果，来避免分区之间数据交互和等待产生的延迟；分区内通过设计支持区间查询条件的基数估算方法，并结合分区内聚合属性无偏估样本，来获取符合精度的聚合计算结果，以避免扫描原始数据带来的计算开销。

FastRAQ根据聚合计算结果，把数据划分成相互独立的多个分区，每个分区负责一个固定的聚合属性值的范围，所有分区负责的属性值范围构成了整个聚合属性值的值域空间。在每个分区内，计算无偏估计样本，并将其作为整个分区内聚合属性的近似值。分区算法可以限定样本值的相对误差。FastRAQ在每个分区内采用了基数估算直方图，以支持区间条件下记录基数的统计。区间基数估算直方图是在恒定索引数据量条件下，以散列运算为基础计算出来的。FastRAQ在查询前需要组织好分区和每个分区内的索引结构。FastRAQ结合计算模式设计了一种schema-less（无模式）的列族（column-family）描述方法，在列族中定义了聚合、索引、其他这3类不同的属性簇。Fast-RAQ基于schema建立了类SQL的数据操作语言（Data Manipulation Language，DML）与数据定义语言（Data Definition Language，DDL）。

2）大数据流式计算技术

由于大数据流式计算系统无法确定数据到来的时刻和顺序，因此不进行流式数据的存储，而是采用了流动数据到来后在内存中直接进行数据的实时计算方法。典型的流式数据架构有推特（Twitter）的Storm和雅虎的S4。对于这种计算架构，其数据是在任务拓扑中被计算，并输出有价值的信息。对于那种无须先存储数据而直接进行数据计算，实时性要求严格而数据精度往往不太重要的应用场景，大数据流式计算具有明显的优势。

在大数据流式计算环境中，数据流具有5个特征：

（1）实时性。流式数据是指那些实时产生和实时计算出来的数据，其结果反馈往往需要确保及时性。流式数据价值的有效时间往往较短，大部分数据会直接在内存中进行计算并被丢弃，只有少数数据才保存到硬盘中。

（2）易失性。数据的使用往往是一次性的、易失的，即使重放，得到的数据流和之前的数据流往往也不相同。

（3）突发性。数据的产生完全由数据源确定，由于不同的数据源在不同时空范围内的状态不统一且动态变化，导致数据流的速率具有突发性，即前一时刻和后一时刻的数据速率可能会存在巨大差异。

（4）独立性。大数据流式计算架构的数据源之间是相互独立的，所处的时空环境也不尽相同，使得数据流之间各个数据元素的相对顺序无法得到保证；另一方面，即使是同一个数据流，由于时间和环境的动态变化，也会导致重放的数据流和之前数据流中数据元素的顺序出现不一致。

（5）无限性。只要数据源处于活动状态，数据就会一直产生并持续增加。可以说，潜在的数据量是无限的，无法预知数据流何时能够结束。

针对具有上述特征的流式大数据，理想的大数据流式计算系统应该表现出低延迟、高吞吐、持续稳定运行和弹性可伸缩等特性。这其中离不开系统架构、数据传输、编程接口、系统的高可用策略等关键技术的合理规划和良好设计。

系统架构：指系统中各子系统间的组织方式，分为无中心节点的对称式架构（如S4系统）和有中心节点的主从式架构（如Storm系统）。大数据流式计算需要选择特定的系统架构进行流式计算任务的部署。

数据传输：在有向任务图到物理计算节点的部署完成之后，各个计算节点之间的数据传输方式可分为主动推送（基于Push）和被动拉取（基于Pull）两种方式。在大数据流式计算环境中，为了实现高吞吐和低延迟，需要对有向任务图以及有向任务图到物理计算节点的映射方式进行更加系统的优化。

编程接口：用于通过有向任务图来描述任务内在逻辑和依赖关系，以及为实现任务图中各节点的处理功能进行编程。用户策略的定制、业务流程的描述和具体应用的实现都要使用系统提供的应用编程接口。良好的应用编程接口可以方便用户实现业务逻辑，减少用户的编程工作量，并降低用户系统功能的实现门槛。当前大多数开源大数据流式计算系统均提供了类似于Map Reduce的类MR用户编程接口。

系统高可用策略：指状态备份和故障恢复策略。当故障发生后，系统根据预先定义的策略进行数据的重放和恢复。策略可分为被动等待（passive standby）、主动等待（active standby）和上游备份（upstream backup）等几类。

此外，大数据流式计算系统还需要其他关键技术的支持，这些技术包括系统故障恢复、系统资源调度、负载均衡策略、数据在任务拓扑中的路由策略等。

3）大数据图计算技术

大数据图计算技术是大数据计算的热门方向，主要用来分析数据节点之间的关系和相似度。该技术已应用于用户分析、欺诈检测、生命科学等多个领域，其巨大的商业价值已经凸显出来。

例如，利用PageRank技术发现有影响力的用户，将GraphLab技术用于社区、欺诈检测和推荐系统，还有一些分布式计算应用到Giraph、GraphX、Faunus和Grappa。其中，GraphLab是美国卡内基梅隆大学开发的一个并行的图挖掘分布式系统。该技术解决了传统MapReduce中有关机器学习处理中存在的频繁迭代计算和大量节点通信导致计算效率低下的问题。

具体来讲，在Graphlab中，以顶点为计算单元，将机器学习算法抽象为聚集（gather）、应用（apply）和分散（scatter）3个步骤。在每一个迭代过程中，点的计算都要经过这3步。并且，Graphlab是在共享内存的基础上，各机器异步、动态并行地执行计算任务，比整体同步并行（Bulk Synchronous Parallel，BSP）计算效率更高，同时还能够很好地保证数据的一致性。

在大数据时代，大图的分割是大数据图计算最为突出的问题。由于对整个图的访问是随机进行的，因此在图划分时需要考虑3个方面。

（1）通信代价，即访问跨机器交互边的通信量。

（2）负载均衡，即让每一台机器的问题规模基本接近。

（3）存储冗余，即为了减少通信量，需要在机器上复制其他机器的存储信息（这也引发了数据一致性问题）。通过考虑存储的冗余度，使综合开销达到最优。

3. 数据压缩

构建大数据平台时，在满足设计指标需求的前提下，构建方案的成本越低，大数据处理所获得的价值就越高。

数据存储不仅要求方便管理，而且在此基础上缩减存储成本也是当今大数据存储的发展趋势。传统的数据仓库解决方案通过堆叠硬件设备进行扩容的方法来实现对动态增长的数据的存储，这种方法成本过于昂贵，已经无法满足大数据平台的需求。

单纯地提高存储容量并不能从根本上解决问题。首先，存储设备的采购预算越来越高，大多数企业难以承受如此巨大的开支。其次，随着大数据平台的扩大，管理成本、占用空间、制冷能力、能耗等也都变得越来越高，其中能耗尤为突出。因此，如何降低和治理海量数据的蔓延式增长也是需要面对的挑战。

目前，比较成熟的缩减数据存储成本的方法是采用数据压缩技术。数据压缩技术，就是用最少的数码来表示信号的技术。数据为什么能够压缩呢？首先，数据中间常存在一些多余成分，即冗余度。例如在某文件中，某些符号会重复出现多次，这样的内容可以在编码中除去或减少。其次，相邻数据之间往往有一定的关联性，例如电视信号的相邻两帧之间往往只有小部分画面是不同的，因此相邻的帧可以通过某些数学变换得到，而不必存储整个帧信号。

数据压缩从对原始数据信息保留程度的角度可分为两种：无损压缩和有损压缩。

（1）无损压缩，顾名思义，就是对压缩后的数据进行解压缩后，得到的数据与原始数据一致。但它的压缩率是受到数据统计冗余度的理论限制，一般为2∶1～5∶1。这类方法广泛用于文本数据、程序和特殊应用场合的图像数据（如指纹图像，医学图像等）的压缩。

由于无损压缩的压缩比限制，往往不能满足人们的需求，于是出现了有损压缩。

（2）有损压缩，是经过压缩、解压的数据与原始数据不同但是非常接近的压缩方法。有损数据压缩又称破坏型压缩，即将次要的信息数据压缩掉，以牺牲一些质量为代价来减少数据量，使压缩比提高。常见的声音、图像、视频压缩基本都是有损压缩，如.mp3、.divX、.Xvid、.jpeg、.rm、.rmvb、.wma、.wmv等格式都是有损压缩。

有损压缩有较高的压缩比，尽管会有一定程度的数据损失，但会在系统允许的范围内满足需求。音频能够在没有察觉质量下降的情况下实现10∶1的压缩比，视频能够在稍微观察到质量下降的情况下实现如300∶1这样非常大的压缩比。

因此，通过数据压缩技术，可以有效减少数据对存储的需求，降低成本。

4. 数据存储技术及管理

目前常用的数据存储技术包括：开发新型数据库技术、对海量数据进行分区操作、编写优良的程序代码、建立广泛的索引、加大虚拟内存、建立缓存机制、使用临时表和中间表、使用文本格式进行处理、优化查询SQL语句、使用数据仓库和多维数据库存储等。

对于开发新型数据库技术，非关系型数据库即NoSQL，抛弃了关系数据库复杂的关系操作、事务处理等功能，仅提供简单的键值对（Key，Value）数据的存储与查询，换取高扩展性和高性能，以满足论坛、博客、SNS、微博等互联网类应用场景下针对海量数据的简单操作需求；新型分析型GBase 8a数据库是具有高效复杂统计和分析能力的列存储关系型数据库，以列为基本存储结构和数据运算对象，数据压缩比可达1∶5～1∶20，数据加载速度快，查询性能高。

解决了数据存储问题之后，就要对它进行有效的管理。如今，数据已成为一种资产，因为企业在对客户办理业务的信息中进行分析、探索、总结，就能洞察客户所需，为其设计新产品，为客户个性化营销产生新的价值。有效地管理数据，能创造更多的价值。

数据仓库是管理数据的工具，近年来，它正朝着专业性越来越强、成本越来越低的方向发展。数据仓库专用设备的出现，使得大多数中小企业不必花高价购买Oracle、IBM等公司的专业设备。Yahoo的开源小组开发出Hadoop就是一种基于MapReduce技术的并行计算框架。在2008年之前，Facebook就在Hadoop基础上开发出类似数据仓库的Hive，用来分析点击流和日志文件。几年下来，基于Hadoop的整套数据仓库解决方案已日臻成熟。该方案在国内有普遍的应用，例如淘宝的数据魔方。

还有其他一些技术能够提高数据的访问性能，例如数据温度技术，经常被访问的数据就是高温数据，这类数据可以存储在高速存储区，反之，访问频率小的数据则放在低速存储区。存储访问技术也在日益更新，比如Teradata前几年推出固态硬盘数据仓库，用接近闪存的性能访问数据，比原来在磁盘上顺序读取数据快很多。

总之，随着数据爆炸般的增长，大数据存储及管理技术将会是大数据平台一直需要钻研和更新的一项重要技术。

6.2.4　数据仓库技术

ETL用来描述将数据从来源端经过抽取（extract）、转换（transform）、加载（load）至目的端的过程。ETL较常用在数据仓库，但其对象并不限于数据仓库。

ETL是构建数据仓库的重要一环，用户从数据源抽取出所需的数据，经过数据清洗，最终按照预先定义好的数据仓库模型，将数据加载到数据仓库中去。

信息是现代企业的重要资源，是企业运用科学管理、决策分析的基础。目前，大多数企业花费大量的资金和时间来构建联机事务处理OLTP的业务系统和办公自动化系统，用来记录事务处理的各种相关数据。据统计，数据量每2～3年就会成倍增长，这些数据蕴含着巨大的商业价值，而企业所关注的通常只占总数据量的2%～4%。因此，企业仍然没有最大化地利用已存在的数据资源，以至于浪费了更多的时间和资金，也失去制定关键商业决策的最佳契机。于是，企业如何通过各种技术手段，把数据转换为信息、知识，已经成了提高其核心竞争力的主要瓶颈。而ETL正是这样一个主要的技术手段。

ETL工具的典型代表有Informatica、DataStage、OWB、微软公司的DTS、Beeload、Kettle等。

开源的工具有Eclipse的ETl插件CloverETl。

ETL的质量问题具体表现为正确性、完整性、一致性、完备性、有效性、时效性和可获取性等。影响质量问题的原因有很多，由系统集成和历史数据造成的原因主要包括业务系统不同时期系统之间数据模型不一致；业务系统不同时期业务过程有变化；旧系统模块在运营、人事、财务、办公系统等相关信息不一致；遗留系统和新业务、管理系统数据集成不完备带来的不一致性。

实现ETL首先要实现ETL转换过程。体现为以下7个方面。

（1）空值处理：可捕获字段空值，加载或替换为其他含义数据，并可根据字段空值实现分流加载到不同目标库。

（2）规范化数据格式：可实现字段格式约束定义，对于数据源中的时间、数值、字符等数据，可自定义加载格式。

（3）拆分数据：依据业务需求可对字段进行分解。例如，主叫号码为861082585313-8148，可进行区域码和电话号码的分解。

（4）验证数据正确性：可利用Lookup及拆分功能进行数据验证。例如，主叫号码为861082585313-8148，进行区域码和电话号码分解后，可利用Lookup返回主叫网关或交换机记载的主叫地区，进行数据验证。

（5）数据替换：依据业务规则，可实现无效数据、缺失数据的替换。

（6）Lookup：查获丢失数据Lookup实现子查询，并返回用其他手段获取的缺失字段，保证字段完整性。

（7）建立ETL过程的主外键约束：对无依赖性的非法数据，可替换或导出到错误数据文件中，保证主键唯一记录的加载。

ETL工具目前有两种技术架构——ETL架构和ELT架构，这两种架构的区别如下。

1）ETL架构

在ETL架构中，数据的流向是从源数据流到ETL工具。ETL工具是一个单独的数据处理引擎，一般会在单独的硬件服务器上实现所有数据转化的工作，然后将数据加载到目标数据仓库中。如果要增加整个ETL过程的效率，则只能增强ETL工具服务器的配置，优化系统处理流程（一般可调整的东西非常少）。IBM的DataStage和Informatica的PowerCenter原来都采用这种架构。

ETL架构的优势有：

（1）ETL可以分担数据库系统的负载（采用单独的硬件服务器）。

（2）相对于ELT架构ETL可以实现更为复杂的数据转化逻辑。

（3）ETL采用单独的硬件服务器。

（4）ETL与底层的数据库数据存储无关。

2）ELT架构

在ELT架构中，ELT只负责提供图形化的界面来设计业务规则，数据的整个加工过程都在目标和源的数据库之间流动。ELT通过协调相关的数据库系统来执行相关的应用，数据加工过程既可以在源数据库端执行，也可以在目标数据仓库端执行（主要取决于系统的架构设计和数据属性）。当ETL过程需要提高效率，则可以通过对相关数据库进行调优，或者改变执行加工的服务器就可以达到。一般情况下数据库厂商会力推该种架构，像Oracle和Teradata都极力宣传ELT架构。

ELT架构的优势有：

（1）ELT主要通过数据库引擎来实现系统的可扩展性（尤其是当数据加工过程在晚上时，可以充分利用数据库引擎的资源）。

（2）ELT可以保持所有的数据始终在数据库当中，避免数据的加载和导出，从而保证效率，提高系统的可监控性。

（3）ELT可以根据数据的分布情况进行并行处理优化，并可以利用数据库的固有功能优化磁盘I/O。

（4）ELT的可扩展性取决于数据库引擎和其硬件服务器的可扩展性。

通过对相关数据库进行性能调优，ETL过程获得3～4倍的效率提升一般不是特别困难的。

6.3　电网大数据应用产品

6.3.1　Informatica

Informatica是全球领先的独立企业数据集成软件提供商。世界各地的组织机构依赖Informatica为其重要业务提供及时、相关和可信的数据，从而赢得竞争优势。目前，全球众多知名企业依靠Informatica使用及管理其在本地的、云中的和社交网络上的信息资产，以实现他们的信息潜能，并推动卓越的业务目标。1993年创立于美国加利福尼亚州，并于1999年4月在纳斯达克上市，作为全球领先的独立企业数据集成软件提供商，Informatica帮助世界各地的组织为其首要业务提供及时、相关和可信的数据，从而在当今全球信息经济中获得竞争优势，见图6.7。

图6.7　Informatica

借助Informatica全面、统一、开放且经济的数据集成平台，组织可以在改进数据质量的同时，访问、发现、清洗、集成并交付数据，以提高运营效率并降低运营成本。Informatica平台是一套完善的技术，可支持多项复杂的企业级数据集成计划，包括企业数据集成、大数据、数据质量控制、主数据管理、B2B DataExchange、应用程序信息生命周期管理、复杂事件处理、超级消息和云数据集成。

Informatica于2005年正式进入中国。短短的几年时间，凭借全球领先的技术和完善的服务，Informatica很快就在包括金融、电信、制造、政府、保险、公众服务等多个领域获得突破，并帮助众多企业构架随时随地呈现正确而重要信息的数据整合平台。

随着全球信息化步伐的日趋加快，精准的数据和可用的信息将在最大程度上提高企业IT投资回报率。高速发展中的中国正在积极推进各项信息整合工程及企业信息化的投资建设，Informatica把中国列为其全球投资的最重要国家之一。

在不断拓展自身业务的同时，Informatica还积极推动中国信息化产业的发展。通过与国内的企业和合作伙伴分享国际领先的理念、技术和经验，帮助他们加强信息化管理，提升信息化水平，并最终共同推进中国的信息化建设，把中国的信息化产业推向国际市场。

Informatica Enterprise DataIntegration包括Informatica PowerCenter和Informatica PowerExchange两大产品，凭借其高性能、可充分扩展的平台，可以为几乎所有数据集成项目和企业集成提供解决方案。

（1）Informatica PowerCenter用于访问和集成几乎任何业务系统、任何格式的数据，它可以按任意速度在企业内交付数据，具有高性能、高可扩展性、高可用性的特点。Informatica PowerCenter包括4个不同版本，即标准版、实时版、高级版、云计算版。同时，它还提供了多个可选的组件，以扩展Informatica PowerCenter的核心数据集成功能，这些组件包括数据清洗和匹配、数据屏蔽、数据验证、Teradata双负载、企业网格、元数据交换、下推优化（Pushdown Optimization）、团队开发和非结构化数据等。

（2）Informatica PowerExchange是一系列的数据访问产品，它确保IT机构能够根据需要随时随地访问并在整个企业内传递关键数据。凭该能力，IT机构可以优化有限的资源和数据的业务价值。Informatica PowerExchange支持多种不同的数据源和各类应用，包括企业应用程序、数据库和数据仓库、大型机、中型系统、消息传递系统和技术标准。

Informatica DataQuality通过一个全面、统一的平台，为所有项目和应用程序的相关人士、项目和数据域（无论在内部预置，还是在云中），提供普遍深入的数据质量控制。

（1）Informatica DataQuality结合了强大的数据分析、清洗、匹配、报告、监控能力和易于使用的界面，使业务信息所有者能够在整个企业范围内实施和管理数据质量计划。

（2）Informatica DataQuality Cloud Edition（云计算版）将普遍数据质量的功效和功能与最新云计算平台的灵活性、易用性和经济性相结合，向所有相关人士、项目和数据域交付数据质量。

（3）Informatica Identity Resolution是一款功能强大且高度可扩展的身份识别解决方案，让企业和政府机构能够批量且实时地搜索和匹配来自超过60种语言的身份数据。

（4）Informatica DataExplorer通过强大的数据探查、数据映射能力和前所未有的易用性的完美组合，让用户能轻松发现、监控数据质量问题。

（5）Address Doctor为全球200多个国家和地区提供全球地址验证技术，其功能包括对多级地址（如街道级别）的支持，以及交付点验证和地理编码。

Informatica Cloud提供了面向数据集成云应用，确保企业用户能够跨基于云的应用程序和预置系统及数据库来集成数据。Informatica Cloud利用底层的PowerCenter数据集成引擎，包括在线注册、用户和任务流管理、工作调度和监控、错误处理、压缩、加密和安全代理功能，来访问和集成预置数据源和云数据。借助Informatica Cloud，客户与合作伙伴可以在云中构建、管理和共享定制的数据集成服务。

Informatica B2B DataExchange是一款业界领先的工具，用于多企业的数据集成。它增加了安全通信、管理和监控功能，来处理来自内部和外部的数据。

（1）Informatica B2B DataExchange为多企业数据集成、合作伙伴管理以及业务事件监控提供了一个全面的技术基础设施。它能帮助企业有效且经济高效地与其贸易合作伙伴和客户所组成的外延网络进行协作，从而帮助企业降低成本，保持并增加收入。

（2）Informatica B2B DataTransformation是一款高性能软件，可以将数据在结构化、非结构化格式与更常用的数据格式之间进行转换，来支持企业与企业（B2B）以及多企业的事务。这种统一的无代码环境支持几乎任意形式的数据转换，并且可供组织内多个业务级别的人员（分析师、开发人员和程序员等）进行访问。

Informatica Master DataManagement通过提供整合且可靠的关键业务数据，帮助企业用户来改善业务运营。它能够以独特方式识别所有关键业务主数据以及它们之间的关系，通过多域主数据管理，使客户能够从小规模起步，随着需求的增长进行扩展，并且可在同一平台上支持所有的MDM要求——数据集成、探查、质量和主数据管理。

Informatica MDM业经证明和灵活的主数据模型、解决方案框架，以及统一的产品架构最大限度地降低了前期采用和实施成本，使用户可以随着时间的推移来管理和逐步扩展MDM计划。

Informatica Application ILM系列产品旨在帮助IT部门管理数据生命周期中从开发、测试到存档、淘汰的各个阶段，同时保护数据的隐私。

（1）Informatica Data Archive是一款高度可扩展的高性能软件，可以帮助IT部门经济高效地管理众多企业业务应用中数据的增长。该软件使IT团队可以轻松、安全地对应用程序数据进行归档，包括主数据、参考数据和事务数据，并可根据需要随时对其进行访问。

（2）Informatica Data Masking是一款全面、灵活且可扩展的软件，用于管理对如信用卡信息、社会保险号、姓名、地址和电话号码等敏感数据的访问。该软件可以防止机密信息被无意中暴露，降低数据外泄的风险。

（3）Informatica Data Subset是一款灵活的企业软件，可以自动完成将大型复杂数据库创建为较小的目标数据库的任务。通过完整引用的小型生产数据目标副本，IT机构可以大幅缩减支持测试环境所需的时间、工作量和磁盘空间。

Informatica Complex Event Processing使企业能够迅速地对数据驱动型事件进行探测、关联、分析和响应。凭借CEP与数据集成的结合，企业将具有更出色的响应性、适应性和灵活性。

Informatica Rule Point是一款CEP软件，可帮助各种规模的企业和政府机构获得运营智能——实时警报和深入了解相关信息，从而实现更智能、更快、更高效和更有竞争力的运营。

Informatica Ultra Messaging产品使用"无中介"（Nothing In The Middle）架构而设计，该架构消除了对后台程序或消息代理的需要。该设计实现了超低延迟信息和高效的系统，降低了硬件基础设施的成本，同时提高了吞吐量、弹性和可用性。

（1）Informatica Ultra Messaging Streaming Edition是业界第一款采用"无中介"设计

的消息系统。它是市场中领先的低延迟消息软件，也是一款高效、可配置、可靠且得到广泛部署的消息传送解决方案。

（2）Informatica Ultra Messaging Persistence Edition通过创新的并行架构提供了高质量的消息送达方式，无须使用中央消息代理，消除了对存储—转发架构的需要，同时提供了传统消息系统所无法企及的弹性和性能。

（3）Informatica Ultra Messaging Queuing Edition扩展了Ultra Messaging的功能，包括了高效、低延迟、具有弹性的消息队列功能。对于希望实现"一次且仅有一次"的消息交付，低延迟负载平衡或智能索引队列的客户，Informatica Ultra Messaging Queuing Edition将是其首选的消息传送产品。

Informatica动态数据脱敏产品是一个为企业级客户设计的应用程序和数据库供应商混合解决方案。Informatica DDM可在短短5分钟内完成安装和配置，并与常用的企业业务应用程序天衣无缝地集成，其中包括Siebel、PeopleSoft、SAP、Oracle Apps ERP Suite、Clarify、Cognos及其他多种程序。

Informatica采用的数据脱敏方法基于终端用户的网络权限实时进行，与现有的Active Directory、DAP和Identity Access Management软件配合无间，确保每名用户的个人网络登录均会针对该用户有权访问的信息类型，触发响应的数据脱敏规则。这一验证流程能够随着终端用户数量的增长，轻松地扩展至额外的数据库中，所造成的延时仅为0.15ms，几乎不对网络资源产生任何可觉察的影响。

此外，Informatica DDM还具备针对终端用户等级的访问进行监控、登录、报告和创建审计跟踪的功能。该功能可简化遵守数据隐私法规和内部报告需求的流程，同时显著降低数据受侵害的风险。

6.3.2　HBase

HBase是一个分布式的、面向列的开源数据库，该技术来源于FayChang所撰写的Google论文《Bigtable：一个结构化数据的分布式存储系统》。就像Bigtable利用了Google文件系统（file system）所提供的分布式数据存储一样，HBase在Hadoop之上提供了类似于Bigtable的能力。HBase是Apache的Hadoop项目的子项目。HBase不同于一般的关系数据库，它是一个适合于非结构化数据存储的数据库，另一个不同之处是HBase基于列而不是基于行模式。

HBase-Hadoop Database，是一个高可靠性、高性能、面向列、可伸缩的分布式存储系统，利用HBase技术可在廉价PC Server上搭建起大规模结构化存储集群。

与Fujitsu Cliq等商用大数据产品不同，HBase是Google Bigtable的开源实现，类似于Google Bigtable利用GFS作为其文件存储系统，HBase利用的是Hadoop HDFS作为其文件存储系统；Google运行MapReduce来处理Bigtable中的海量数据，HBase同样利用Hadoop

MapReduce来处理HBase中的海量数据；Google Bigtable利用Chubby作为协同服务，HBase则利用ZooKeeper作为对应。

在HBase系统上运行批处理运算，最方便和实用的模型依然是MapReduce。

HBase Table和Region的关系，比较类似于HDFS File和Block的关系，HBase提供了配套的Table Input Format和Table Output Format API，可以方便地将HBase Table作为Hadoop MapReduce的Source和Sink，对于MapReduce Job应用开发人员来说，基本不需要关注HBase系统自身的细节。

HBase Client使用HBase的RPC机制与HMaster和HRegion Server进行通信，对于管理类操作，Client与HMaster进行RPC；对于数据读写类操作，Client与HRegion Server进行RPC。

HBase中的所有数据文件都存储在Hadoop HDFS文件系统中，主要包括HFile和HLogFile两种文件类型。

（1）HFile：HBase中KeyValue数据的存储格式。HFile是Hadoop的二进制格式文件，实际上StoreFile就是对HFile做了轻量级包装，即StoreFile底层就是HFile。

（2）HLogFile：HBase中WAL（Write Ahead Log）的存储格式，物理上是Hadoop的SequenceFile。

HFile文件是不定长的，长度固定的只有其中的两块：Trailer和FileInfo。Trailer中有指针指向其他数据块的起始点。FileInfo中记录了文件的一些Meta信息，例如AVG_KEY_LEN，AVG_VALUE_LEN，LAST_KEY，COMPARATOR，MAX_SEQ_ID_KEY等。DataIndex和MetaIndex块记录了每个Data块和Meta块的起始点。

DataBlock是HBase I/O的基本单元，为了提高效率，HRegionServer中有基于LRU的BlockCache机制。每个Data块的大小可以在创建一个Table时通过参数指定，大号的Block有利于顺序Scan，小号Block有利于随机查询。每个Data块除了开头的Magic以外就是一个个KeyValue对拼接而成，Magic内容就是一些随机数字，目的是防止数据损坏。

HFile里面的每个KeyValue对就是一个简单的byte数组。但是这个byte数组里面包含了很多项，并且有固定的结构。其具体结构如下：

KeyValue对的开始是两个固定长度的数值，分别表示Key的长度和Value的长度；紧接着是Key，开始是固定长度的数值，表示RowKey的长度，接下来是RowKey，然后是固定长度的数值，表示Family的长度，再后是Family，接着是Qualifier，最后是两个固定长度的数值，表示time stamp和KeyType（Put/Delete）。Value部分没有这么复杂的结构，就是纯粹的二进制数据了。

HLog文件就是一个普通的Hadoop Sequence File，Sequence File的Key是HLogKey对象，HLogKey中记录了写入数据的归属信息，除了table和region名字外，同时还包括sequence number和time stamp，time stamp是"写入时间"；sequence number的起始值为0，或者是最近一次存入文件系统中的sequence number。

6.3.3 Tableau

Tableau公司将数据运算与美观的图表完美地嫁接在一起。它的程序很容易上手，各公司可以用它将大量数据拖放到数字"画布"上，转眼间就能创建好各种图表。这一软件的理念是，界面上的数据越容易操控，公司对自己在所在业务领域里的所作所为到底是正确还是错误，就能了解得越透彻。

Tableau是利用计算机图形学和图像处理技术，将数据转换成图形或将图像在屏幕上显示出来，并进行交互处理的理论、方法和技术。它涉及计算机图形学、图像处理、计算机视觉、计算机辅助设计等多个领域，成为研究数据表示、数据处理、决策分析等一系列问题的综合技术。

Tableau是桌面系统中最简单的商业智能工具软件，Tableau没有强迫用户编写自定义代码，新的控制台也可完全自定义配置。在控制台上，不仅能够监测信息，而且还提供完整的分析能力。Tableau控制台灵活，具有高度的动态性。

日志管理工具Splunk，工作界面如图6.8所示。

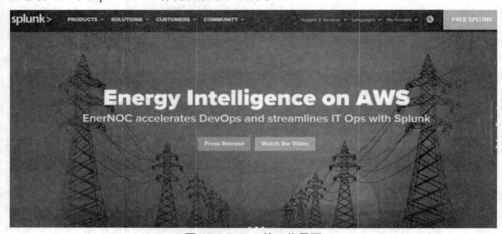

图6.8 Splunk的工作界面

日志管理工具Splunk面向的使用人群如图6.9所示。

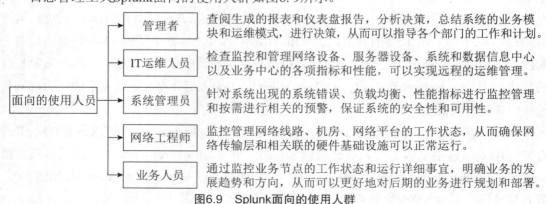

图6.9 Splunk面向的使用人群

Splunk的功能组件主要有Forwarder、SerchHead、Indexer这3种，支持查询搜索、仪表盘和报表，以及 SaaS服务模式。其中，Splunk支持的数据源（见图6.10）也是多种类型的，基本可以满足用户的需求。

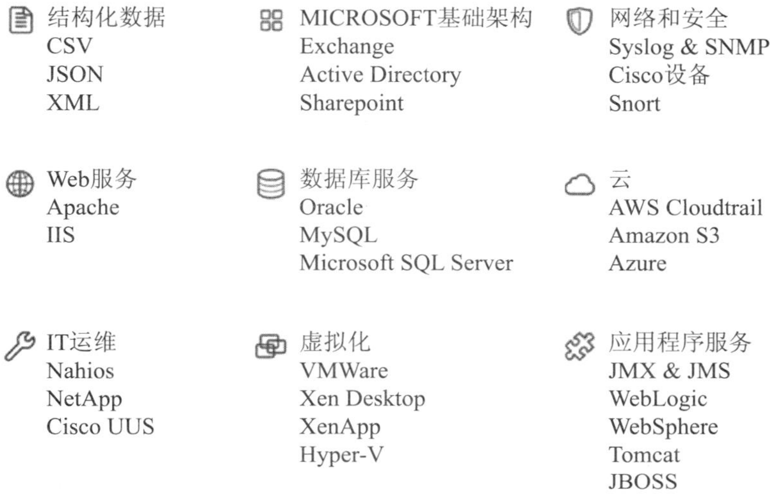

结构化数据
CSV
JSON
XML
MICROSOFT基础架构
Exchange
Active Directory
Sharepoint
网络和安全
Syslog & SNMP
Cisco设备
Snort
Web服务
Apache
IIS
数据库服务
Oracle
MySQL
Microsoft SQL Server
云
AWS Cloudtrail
Amazon S3
Azure
IT运维
Nahios
NetApp
Cisco UUS
虚拟化
VMWare
Xen Desktop
XenApp
Hyper-V
应用程序服务
JMX & JMS
WebLogic
WebSphere
Tomcat
JBOSS

图6.10　Splunk支持的数据源

Splunk目前支持Hadoop 1.x（MRv1）、Hadoop 2.x（MRv2）、Hadoop 2.x（Yarn）3个版本的Hadoop集群的日志数据源收集，在日志管理运维方面处于国际领先地位，目前国内部分数据驱动型公司也正在采用Splunk的日志管理运维服务。

Spunk日志智能分析管理系统示意图如图6.11所示。

Splunk日志智能分析管理
Data Source
数据源
各类机器数据
日志数据
采集
数据挖掘
清洗
数据
分析管理
可视化
仪表盘 报表
数据透视图
基础设施建造
数据存储
服务器
应用管理

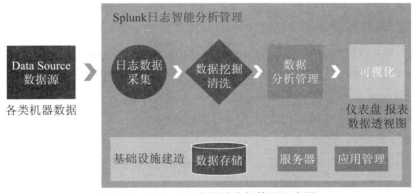

图6.11　Splunk日志智能分析管理示意图

6.3.4 MySQL

MySQL是一个关系型数据库管理系统，由瑞典MySQLAB公司开发，目前属于Oracle旗下产品。MySQL是最流行的关系型数据库管理系统之一，在Web应用方面，MySQL是最好的关系数据库管理系统（Relational Database Management System，RDBMS）应用软件。

MySQL关系数据库将数据保存在不同的表中，而不是将所有数据放在一个大仓库内，这样就增加了处理速度并提高了灵活性。

MySQL所使用的SQL语言是用于访问数据库的最常用标准化语言。MySQL软件采用了双授权政策，分为社区版和商业版，由于其体积小、速度快、总体拥有成本低，尤其是开放源码这一特点，因此一般中小型网站的开发都选择MySQL作为网站数据库。

与其他的大型数据库如Oracle、DB2、SQL Server等相比，MySQL自有它的不足之处，但是这丝毫也没有减少它受欢迎的程度。对于一般的个人使用者和中小型企业来说，MySQL提供的功能已经绰绰有余，而且由于MySQL是开放源码的软件，因此可以大大降低总体拥有成本。

对于个人或中小型企业，使用Linux作为操作系统，Apache或Nginx作为Web服务器，MySQL作为数据库，PHP/Perl/Python作为服务器端脚本解释器。由于这四个软件都是免费或开放源码软件（FLOSS），因此使用这种方式不用花一分钱（除了人工成本）就可以建立起一个稳定、免费的网站系统，被业界称为"LAMP"或"LNMP"组合。

6.3.5　Hadoop

Hadoop是一个由Apache基金会开发的分布式系统基础架构。

用户可以在不了解分布式底层细节的情况下，开发分布式程序。充分利用集群的威力进行高速运算和存储。

Hadoop实现了一个分布式文件系统（Hadoop Distributed File System，HDFS）。HDFS有高容错性的特点，并且设计用来部署在低廉的（low-cost）硬件上；而且它提供高吞吐量（High Throughput）来访问应用程序的数据，适合那些有着超大数据集（Large Dataset）的应用程序。HDFS放宽了（Relax）POSIX的要求，可以流的形式访问（Streaming Access）文件系统中的数据。

Hadoop的框架最核心的设计就是HDFS和MapReduce。HDFS用于海量数据的存储，MapReduce用于海量数据的计算。

Hadoop原本来自于谷歌一款名为MapReduce的编程模型包。谷歌的MapReduce框架可以把一个应用程序分解为许多并行计算指令，跨大量的计算节点运行非常巨大的数据集。使用该框架的一个典型例子就是在网络数据上运行的搜索算法。

Hadoop最初只与网页索引有关，迅速发展成为分析大数据的领先平台。目前有很多公司开始提供基于Hadoop的商业软件、支持、服务以及培训。Cloudera是一家美国的企业软件公司，该公司在2008年开始提供基于Hadoop的软件和服务。GoGrid是一家云计算基础设施公司，在2012年，该公司与Cloudera合作加速了企业采纳基于Hadoop应用的步伐。Dataguise公司是一家数据安全公司，同样在2012年该公司推出了一款针对Hadoop的数据保护和风险评估的产品。

Hadoop是最受欢迎的在Internet上对搜索关键字进行内容分类的工具，但它也可以解决许多要求极大伸缩性的问题。例如，如果要操作一个10TB的巨型文件，会出现什么情况？在传统的系统上，这将需要很长的时间，但是Hadoop在设计时就考虑到这些问题，采用并行执行机制，因此能大大提高效率。

Hadoop是一个能够对大量数据进行分布式处理的软件框架，它以一种可靠、高效、可伸缩的方式进行数据处理。

Hadoop是可靠的，它假设计算元素和存储会失败，因此它会维护多个工作数据副本，以确保能够针对失败的节点重新分布处理。

Hadoop是高效的，因为它以并行的方式工作，通过并行处理加快处理速度。

Hadoop还是可伸缩的，能够处理PB级数据。

此外，Hadoop依赖于社区服务，因此它的成本比较低，任何人都可以使用。

Hadoop是一个能够让用户轻松架构和使用的分布式计算平台，用户可以轻松地在Hadoop上开发和运行处理海量数据的应用程序。它主要有以下5个优点。

（1）高可靠性。Hadoop按位存储和处理数据的能力值得人们信赖。

（2）高扩展性。Hadoop是在可用的计算机集簇间分配数据并完成计算任务的，这些集簇可以方便地扩展到数以千计的节点中。

（3）高效性。Hadoop能够在节点之间动态地移动数据，并保证各个节点的动态平衡，因此处理速度非常快。

（4）高容错性。Hadoop能够自动保存数据的多个副本，并且能够自动将失败的任务重新分配。

（5）低成本。与一体机、商用数据仓库以及QlikView、Yonghong Z-Suite等数据集市相比，hadoop是开源的，项目的软件成本由此会大大降低。

Hadoop带有用Java语言编写的框架，因此运行在Linux生产平台上是非常理想的。Hadoop上的应用程序也可以使用其他语言编写，比如C++。

Hadoop得以在大数据处理应用中广泛应用得益于其自身在数据提取、变形和加载（ETL）方面的天然优势。Hadoop的分布式架构将大数据处理引擎尽可能地靠近存储，对像ETL这样的批处理操作相对合适，因为类似这样操作的批处理结果可以直接走向存储。Hadoop的MapReduce功能实现了将单个任务打碎，并将碎片任务（Map）发送到多个节点上，之后再以单个数据集的形式加载（Reduce）到数据仓库里。

6.4　数据模式的分析方式

数据分析挖掘就是从大量的数据中通过算法搜索隐藏于其中的信息的过程。因此使用什么算法就显得尤为重要，国际权威的学术组织（The IEEE International Conferenceon Data MiningICDM）于2006年12月评选出了数据挖掘领域的十大经典算法，如表6.1所示。当然，不仅仅是选中的十大算法，其实参加评选的18种算法都可以称得上经典算法，它们在数据挖掘领域都产生了极为深远的影响，如表6.1所示。

表6.1　数据挖掘的十大算法

排名	挖掘主题	算法	得票数	发表时间	作者	讲解人
1	分类	C4.5	61	1993	Quinlan，J.R	Hiroshi Motoda
2	聚类	K-Means	60	1967	MacQueen，J.B	Joydeep Ghosh
3	统计学习	SVM	58	1995	Vapnik，V.N	Qiang Yang
4	关联分析	Apriori	52	1994	Rakesh Agrawal	Christos Faloutsos
5	统计学习	EM	48	2000	McLachian，G	Joydeep Ghosh
6	链接挖掘	PageRank	46	1998	Brin，S	Christos Faloutsos
7	集装与推进	AdaBoost	45	1997	Freund，Y	Zhi-hua Zhou
8	分类	kNN	45	1996	Hastie，T	Vpin Kumar
9	分类	Naive Bayes	45	2001	Hand，D.J	Qiang Yang
10	分类	CART	34	1984	L.Breiman	Dan Stenbarg

由于数据挖掘领域的主题和方向很多，这里就着重讲关联规则的Apriori算法。

所谓关联规则挖掘就是从事务数据库、关系数据库或数据仓库等海量数据的项集之间发现有价值的频繁出现的模式关联和相关性，通过预先设定的支持度和可信度，通过特定的数据挖掘算法获得支持度和可信度均较高的关联规则，得到用户感兴趣、有价值的关联规则并应用到实际工作中，真正实现从数据到信息、再到知识的迁移过程。

关联规则数据挖掘的过程大体分为两步，第一步是从全部项集中寻找出所有频繁项集；第二步是由频繁项集获取关联规则。由于第二步较为容易和直观，所以第一步是核心步骤，其中最经典的算法就是Apriori算法。

要理解Apriori算法，首先要理解几个概念和定义。

支持度：定义为supp（x）=occur（x）/count（D）。

解释：假设在100个去超市买东西的人里面，有9个人买了苹果，那么苹果的支持度就是9，9/100（关联规则中有绝对支持度和相对支持度）。

置信度：定义为conf（$x \rightarrow y$）=supp（xandy）/supp（x）。

解释：在历史数据中，已经买了某某（例如A和B）的支持度和经过挖掘的某规则（例如$A \rightarrow B$）中A的支持度的比例。也就是说买了A和B的人和已经买了A的人的比例，这就是A推荐B的置信度。

候选集：通过向下合并的项集。

频繁集：支持度大于设定的最小支持度的项集。

剪枝：只有当子集都是频繁集的候选集才是频繁集，这个过程就是剪枝。

提升度（Lift）：提升度是可信度与期望可信度的比值。

lift（$X \rightarrow Y$）=lift（$Y \rightarrow X$）=conf（$X \rightarrow Y$）/supp（Y）=conf（$Y \rightarrow X$）/supp（X）=P（X and Y）/（P（X）P（Y））。

经过关联规则分析后，针对某些人推销（根据某规则）比盲目推销（一般来说是整个数据）的比率，这个比率越高越好，我们称这个规则为强规则。

1. 常用数据分析方法

1）聚类分析

聚类分析（Cluster Analysis）指将物理或抽象对象的集合分组成为由类似的对象组成的多个类的分析过程。聚类是将数据分类到不同的类或者簇的过程，所以同一个簇中的对象有很大的相似性，而不同簇间的对象有很大的相异性。聚类分析是一种探索性的分析，在分类的过程中，人们不必事先给出一个分类的标准，聚类分析能够从样本数据出发，自动进行分类。聚类分析使用的方法不同，常常会得到不同的结论。不同研究者对于同一组数据进行聚类分析，得到的聚类数未必一致。

2）因子分析

因子分析（Factor Analysis）是指研究从变量群中提取共性因子的统计技术。因子分析就是从大量的数据中寻找内在的联系，减少决策的困难。因子分析的方法约有10多种，如重心法、影像分析法、最大似然解、最小平方法、阿尔发抽因法、拉奥典型抽因法等。这些方法本质上大都属于近似方法，是以相关系数矩阵为基础的，所不同的是相关系数矩阵对角线上的值，采用不同的共同性h^2估值。在社会学研究中，因子分析常采用以主成分分析为基础的反覆法。

3）相关分析

相关分析（Correlation Analysis）是研究现象之间是否存在某种依存关系，并对具体有依存关系的现象探讨其相关方向以及相关程度的方法。相关关系是一种非确定性的关系，例如，以X和Y分别记一个人的身高和体重，或分别记每公顷施肥量与每公顷小麦产量，则X与Y显然有关系，而又没有确切到可由其中的一个去精确地决定另一个的程度，这就是相关关系。

4）对应分析

对应分析（Correspondence Analysis）也称关联分析、R-Q型因子分析，通过分析由定性变量构成的交互汇总表来揭示变量间的联系。该方法可以揭示同一变量的各个类别之间的差异，以及不同变量各个类别之间的对应关系。对应分析的基本思想是将一个联列表的行和列中各元素的比例结构以点的形式在较低维的空间中表示出来。

5）回归分析

回归分析（Regression Analysis）研究一个随机变量Y对另一个（X）或一组（X_1，X_2，…，X_k）变量的相依关系的统计分析方法。它是确定两种或两种以上变数间相互依赖的定量关系的一种统计分析方法。回归分析运用十分广泛，按照涉及自变量的多少，可分为一元回归分析和多元回归分析；按照自变量和因变量之间的关系类型，可分为线性回归分析和非线性回归分析。

6）方差分析

方差分析（ANOVA/Analysis of Variance）又称"变异数分析"或"F检验"，是R.A.Fisher发明的，用于两个及两个以上样本均数差别的显著性检验。由于各种因素的影响，研究所得的数据呈现波动状。造成波动的原因可分成两类，一类是不可控的随机因素，另一类是研究中施加的对结果形成影响的可控因素。方差分析是从观测变量的方差入手，研究诸多控制变量中哪些变量是对观测变量有显著影响的变量。

2. 数据分析常用的图表方法

1）柏拉图（排列图）

柏拉图是分析和寻找影响质量主原因素的一种工具，其形式为双直角坐标图，左边纵坐标表示频数（如件数、金额等），右边纵坐标表示频率（如百分比表示）。折线表示累积频率，横坐标表示影响质量的各项因素，按影响程度的大小（即出现频数多少）从左向右排列。通过对柏拉图的观察分析可抓住影响质量的主原因素。

2）直方图

直方图是将一个变量的不同等级的相对频数用矩形块标绘的图表（每一矩形的面积对应于频数）。直方图又称柱状图、质量分布图，是一种统计报告图，由一系列高度不等的纵向条纹或线段表示数据分布的情况。一般用横轴表示数据类型，纵轴表示分布情况。

3）散点图

散点图表示因变量随自变量而变化的大致趋势，据此可以选择合适的函数对数据点进行拟合。用两组数据构成多个坐标点，考察坐标点的分布，判断两变量之间是否存在某种关联或总结坐标点的分布模式。

4）鱼骨图

鱼骨图是一种发现问题"根本原因"的方法，它也可以称之为"因果图"，其特点是简捷实用，深入直观。鱼骨图看上去有些像鱼骨，问题或缺陷（即后果）标在"鱼头"处。FMEAFMEA是一种可靠性设计的重要方法，它实际上是FMA（故障模式分析）和FEA（故障影响分析）的组合。它对各种可能的风险进行评价、分析，以便在现有技术的基础上消除这些风险或将这些风险减小到可接受的水平。

3. 数据分析统计工具

1）SPSS

SPSS是世界上最早采用图形菜单驱动界面的统计软件，它最突出的特点就是操作界面极为友好，输出的结果美观漂亮。它将几乎所有的功能都以统一、规范的界面展现出来，使用Windows的窗口方式展示各种管理和分析数据方法的功能，以对话框展示出各种功能选择项。用户只要掌握一定的Windows操作技能，粗通统计分析原理，就可以使用该软件为特定的科研工作服务。

2）MINITAB

该工具的功能菜单包括假设检验（参数检验和非参数检验）、回归分析（一元回归和多元回归、线性回归和非线性回归）、方差分析（单因子、多因子、一般线性模型等），时间序列分析，图表（散点图、点图、矩阵图、直方图、茎叶图、箱线图、概率图、概率分布图、边际图、矩阵图、单值图、饼图、区间图、Pareto、鱼骨图、运行图等），蒙特卡罗模拟和仿真，统计过程控制（Statistical Process Control，SPC），可靠性分析（分布拟合、检验计划、加速寿命测试等），MSA（交叉、嵌套、量具运行图、类型I量具研究等）等。

3）JMP

该算法源于SAS，特别强调以统计方法的实际应用为导向，交互性、可视化能力强，使用方便，尤其适合非统计专业背景的数据分析人员使用，在同类软件中有较大的优势。JMP的应用领域包括业务可视化、探索性数据分析、持续改善可视化质量管理、流程优化、试验设计、生存及可靠性、统计分析与建模、交互式数据挖掘、分析程序开发等。JMP是六西格玛软件的鼻祖，当年摩托罗拉开始推六西格玛的时候，用的就是JMP软件。目前有非常多的全球顶尖企业采用JMP作为六西格玛软件，包括陶氏化学、惠而浦、铁姆肯、招商银行、美国银行、中国石化等。

第7章
电网大数据感知技术

7.1 电网大数据与智能传感

随着电力信息化的推进和智能变电站、智能电表、实时监测系统、现场移动检修系统、测控一体化系统以及一大批服务于各个专业的信息管理系统的建设和应用，数据的规模和种类快速增长，这些数据共同构成了智能电网大数据。另外，智能传感技术的发展也大大加快了电力大数据的发展。

智能传感技术的感知层主要通过各种电力系统状态传感器，如电压、电流、功率传感器、温度传感器、身份标签等传感器及其组建的无线传感网络等技术，采集从发电、输电、配电侧到用电侧的各类设备上的运行状态信息。智能电网覆盖范围广，设计品种多，与其关联的环境因素丰富，目前用于环境检测的传感器都能在智慧电网得以广泛应用。此处我们将介绍电流/电压/功率传感器、用电测量高级传感器、电力设备温度传感器、输电线路状态检测传感器等智慧电网中的传感器技术。

智能电网是电力工业发展的方向和趋势。智能电网利用先进的信息通信技术、计算机技术、控制技术及其他先进技术，实现对发电、电网运行、终端用电和电力市场中各利益方的需求和功能的协调，在尽可能提高系统各部分的高效率运行、降低成本和环境影响的同时，提高系统的可靠性、自愈能力和稳定性。

智能电网的最终目标是建设成为覆盖电力系统整个生产过程，包括发电、输电、变电、配电、用电及调度等多个环节的全景实时系统。而支撑智能电网安全、自愈、绿色、坚强及可靠运行的基础是电网全景实时数据采集、传输和存储，以及累积的海量多源数据快速分析，大数据就是指通过对大量的、种类和来源复杂的数据进行高速地捕捉、发现和分析，用经济的方法提取其价值的技术体系或技术架构。所以，广义上讲，大数据不仅是指大数据所涉及的数据，还包含了对这些数据进行处理和分析的理论、方法和技术。大数据早期主要应用于商业、金融等领域，后逐渐扩展到交通、医疗、能源等领域，智能电网被看作大数据应用的重要技术领域之一。一方面，随着智能电网的快速发展，智能电表的大量部署和传感技术的广泛应用，电力工业产生了大量结构多样、来源复杂的数据，如何存储和应用这些数据是电力公司面临的难题；另一方面，这些数据的利用价值巨大，不仅可将电网自身的管理、运行水平提升到新的高度，甚至产生根本性的变革，而且可为政府部门、工业界和广大用户提供更多更好的服务，为电力公司拓展增值业务提供条件。

2012年以来，国内外在智能电网大数据技术研究和工程应用方面做了一些有益的尝试，奠定了一定的基础，但总的来看，这些工作尚处于探索起步阶段。智能电网大数据的研究和应用是一个长期且复杂的工作。

客观上，大数据的理论尚未形成，大数据的相关技术仍在快速发展中，还没有进入稳定时期；同时，智能电网通信信息系统的互操作问题仍然存在，数据模型尚未统一，给数据的获取和应用带来了实际困难。

主观上，电力公司在大数据的基本概念、研究方法、应用价值方面认识不足，没有达成共识，在思想认识和技术准备上存在不足，也给大数据在智能电网中的应用造成了一定障碍。即使有些电力公司和电力研究者对大数据表示出很大兴趣，但由于缺少战略性研究和顶层设计的指导，也影响了智能电网大数据研究和应用的有序推进。

大数据的研究方法是传统数据挖掘技术的提升、扩展甚至革命性改变，大数据为数据的处理和分析提供了新的思路和方法。且随着大数据理论和技术的发展，新的方法和技术也会随之产生。

2012年以来，国内外大学和研究机构、IT企业、电力公司均开展了智能电网大数据研究和工程应用。在国外，一些IT企业如IBM、Oracle等，陆续发布了大数据白皮书。IBM和C3-Energy开发了针对智能电网的大数据分析系统；Oracle提出了智能电网大数据公共数据模型；美国电科院等研究机构启动了智能电网大数据研究项目；美国的太平洋燃气电力公司、加拿大的BC Hydro等电力公司基于用户用电数据开展了大数据技术应用研究。

在国内，中国电机工程学会发布了电力大数据白皮书；国家科技部2014年下达了3项863项目，支持智能电网大数据研究；自2012年以来，国家电网公司启动了多项智能电网大数据研究项目，江苏省电力公司于2013年初率先开始建设营销大数据智能分析系统，开展了基于大数据的客户服务新模式应用开发研究；北京等电力公司也正在积极推进在营配数据一体化基础上的智能电网大数据应用研究。

智能电网大数据研究和应用已取得了一定成效，但总的来看，研究成果仍比较粗糙，不成体系，研究和应用尚处于起步和探索阶段。在此起步阶段，充分借鉴国内外研究成果，分享知识经验，对于促进开展智能电网大数据的研究和应用具有重要的意义。

智能电网产生了大量的数据，应用大数据技术可有效提高电网的运行管理水平和服务水平。与此同时电力大数据也给电力企业带来了很大的挑战，需要各方在充分认识大数据技术可带来的显著效益基础上达成共识，产学研相结合，共同推动智能电网大数据的研究和技术发展。

7.2　电网大数据与云计算

云计算（Cloud Computing）是一种基于互联网的计算方式，通过这种方式，共享的软硬件资源和信息可以按需提供给计算机和其他设备。云其实是网络、互联网的一种比喻说法。云计算的核心思想是将大量用网络连接的计算资源统一管理和调度，构成一个计算资源池向用户提供按需服务。提供资源的网络被称为"云"。狭义云计算指IT基础设施的交付和使用模式，指通过网络以按需、易扩展的方式获得所需资源；广义云计算指服务的交付和使用模式，指通过网络以按需、易扩展的方式获得所需服务。这种服务可以是IT和软件、互联网相关的服务，也可以是其他服务。

云计算是基于互联网的相关服务的增加、使用和交付模式，通常涉及通过互联网来提供动态易扩展且经常是虚拟化的资源。过去在图中往往用云来表示电信网，后来也用来表示互联网和底层基础设施的抽象。因此，云计算甚至可以让用户体验每秒10万亿次的运算能力，拥有这么强大的计算能力可以模拟核爆炸、预测气候变化和市场发展趋势。用户可通过计算机、笔记本、手机等方式接入数据中心，按自己的需求进行运算。

对云计算的定义有多种说法。对于到底什么是云计算，至少可以找到100种解释。现阶段广为接受的是美国国家标准与技术研究院（NIST）的定义：云计算是一种按使用量付费的模式，这种模式提供可用的、便捷的、按需的网络访问，进入可配置的计算资源共享池（资源包括网络、服务器、存储、应用软件和服务），这些资源能够被快速提供，只需投入很少的管理工作，或与服务供应商进行很少的交互。

为解决电力数据分析系统在大数据时代面临的严重的性能与可伸缩性瓶颈，更好地满足生产、营销等系统的需求，在分析了云计算技术优势的基础上，人们提出了基于云计算的电力大数据分析系统体系结构及关键技术；基于分布式并行计算框架Hadoop和Hive，面向电力大数据特征，设计了多维索引、SQL自动翻译工具和支持数据更新的混合存储模型3项性能提升技术，以实现对传统电力数据分析系统的升级优化。浙江电力用电信息采集系统的实际部署经验表明，和传统电力数据分析系统相比，该系统以1/8的硬件成本，获得平均提高5倍的性能优势。证明了云计算技术能够显著提升电力大数据查询与分析性能并有效降低成本。

智能电网技术是传统电力技术与信息、控制及自动化等技术的深度融合，通过在发电、输电、配电、用电及调度、营销等多个环节采集大量数据，进行深入分析、挖掘，用于指导各环节决策与优化，从而提高电力企业生产效率、增强电网运行稳定性、更好地满足电力客户需求。随着智能电网建设的不断推进，智能电网的规模日益扩大，各种智能电表、传感器、信息系统等异构分布式数据源持续不断地产生海量数据，被称为电力大数据。电力大数据被视为电网智能化的重要支撑。例如，在发电设备或输电设备上安装传感器并收集设备运行状态以及外部温度、风力等信息，就能够动态调节设备运行状况，发挥设备最大功效。由于电力大数据的基础性作用，对电力大数据的采集、传输、存储及处理、挖掘便成了智能电网研究与建设的重要内容。目前，电力数据分析系统大多基于关系数据库，具有分析速度慢、可伸缩性差等缺点，难以适应智能电网时代电力大数据对数据存储与分析的需求，已成为智能电网建设的瓶颈所在。针对智能电网中数据分析应用的共性需求与电力大数据的典型特征，科研人员提出了一套基于云计算的电力大数据分析平台，该平台已在国网浙江省电力公司实际部署并上线运行，取得了良好的效果。

电力大数据指智能电网在发电、配电、输电、营销及管理等各个环节产生的大量数据。由部署于各种设备上的大量传感器，安装在各用电户家中的智能电表、营销系统收集的客户反馈等数据源产生并汇聚到集中的数据中心统一存储管理。电力大数据是建设稳定、可靠、高效、节能的智能电网的支撑性元素之一。通过分析电力大数据，能够提升智能电网的精益化管理水平，制定更科学的生产计划，优化能源输送调度，建立更准确的用户用电行为模型等。

云计算是一种全新的大规模分布式计算模式，起源于互联网公司对大量计算与存储资源的需求以及对可伸缩、高性能、高可用等特征的追求。云计算聚合了大量分布、异构的资源，向用户提供强大的海量数据存储与计算能力。云计算通过虚拟化、动态资源调配等技术向用户提供按需服务，避免资源浪费与竞争，提高资源利用率以及应用性能。云计算提供了横向伸缩与动态负载均衡能力，即云计算支持运行时向数据中心增加新的节点，系统会自动将部分负载迁移至新增节点，并保持节点间负载的平衡，从而增强了整个系统的业务承载能力。云计算环境中的资源被组织为数据中心的形式。一个数据中心包含数千甚至数万节点，节点间通过高速网络互联，共同向用户提供计算与存储资源。云计算发展极为迅速，目前已经走出实验室，出现了一系列成熟的产品与技术，除互联网公司外，已经在诸多传统行业如电信、零售、金融等得到广泛应用。

基于云计算的大数据分析技术已有较完整的参考架构与软件实现，并在一些行业中得到应用。然而，这些系统大多来源于互联网行业，其设计、实现以及功能特性均充分体现了互联网大数据及其业务的需求与特征。当应用于互联网之外的行业时，通常做法是在对该行业的大数据特征、业务需求进行充分细致分析的基础上，针对现有系统的局限性，进行定制开发与优化。

电力大数据和互联网大数据的区别主要有3点。

（1）在互联网场景下，典型的大数据应用需要顺序扫描整个数据集，因此，分布式并行大数据分析系统Hive或Impala等均未对索引提供良好支持；而在电力大数据分析中，多维区域查询极为常见，由于没有索引，将导致访问大量不需要的数据，并显著降低查询的执行性能。需要针对多维区域查询的特征，设计合适的索引结构以及相应的数据检索机制。

（2）互联网大数据的典型特征是"一次写多次读"。面向这种数据特征，分布式文件系统（HDFS）及Hive均未提供数据改写（更新或删除）机制，只能通过全部覆盖现有数据的方式间接达到改写数据的目的。而在电力大数据业务场景中，存在大量数据改写语句，以覆盖现有数据的方式执行这些查询将会导致执行效率低下的问题，因此，迫切需要在现有系统中提供数据改写机制。

（3）互联网公司根据自身的业务需求而设计的大数据查询语言（如HQL只是SQL的一个子集，而电力数据分析系统大多使用标准SQL语言编写），需要耗费大量的人力与时间才能将现有的数以万计的SQL语句翻译为等价的HQL语句。因此，需要设计一种工具，实现自动将SQL语言翻译为HQL语言，从而提升遗留应用的迁移速度，实现电力数据分析业务的无缝平滑迁移。

基于上述分析，为满足智能电网对电力大数据深入分析、挖掘的需求，针对电力大数据及其业务逻辑的典型特征，结合云计算技术的最新进展与实际行业部署经验，研发了基于云计算的电力大数据分析系统。该系统基于分布式并行计算框架（Hadoop），采用Hive作为数据分析软件，并针对电力大数据特征，开发了基于网格文件的多维索引、基于查询重写的SQL到HQL自动翻译工具和支持数据更新的混合存储模型等关键技术，全面增强了Hive的性能与易用性。该系统已成功应用于浙江电力用电信息采集系统，和原有基于关系数据库的系统相比，大幅度提高了系统性能并降低了系统成本。

电力大数据从采集到最终的分析计算，需经过多个环节。大量传感器和智能电表以固定频率周期性的采集数据，经通信网络发送至数据中心，对于数据采集过程中的错误或遗漏，则不定期地进行用电信息的补充采集（下简称补采）。为缓解云存储系统的访问压力，采集到的数据首先进入前置机缓冲池，进行解码与预处理。除数据源定期采集的数据外，设备、人员等相对静态的信息构成档案数据库，保存在关系数据库中，被直接复制到云存储系统中。当档案数据库发生更新时，应将更新同步到云存储系统中，以保证计算结果的准确性。并行计算环境访问云存储系统，根据业务逻辑对数据进行复杂的分析计算，并将计算结果写入云存储系统。在线查询系统从云存储系统中取得满足用户请求的数据并返回用户。某些针对档案类数据的查询需要计算结果数据，因此，云存储系统还将计算结果同步到关系数据库中，以便用户通过关系数据库查询数据。

电力大数据分析系统体系结构主要模块包括：

（1）分布式文件系统（HDFS）模块是整个大数据分析系统的核心模块之一，用于各类电力大数据的持久化存储。HDFS由一个元数据服务器与多个数据服务器构成。文件被分为64MB的数据块，分布到不同的数据服务器上。每个数据块均有3个副本，分布在不同的节点上。当某个副本不可访问时，系统会自动创建新副本，维持负载均衡。

（2）Hadoop是由Google公司提出的MapReduce并行编程框架的开源实现。MapReduce程序由Map函数和Reduce函数组成，Map函数每次将一个输入（key，value）对转换为一组中间结果（key，value）对；Reduce函数对key相同的一组value进行处理，产生最终结果并写入分布式文件系统HDFS。

（3）Hive为基于Hadoop平台的数据仓库系统，用于对大数据进行分析计算。Hive提供了类SQL查询语言HiveQL（HQL），为数据分析人员提供了熟悉的接口。HQL查询由Hive解析器编译为一组MapReduce程序。与关系数据库类似，Hive将数据组织为表，并存储到HDFS中。

（4）监控工具与运行调度工具。监控工具用于监控系统的运行状态、数据分析作业的执行状态等信息；运行调度工具根据管理员指定的调度策略与资源状况对数据分析作业进行调度，解析作业间的关联或依赖关系。

（5）开发工具集包括SQL翻译、并行ETL工具、索引管理、任务管理等工具，为系统管理员提供基于Web的图形化界面，简化系统的配置管理等工作。

Hive的设计初衷是为了简化互联网公司进行大数据分析的难度，并未考虑其他行业的需求。电力大数据分析的特征与互联网大数据差异显著，这使得Hive在性能和功能等方面均有较大的优化空间。针对电力大数据分析的业务特征以及Hive的局限性，从三方面对Hive进行了扩充与优化：一是，基于网格结构的多维索引；二是，基于查询重写的SQL到HQL自动翻译工具；三是，支持数据更新的混合存储模型。

7.3　电网大数据与物联网

物联网（Internet of Things，IoT）是新一代信息技术的重要组成部分，也是信息化时代的重要发展阶段。顾名思义，物联网就是物物相连的互联网。

这有两层意思：其一，物联网的核心和基础仍然是互联网，是在互联网基础上延伸和扩展的网络；其二，其用户端延伸和扩展到了任何物品与物品之间，进行信息交换和通信，也就是物物相息。

物联网通过智能感知、识别技术与普适计算等通信感知技术，广泛应用于网络的融合中，也因此被称为继计算机、互联网之后世界信息产业发展的第三次浪潮。物联网是互联网的应用拓展，与其说物联网是网络，不如说物联网是业务和应用。因此，应用创新是物联网发展的核心，以用户体验为核心的创新2.0是物联网发展的灵魂。

目前，国家电网公司已经踏上了物联网应用的探索之路，物联网成为了公司信息化规划的重要组成部分。目前，已经在小范围对物联网进行了试点研究和应用，例如在智能小区用电管理方面，通过智能插座以及无线组网的方式对家庭用电设备用电情况进行统计，并实现对全屋家电的无线遥控；在高压变电站，实现了无线自组网的变压器温度实时监测，从而减少变压器因温度过高引起的故障；基于现实增强技术（AR）的现场作业管理，通过谷歌眼镜实时进行设备识别和接收设备信息，同时支持远程技术支持，从而方便班组检修。此外，还尝试将物联网技术与无线专网传输、大数据等技术结合，进一步实现电网精细化管理。

电力物联网可以提供对电网基础运行业务和企业现代化运营模式的全方位支撑，重点围绕电力物联网感知层、网络层及应用层展开。感知层重点研究统一的信息模型，具体包括统一标识、统一语义、统一数据表达格式、安全防护等，形成相关标准规范，研发系列传感器、传感芯片、标准化通信模块及信息格式转换设备等。网络层重点研究并制定统一通信规约，研发标准化通信芯片、无线通信装置、骨干网通信装置、标准化接入网关、网管系统等，引入多种融合通信技术，丰富通信手段，解决信息中远距离可靠传输问题。应用层重点研究基于SG-ERP架构的物联网统一数据模型，实现数据存储管理及统一服务，开发电力物联网综合应用平台，为现有业务系统及应用服务提供支撑。

首先，电力物联网实际上是专用网。电力物联网可用的基层网络可以有很多种。根据应用的需要可以是电力行业通信专网，也可以是新建的专用于电力物联网的通信网，在应急情况下可以部分采用公众通信网。原则上，电力物联网只有电力系统才能连进去，电力物联网的绝大多数信息流只能在电力系统内部流动。其次，电力物联网往往是受限网络。物联网在电力系统中有丰富多样的应用，电力系统不同的应用对信息提出不同的需求。所以，电力物联网的应用多样性与承载平台的通用性之间需要有应用中间件来适配，进行数据过滤、数据挖掘与决策支撑等智能信息处理。物联网信息对于各种应用是受限的。同时，电力物联网具有严格的用户身份识别、验证、鉴权制度，不同用户享受不同等级的物联网服务。所以电力物联网也是用户受限的。最后，电力物联网具有高度的安全性和可靠性。由于电力物联网直接支撑电网业务，所以电力物联网很大程度上影响着电力系统的安全稳定运行。所以建设坚强智能电网必须要求电力物联网具有极高的安全性和可靠性。

基于"统一规划、统一标准、统一组织、统一实施"的原则以及SG-ERP总体架构，国家电网公司电力物联网建设集中了公司系统内电力物联网核心攻关团队及优势资源，进行规划研究、标准制定、产品开发、产品验证，并通过建立应用示范，逐步推广物联网应用，实现与智能电网的同步建设。

利用物联网技术，可以提高对配电线路等电网设备的感知能力，并很好地结合信息通信网络，实现联合处理、数据传输、综合判断等功能，提高配电网的技术水平和智能化水平，配电线路状态监测是其重要应用环节之一，主要包括气象环境监测、线路微风震动等，这些都需要物联网技术的支持，包括传感器技术、智能分析和处理技术、数据融合技术及可靠通信技术。

在配电系统中，应用物联网技术可提高配电网设备的自动化和数字化水平、设备检修水平及自动诊断水平，通过物联网可对设备环境状态信息、机械状态信息、运行状态信息进行实时监测和预警诊断，提前做好故障预判、设备检修等工作。由于各种原因，电力设备会产生发热现象，设备各部位温度是表征设备运行是否处于正常运行状态的一个重要参数，采用无线传感网络技术，可实现对设备温度的实时监控。同样，物联网技术可用于电力杆塔或重要设施的全方位防护，通过在杆塔、配电线路或重要设备上部署各种智能传感器和感知设备，组成多传感器协同感知的物联网网络，实现目标识别、侵害行为的有效分类和区域定位，从而达到对配网设备全方位防护的目标。

我国配电网环境多样、复杂，自然环境、人为活动都会对配电网线路产生影响。物联网在这方面的应用主要包括：巡检人员的定位、设备运行环境和状态信息的感知、辅助状态检修和标准化作业指导等。

电力物联网技术将在智能电网的诸多环节广泛应用。有些物联网技术已经被应用，有些还需要加大推广应用力度。

配电环节是智能电网中一个极为重要的环节，目前已经开展了许多相关的工作。结合物联网技术，可以更好地实现这些高级应用，提高输电环节的智能化水平和可靠性程度。物联网在输电环节中可以实现具有较大规模的产业化应用。

变电环节是智能电网中一个十分重要的环节，目前已经开展了许多相关的工作，主要是全面开展变电站综合自动化建设。物联网在配电网自动化方面的应用主要集中在以下几个方面：快速故障诊断、隔离和自动恢复供电、无功/电压控制、配网潮流检测分析计算等。

电力设备的状态检修是工业化国家普遍推行的一种科学的设备检修管理策略。物联网技术在配电网现场作业管理方面应用主要包括身份识别、电子标签与电子工作票、环境信息监测、远程监控等。搭建配电网现场作业管理系统，实现确认对象状态，匹配工作程序和记录操作过程的功能，减少误操作风险和安全隐患，真正实现调度指挥中心与现场作业人员的实时互动。

结合物联网技术可以研究不同类型风电机组的稳态特性和动态特性及其对电网电压稳定性、暂态稳定性的影响；提出风电场接入电网的可靠性分析评估方法，建立可靠性模型，开发相应的分析软件。开发风能实时监测和风电功率预测系统；建立风电机组/风电场并网测试体系；研究风电场继电保护技术及保护配置方案、定值整定；研究变流器、变桨控制、主控及风电场综合监控技术、低电压穿越技术；开发出具有自主知识产权的风电运行、控制、保护等系统，进行产业化推广应用。联网技术的应用有助于研究大规模核电、风电和特高压输电对系统内抽水蓄能容量规模的要求；研究"三华特高压同步电网"中抽水蓄能电站的联网效益，主要分析错峰、调峰、水火互济、跨流域补偿、互为备用和调剂余缺的能力；研究大型抽水蓄能电站在智能电网中的功能定位，逐步实现调峰填谷、核蓄互助、风蓄互补，开展大容量蓄能机组直接接入特高压电网的研究、实现蓄能机组事故备用、潮流调整等功能扩展；研究抽水蓄能电站的智能调度运行控制技术，依靠自主创新，开发研制抽水蓄能电站关键设备，包括计算机监控、调速、励磁、变频器等，并投入示范应用；初步研究蓄能机组跟踪风电功率变化的功率调节技术，在风蓄互补系统中发挥更大作用；制定满足电力系统需求的蓄能机组机网协调和辅助服务等技术标准。深化抽水蓄能启动功能研究，200MW及以上蓄能机组带动地区小负荷孤网运行。物联网技术同样有助于开展钠硫电池、液流电池、锂离子电池的模块成组、智能充放电、系统集成等关键技术研究；开展智能电网中储能电源规划设计和运行调度技术的研究；逐步开展储能技术在智能电网安全稳定运行、削峰填谷、间歇性能源柔性接入、提高供电可靠性和电能质量、电动汽车能源供给、燃料电池以及家庭分散式储能中的应用研究和示范。加强大型压缩空气储能等多种蓄能技术的研发，在重大技术突破的基础上开展试点应用。

同时，电力系统的数据也满足大数据"大"的特点：常规SCADA系统按采样间隔3～4s计算，10000个采集点一年能产生1.03TB数据；国家电网公司的2.4亿块智能电表，年产生数据量约为200TB；而整个国家电网公司信息系统灾备中心的数据总量，接近15PB。不仅如此，GIS、EMS、DTS等系统也在随时产生、传输与存储数据，而且随着电能应用领域的不断拓宽与电力信息化的不断深入，电力数据正在以前所未有的速度增长。

因此，电力数据如何为智能电网、智慧城市以及节能减排服务，成为全世界都在研究的课题。

在我国，由于各级电力调度中心在信息化建设过程中，各单位、各部门是以阶段性、功能性的方式推进，缺乏数据输出的标准化规定，导致电网从诞生之日起，就积累了大量采用不同存储方式、不同数据模型、不同编码规则的电网参数。这些数据既有简单的文件数据库，也有复杂的网络数据库，构成了电网的异构数据源。

电力大数据将改变什么？

电力大数据的价值在于通过挖掘数据之间的关系和规律，在保证供电充裕度、优化电力资源配置以及辅助政府决策、能源利用等方面将会产生颠覆性作用。

通过电力用户特征分析发现用电规律，从需求侧预测电能供给，从而指导电力生产，改变现有通过粗犷式一定量的备用电容应对紧急情况的方式，增加电能的利用率。同时，通过对用户用电习惯进行分析，也有利于电力营销的进行。

通过电力大数据可以清楚地知道全国电网的分布情况与电力使用情况，发现电网布局或者发、输、变电环节的不合理现象，让政府的相关决策以数据为基础，改变"拍脑袋"定方案的模式，让电网更科学、更智能。

电力大数据因其全生命周期性、全系统覆盖的特征，能通过数据发现电力生产与电力服务之间的问题，预防大规模停电的发生，在保证供电稳定性以及灾害天气时电力的恢复速度方面，提供了坚强后盾。

电力作为生产、生活中必不可少的基础能源系统，是构筑绿色、节能、便利的智慧城市系统和发展"一次性能源的清洁替代和终端能源的电能替代"的大能源系统的枢纽环节，精准的电力大数据无疑是该枢纽中的"核心"，起着牵一发而动全身的作用。

7.4　电网大数据与移动互联网

首先，我们要弄清楚移动互联网与大数据的含义。移动互联网，就是将移动通信和互联网二者结合起来，成为一体，也是互联网的技术、平台、商业模式和应用与移动通信技术结合并实践的活动的总称。大数据指的是需要新处理模式才能具有更强的决策力、洞察力和流程优化能力的海量、高增长率和多样化的信息资产。简而言之，移动互联网即是可"移动"的互联网，大数据就是大量的数据。

下面分别对移动互联网与大数据进行分析。

1. 移动互联网的特点

移动互联网业务的特点不仅体现在移动性上，可以"随时、随地、随心"地享受互联网业务带来的便捷，还表现在更丰富的业务种类、个性化的服务和更高服务质量的保证方面，当然，移动互联网在网络和终端方面也受到了一定的限制。其特点概括起来主要包括以下几个方面。

（1）终端移动性。移动互联网业务使得用户可以在移动状态下接入和使用互联网服务，移动的终端便于用户随身携带和随时使用。

（2）终端和网络的局限性。移动互联网业务在便携的同时，也受到了来自网络能力和终端能力的限制。在网络能力方面，受到无线网络传输环境、技术能力等因素限制；在终端能力方面，受到终端大小、处理能力、电池容量等的限制。

（3）业务与终端、网络的强关联性。由于移动互联网业务受到了网络及终端能力的限制，因此，其业务内容和形式也需要适合特定的网络技术规格和终端类型。

（4）业务使用的私密性。在使用移动互联网业务时，所使用的内容和服务更私密，如手机支付业务等。

2. 移动互联网的发展现状

2014年，中国整体网民规模为6.48亿，其中移动网民达到5.6亿人，增长率为11.4%，移动网民增速远超过整体网民的增速，中国整体网民的增长已由PC网民增长完全转移到移动网民的增长。这为电力企业开展移动互联业务提供了基础条件。

1）电网大数据与微应用

微应用属于移动互联网络旗下的一个服务品牌。微应用作为一个新兴的平台，微应用的形式不同于微博及传统PC上的应用功能，它主要运行于移动终端，最大的特点是有APP的味道，故称之为轻APP。

微应用习惯上指微信应用的开发对接，但依托多年的移动应用开发经验和产品积累沉淀，领衔突破传统、大胆创新，在满足各种公众微信应用功能对接的同时，还为客户制作对应的APP客户端，无缝地打通了各种第三方移动交互开放接口，实现完美的四网合一整合。

微信企业号是微信为企业客户提供的移动服务，旨在提供企业移动应用入口。通过微信公众服务平台设计专属的电力"微生活"智能公众服务应用，旨在解决电力企业与公众沟通互动的问题。

自从一百多前电磁感应定律被发现以来，电能已经深入到千家万户。目前随着经济的发展，电网规模也日益扩大，然而与之相矛盾的是用户侧与电网侧的信息不对等。在当前传统电网向注重信息互动的智能电网转变的真空期内，急需解决的是电力企业与公众沟通互动的问题。

2）移动智能终端的发展

移动智能终端是指具有操作系统，使用宽带无线移动通信技术实现互联网接入，能够通过下载、安装应用软件和数字内容为用户提供服务的移动终端产品。它通常具备四大特征：一是具备高速接入网络的能力，4G/WiFi等无线接入技术的发展，使无线高速数据传输成为可能，移动智能终端可方便地接入到互联网；二是具备开放的、可扩展的操作系统平台，这个操作系统平台能够在用户使用过程中灵活地安装和卸载来自第三方的各种应用程序和数字内容，承载更多应用服务，从而使终端的功能可以得到灵活扩展；三是具备较强的处理能力，当前的移动智能终端在硬件上已具有快速的处理速度，可以实现复杂的处理功能，随着芯片技术的发展，终端处理能力还将持续提升；四是拥有丰富的人机交互方式，触摸屏、语音识别、传感输入等交互技术使得终端的操作和应用更加便捷和智能。

智能化是当今移动通信终端共同的发展方向。移动通信终端技术的发展主要是在硬件、软件和UI人机交互界面三个方面。我国各大中型企业纷纷在这三个方面不懈努力研究并取得了可喜的成绩，通过对比统计数据发现，2015年期间流行的智能手机的配置及功能相当于2010年的台式电脑。可见，将电脑化为掌上宝的目标已经慢慢实现了，移动终端逐渐实现了个人电脑的功能和特征。如今，移动通信终端已经成为人们日常生活必不可少的设备之一。

3）微信企业号

微信企业号不同于微信订阅号和服务号，它是单独独立出来的一个服务类型。企业号的推出，将和订阅号和服务号形成三足鼎立之势。微信企业号针对性特别强，它是微信为企业员工或合作伙伴提供的一项专门服务，方便了企业和合作伙伴的相对服务。而且最重要的一点是微信企业号开通后，群发消息的次数不受限制。

微信企业号突出的特点是在关注上更安全，应用配置上更便捷，极大地保证了安全性和便捷性。因为企业号只有企业通信录成员才能关注，所以确保了企业的信息安全。同时一个微信企业号可配置多个类似服务号的应用，再加上发送次数不受限制，信息的传播达到了最大化。

已经建设了IT系统的大企业，可直接将现有IT系统接入微信企业号，这样既保留了用户的PC端使用习惯，又快速实现了企业应用的移动化。另一方面，对于中小型企业，开通微信企业号可直接利用微信及公众号的基础能力，加强员工的沟通与协同，提升企业文化建设、公告通知、知识管理等各方面的能力。

在企业场景应用上，微信企业号有了新的突破，能让员工无边界办公，通过员工随身携带的移动端实现无纸化办公，既提高办事效率，又人性化地降低了行政管理成本，让工作流程变得更高效。

在开发接口方面，微信企业号提供了更为完备的能力，逐步开放微信原生能力，实现端到端全流程的闭环管理。结合微信已经开放的接口能力，微信企业号还可使用微信原生的拍照、扫码、开放平台的语音识别、图像识别的接口与服务、微信支付、企业红包接口等功能，带给企业更为快速、多元化的移动化办公解决方案。

企业号的到来，确实会为企业创造无形的价值利益，主要表现在两方面：一是企业号与微信现有的使用体验保持一致，能够快速部署，并且实现了企业应用移动化，应用活跃度高，同时能够快速移动办公；二是企业号直接与企业原有IT系统对接，降低了第三方开发成本，大大为企业节约成本。

3. 系统结构与功能

通过基于微信公众服务平台专属设计的电力"微生活"智能公众服务应用，各部分所需实现的功能如下：

1）信息推送

向用户主动推送企业优质服务、用电常识、安全用电、天气预报等信息。

向用户主动推送停电计划公告，还可以结合地图等应用，显示停电的范围。

可定时主动推送上月电费账单至用户端。欠费红色预警提示：用户持续不缴费，欠费停电前预警提示。

向用户进行企业文化展示和推送展示。

2）自助查询

用户可自助查询网点分布，结合导航系统可以帮助客户通过最佳路径找到最近的电力营业网点。

用户可自助查询用户信息，用电信息查询（包括用电量、电费）可以结合报表查看一段时间内的用电曲线、缴费记录查询等。

用户可自助查询业务办理流程以及相关提示，引导客户到具体的相关部门去办理业务。

用户可自助查询停电时间、区域、复电时间等内容。

3）充值缴费

用户缴费：电力微生活应用实现了微信支付功能，用户在智能设备上的客户端可通过本功能使用微信支付轻松完成电费缴纳。也可以通过第三方支付平台完成电费缴纳，如支付宝支付、银联支付或个人安全应用支付。

写卡购电：结合电力微生活智能应用，用户通过手机微信支付，使用专属设计"购电掌上通"，即可采用耳机或蓝牙接口与手机、移动智能设备连接，实现购电卡读写，完美地解决传统的购电渠道限制，随时购电写卡。

4）自助应答

自助客服可以根据用户提出的关键字引导用户自己找到常见问题的解决方法。

自助客服可以引导用户进行相关业务的办理。

自助客服可以引导用户准备业务办理材料。

云计算、移动互联的发展，正颠覆着整个IT产业。人们希望利用碎片化的时间，随时随地享受更多服务。与企业发展、人们生活密切相关的企业软件，却因臃肿庞大的体系架构，在应用碎片化、业务创新上显得力不从心，技术困难也颇多。

在基础软件开发领域有着多年研发经验的普元软件，针对企业软件面临的这一问题，提出了"微应用+大平台"的企业架构模式。

该企业架构模式可帮助企业开发出小核心、大外围的软件系统。它将大型软件系统按业务进行划分，每个业务可独立开发为小系统，提供特定的服务。将核心、复杂的业务模块以组件形式封装到平台中，企业软件开发者就可以在该平台的基础上自定义组装业务流程，开发出更多碎片化、个性化的微应用。依此架构模式，普元软件已帮助多家企业客户（尤其是银行客户）以微应用的方式向用户提供服务，且响应速度较之前有了很大提升。

移动互联网时代，企业要想灵活应对各种业务需求，其软件系统必须"碎"。基于这些"碎片"，可以快速推出任何新的应用。正如乐高玩具一样，每个碎片都很简单，但却可以构建出庞大、复杂的造型。

过去的企业软件主要面向系统企业，比如人力资源系统、财务系统等。而现在的企业软件则要面向用户。企业中的每个员工都是用户，他们参与的工作内容各有不同，平均参与企业里某个业务中的三五个流程。如何帮助企业打造大量微应用，让用户在移动端通过指端顺畅、简单、随时随地完成这些"短流程"，是当前要努力的重要方向。

2016年11月9日，国网河南省电力公司召开电网云GIS平台（简称SG-GIS2.0）微应用开发实施启动会，标志着该公司电网资产地理信息进入云计算大数据阶段。

作为国家电网公司SG-GIS2.0平台试点单位之一，国网河南电力遵循公司自主创新的建设思路，借助智能互联网，基于成熟的云计算技术，结合该公司电网GIS营销业务应用实际，开发营销重要客户智能管理、供电服务指挥管理、理论线损计算的微应用，提升电网GIS平台应用能力。国网河南电力SG-GIS2.0平台构建了云GIS资源管理中心、云服务中心、云存储中心三大中心，建立了电网云GIS安全管理体系，解决电网信息化在海量数据的存储分发、超大规模并发访问、大数据分析及时空数据管理等应用问题，为智能电网建设提供有力支撑。该平台不仅能满足国网河南电力各业务部门业务需求，而且为各专业人员提供精准的电网设备空间信息。该平台高清的可视化效果与高效的智能统计分析能力，可以为停电检修、减少计划停电损失、提高故障抢修效率和供电服务质量提供重要参考，持续提升供电优质服务水平。

7.5　电网大数据与人工智能

"人工智能（Artificial Intelligence，AI）"一词最初是在1956年Dartmouth学会上提出的。从那以后，研究者们发展了众多理论和原理，人工智能的概念也随之扩展。人工智能是研究、开发用于模拟、延伸和扩展人的智能的理论、方法、技术及应用系统的一门新的技术科学。人工智能是计算机科学的一个分支，它企图了解智能的实质，并生产出一种新的能以人类智能相似的方式做出反应的智能机器，该领域的研究包括机器人、语言识别、图像识别、自然语言处理和专家系统等。人工智能从诞生以来，理论和技术日益成熟，应用领域也不断扩大，可以设想，未来人工智能带来的科技产品，将会是人类智慧的"容器"。人工智能是对人的意识、思维的信息过程的模拟。人工智能不是人的智能，但能像人那样思考，也可能会超过人的智能。

人工智能的定义可以分为两部分，即"人工"和"智能"。"人工"比较好理解，争议性也不大。有时我们会要考虑什么是人力所能及制造的，或者人自身的智能程度有没有高到可以创造人工智能的地步，等等。但总的来说，"人工系统"就是通常意义下的人工系统。

关于"智能"的概念，这涉及其他诸如意识（Consciousness）、自我（Self）、思维（Mind）（包括无意识的思维（Unconscious Mind））等问题。人唯一了解的智能是人本身的智能，这是普遍认同的观点。但是我们对我们自身智能的理解非常有限，对构成人的智能的必要元素也了解有限，所以就很难定义什么是"人工"制造的"智能"了。因此人工智能的研究往往涉及对人的智能本身的研究。其他关于动物或其他人造系统的智能也普遍被认为是人工智能相关的研究课题。

人工智能在计算机领域内得到了愈加广泛的重视，并在机器人、经济政治决策、控制系统、仿真系统中得到应用。

著名的美国斯坦福大学人工智能研究中心尼尔逊教授对人工智能下了这样一个定义："人工智能是关于知识的学科——怎样表示知识以及怎样获得知识并使用知识的科学。"而美国麻省理工学院的温斯顿教授认为："人工智能就是研究如何使计算机去做过去只有人才能做的智能工作。"这些说法反映了人工智能学科的基本思想和基本内容。即人工智能是研究人类智能活动的规律，构造具有一定智能的人工系统，研究如何让计算机去完成以往需要人的智力才能胜任的工作，也就是研究如何应用计算机的软硬件来模拟人类某些智能行为的基本理论、方法和技术。

人工智能的传说可以追溯到古埃及，但随着1941年以来电子计算机的发展，技术已最终可以创造出机器智能。"人工智能"（Artificial Intelligence）一词最初是在1956年Dartmouth学会上提出的，从那以后，研究者们发展了众多理论和原理，人工智能的概念也随之扩展，在它还不长的历史中，人工智能的发展比预想的要慢，但一直在前进，从40年前出现至今，已经出现了许多AI程序，并且它们也影响到了其他技术的发展。

"智能电网大数据是电力系统和相关领域数据的有机融合，是一系列对数据处理应用的理论、方法与技术，是一种对规律的全新认识论和价值萃取思想。"中国工程院院士、中国电科院院长郭剑波在会上提出了对智能电网大数据的认识，他表示，智能电网大数据的应用将实现割裂的数据资源向有效的数据资产转化，支撑更全面的分析、更准确的预测及更具价值的决策支持。

中国科学院周孝信院士指出，我国能源转型的目标是建设清洁低碳、安全高效、可持续发展的新一代能源系统。大数据及传感、信息、通信等技术的应用，将会对未来能源电力系统的系统形态、运行调度和市场交易模式产生重大影响。

对于大数据在智能电网中的应用，中国电科院的专家认为，原有的基于物理模型的分析方法难以满足需求，数据驱动的方法将发挥重要作用。当前，电网智能化引发了内部数据的激增，智能电网各个环节产生了大量的高密度、高价值的多维多系统数据。因而，大数据未来将在智能电网中发挥重要作用。智能电网具有开放性、不确定性和普遍关联性，大数据能够以全量数据来反映整个电网系统的特征，提供全景和全过程的研究视角。在大数据技术的支撑下，智能电网将具备主动预测、主动配置、主动维修以及基于互联网的主动营销等能力。

大数据应用可以分为5个阶段。第一阶段是完成数据抽取与整合。这个阶段需要将不同的数据在数据源和时间片段上进行统一的整合与处理。第二阶段是统计分析，即从不同的时间、维度、颗粒度等方面进行规律的总结和业务解读，这是大数据应用的初级阶段，而完成了这两个阶段以后，就可以对大数据业务和问题进行解读。第三阶段是对大数据的深度分析，从数据出发，利用机器学习等技术挖掘数据潜在的关联特征，找寻业务规律。第四阶段是业务建模，把业务的模型转化为数据模型，最终转变为数学模型。第五阶段是数据模型的固化，即模型的系统化，将分析思路和业务系统进行对接，最终形成一套固化的大数据分析系统。

电力行业如何更好地引入大数据？大数据和人工智能技术已经在一些行业得到了应用，然而对于电力行业而言，如何真正发挥大数据的价值还是一个值得探索的问题。大数据思维提倡的不仅仅是共享，还包括科学研究范式之间的协调。在以因果分析为主导的电力系统中，应用大数据可辅助传统的模型驱动方法。

大数据不仅仅是技术，更是一种思维和方法，电力大数据需要将"用大数据说话、用大数据决策、用大数据管理、用大数据创新"的理念融合到行业实践中，充分利用大数据思想，在原有传统统计思想的基础上扩展因果关系、相关关系等分析思路，将大数据和生产实际、业务需求紧密结合起来，从而产生更大的价值。

面对众多复杂和不确定的变化、互动与主动的需求，电网需要快速提升实时感知、高速通信和快速响应能力，建立一套智能化体系来应对冲击和挑战。科学发展将有力地带动大数据的发展和应用，机器学习、5G通信、无人驾驶、AlphaGo和下一代搜索等全球科技热点都是基于数据的感知、传递、计算、学习，都离不开大数据的支撑。大电网互联的稳定、新能源消纳和广泛接入，以及开放的市场交易机制和互动要求都将拉动电力行业对大数据技术应用的需求，推动共享利用、质量提升、融合统一、分析挖掘等电力大数据关键领域实现突破。

7.6 电网大数据与工业4.0

工业4.0是德国政府提出的一个高科技战略计划。该项目由德国联邦教育局及研究部和联邦经济技术部联合资助，投资预计达2亿欧元。旨在提升制造业的智能化水平，建立具有适应性、资源效率及人因工程学的智慧工厂，在商业流程及价值流程中整合客户及商业伙伴。其技术基础是网络实体系统及物联网。

德国所谓的工业四代（Industry 4.0）是指利用物联信息系统（Cyber-Physical System，CPS）将生产中的供应、制造和销售信息数据化、智慧化，最后达到快速、有效、个人化的产品供应。

工业4.0已经进入中德合作新时代，中德双方签署的《中德合作行动纲要》中，有关工业4.0合作的内容共有4条，第一条就明确提出工业生产的数字化也就是"工业4.0"，对未来中德经济发展具有重大意义。双方认为，两国政府应为企业参与该进程提供政策支持。

工业4.0有一个关键点，就是"原材料（物质）"＝"信息"。具体来讲，就是工厂内采购来的原材料，被"贴上"一个标签：这是给A客户生产的XX产品，XX项工艺中的原材料。准确来说，是智能工厂中使用了含有信息的"原材料"，实现了"原材料（物质）"＝"信息"，制造业终将成为信息产业的一部分，所以工业4.0将成为最后一次工业革命。

按照我们对工业4.0的任务，一般工业4.0可分为四重天。

7.6.1 工业4.0第一重天——智能生产

生产设备和管理信息系统各自连接起来，并且设备和信息系统之间也连接起来之后，接下来就是将生产的原材料和生产设备连接起来。

这个时候就要用到RFID（射频识别技术）。射频识别技术简单来说相当于一个二维码，可以自带一些信息，并且可以进行无线通信。

举例来说，在百事可乐的生产车间里，生产线上连续过来三个瓶子，每个瓶子都自带一个二维码，里面记录着这是为张三、李四和王二麻子定制的可乐。

当第一个瓶子来到灌装处时，通过二维码的无线通信通知中控室的控制器："张三喜欢甜一点的，多放糖"，然后控制器就通知灌装机器手："加二斤白糖！"（张三真倒霉……）。

第二个瓶子过来，给控制器的信息是："李四是糖尿病，不要糖"，控制器就通知机器手："不放糖！"

第三个瓶子给的指令是："王二麻子要的是芬达"，控制器就通知灌可乐的机械手休息，再通知灌芬达的机械手工作。

从上面的场景可以看到，多品种、小批量的定制生产得以实现每一罐可乐从你在网上下单的那一刻起，他就是为你定制的，他所有的特性，都符合你的喜好。

这就是智能生产。

7.6.2　工业4.0第二重天——智能产品

生产的过程智能化了，作为成品的工业产品，也同样可以智能化，例如智能手环、智能自行车、智能跑鞋等智能硬件。智能产品就是把产品作为一个数据采集端，不断采集用户的数据并上传到云端去，方便用户进行管理。

德、美工业4.0和工业互联网的核心分歧之一，就是先建智能工厂，还是先研发智能产品。德国希望是前者，美国希望是后者。

7.6.3　工业4.0第三重天——生产服务化

在很多年前，西门子就提出来向服务收费，当时很多人认为这是很不现实的决定，但是现在看来，在若干年前德国就已经开始为工业4.0的生产服务化布局了。你对西门子的印象是什么？冰箱？你错了。西门子这些年已经悄然并购了多家著名的软件公司，成为了仅次于SAP的欧洲第二大软件公司。

这个服务是什么？比如西门子生产一台高铁的牵引电机，以往就是直接卖一台电机而已，现在这台电机在运行过程中，会不断地把数据传回给西门子的工厂，这样西门子就知道你的电机现在的运行状况，以及什么时候需要检修了。高铁厂商以往的做法是一刀切，到规定时间不管该不该修都去修，跟我们给汽车做保养没什么差别。现在西门子可以告诉你什么时候需要修，什么时候需要养护，你要想知道，就需要付费。

再举个例子，智能汽车实现后，每一辆汽车都会通过不断采集周边的数据来决定其行驶路线，整个运输系统会完全服务化，任何人都不需要再买车，也许有一天自己开车会成为严重的违法行为，因为设备是智能的，而人却是不可控的。

在这个阶段，所有的生产厂商都会向服务商转型。

7.6.4 工业4.0第四重天——云工厂

当工厂的两化融合进一步深入的时候，另一种新的商业模式孕育而生，这就是云工厂。

工厂里的设备智能化后，它们不断地采集自己的数据上传到工业互联网上，此时管理者就可以看到，哪些工厂的哪些生产线正在满负荷运转，哪些是有空闲的。这些存在空闲的工厂，就可以出卖自己的生产能力，为其他需要的人去进行生产。

互联网行业之所以发展得这么快，就是因为创业者只需要专注于产品和模式创新，而不需要自己去买一个服务器，直接租用云端的服务就行了。目前工业的创业者，还是要不断地纠结于找OEM代工还是自建工厂中，这极大地限制了工业领域的创新。当云工厂实现的时候，可以预言中国的工业领域将出现一个比互联网大百倍的创新和创业浪潮，这个社会的一切都将被深刻地改变。

"工业4.0概念表示第四次工业革命，它意味着在产品生命周期内对整个价值创造链的组织和控制迈上新台阶，意味着从创意、订单，到研发、生产、终端客户产品交付，再到废物循环利用，包括与之紧密联系的各服务行业，在各个阶段都能更好地满足日益个性化的客户需求。"

更进一步，德国工业4.0平台阐释了工业4.0概念的价值，它指出：所有参与价值创造的相关实体形成网络，获得随时从数据中创造最大价值流的能力，从而实现所有相关信息的实时共享。以此为基础，通过人、物和系统的连接，实现企业价值网络的动态建立、实时优化和自组织，根据不同的标准对成本、效率和能耗进行优化。

由此可见，德国对工业4.0的定义是比较清晰的，对工业4.0在工业革命史中的阶段有比较明确的划分，同时也对工业4.0阶段的价值创造过程有较为深入的分析，因此，工业4.0概念是一个较为完备的体系。

作为新一轮的工业革命，工业4.0时代跟前三次工业革命不同的地方是网络化。由于在生产制造核心价值创造环节大量采用了网络化技术，原有的价值创造体系将发生革命性改变，从而促使整个社会技术体系产生变革。这是第四次工业革命存在的证据和理由。

互联网技术在人们消费领域的应用，导致了人们的生活发生了翻天覆地的变化，特别是在中国，大量的用户使用电子商务、即时通信和移动应用等互联网产品及服务，大大改变了人们的传统生活形态。可以预想，如果互联网技术在生产制造领域得到充分利用，将对人们的生活产生巨大的改变。

人口仅为8500万，面积仅为两个广东一样大的德国，缺乏中国这样的一体化大规模市场，难以推动互联网技术在德国人生活中的深度应用，但由于德国的制造业非常发达，具有很好的应用新技术的环境，因此，德国工业4.0概念提出之后，得到了德国制造业的大量响应，纷纷加入德国工业4.0平台，共同推动德国工业4.0的应用。

从未来制造业发展的趋势来讲，利用CPS技术，把物理世界虚拟化，是降低创新成本的最佳途径。例如，传统汽车的制造过程需要先设计出图纸，制作出模型汽车，然后用模型汽车进行碰撞等试验，检验设计的效果，这样的流程花费的成本比较高，但利用CPS技术，新设计的汽车可以在模拟的测试环境中进行多次试验，而不用担心汽车碰撞实验中的损坏，这样可以大大降低成本。

理解未来制造业，需要考虑网络化技术给原有的制造过程带来的变革。高度网络化在多个层面发生作用，它可以在产业链环节、车间之间、生产线之间、流水线各环节以及任何物体之间发生，而达到物与物的连接，则是CPS技术发展的最高境界，那就是物联网。

工业4.0时代就是第四次工业革命，它的核心技术CPS带来的大量连接，形成了各种层级的网络化，这将大大改变现有的生产制造流程，从而影响制造业的价值创造体系，这就是第四次工业革命最大的趋势和特征。

经工业4.0研究院考证，中国在1850年左右丧失了全球制造业大国的地位，经过160年的时间，在2010年，我国经过三十年左右的工业化努力，再次夺回世界制造业大国的地位。虽然从制造业产值上讲，中国现在是全球排名第一，但从制造业的国家竞争力来讲，我们远远落后于全球制造业强国。

正是基于这样的背景，《中国制造2025》提出，"实施制造强国战略，加强统筹规划和前瞻部署，力争通过三个十年的努力，到新中国成立一百年时，把我国建设成为引领世界制造业发展的制造强国，为实现中华民族伟大复兴的中国梦打下坚实基础。"

由于中国工业化进程不过三十多年，大部分中国制造企业缺乏核心技术，它们主要通过引进来自美国、德国和日本等制造强国的装备，来加工好产品销售给消费者。由于中国还缺乏成熟的高端装备产业，在相当长一段时间内无法改变继续引进制造强国装备的现状。

在2015年8月工信部人才交流中心举办的"德国工业4.0战略解读"会议上，来自德国电气电子制造协会的Klaus Mittelbach明确指出，德国就是要利用"工业4.0"去制造"中国制造"（"Made in China 2025" made by "Industrie 4.0"），可见德国意图继续做中国制造的装备设备提供商的目的很明确。

从《中国制造2025》提及的十个领域来看，大部分是中国企业不具有核心技术的，国内大部分产业企业通过集成等方式提供相关产品及服务。值得我们警惕的是，这些产业涉及大量的核心技术研发，而国内高校和研究机构相关基础研究也不到位，因此在相当长一段时间，国内是缺乏相关技术获取可能的。

目前国内一些制造大省在大张旗鼓进行机器换人，但涉及机器换人的一些自动化设备，中国是没有能力提供关键部件的，几乎所有的关键部件都采购自国外企业。在这样的格局下，中国制造缺乏核心技术的困境是无法通过机器换人获得缓解的，相反，大量采用国外的自动化设备，反而让中国制造业在相当长一段时间难以投入资源去解决核心技术缺乏的问题。

除此之外，中国高校和研究机构对工业4.0相关的基础科学和技术缺乏深入研究，

《中国制造2025》要实现十年的计划周期获得技术的提升，可能会比较困难。例如，机器人所需要的基础学科涉及计算机视觉，国内大部分就是采用英特尔提供的开源平台OpenCV；对于大家热衷的3D打印，其操作系统也是欧洲提供的开源平台Arduino。

因此，对于中国制造的现状，低端产能过剩和核心技术缺乏是两个突出的问题，而中国制造企业经营理念陈旧，缺乏对未来制造业制高点的深刻认识，将阻碍中国制造的转型升级顺利进行，而要改变这样的困境，中国制造企业必须认识到创新的重要意义，并切实通过创新来形成新的发展动力。

实事求是地讲，中国制造业是一个缺乏创新的领域。由于中国改革开放初期落后于西方工业化进程几百年，直接模仿西方工业化是一个较为经济的选择。经过三十年的高速发展之后，中国进入了简单模仿成效不佳的状况，这迫使中国制造选择创新的道路。

按照创新的通常定义，可以把创新分为技术创新、模式创新和管理创新。中国制造企业可以根据实际情况，通过多方位的创新努力，实现中国制造转型升级的宏伟目标。

技术创新主要以核心技术创造发明或者工程技术应用来体现，这是人类工业革命以来的最基本约束条件，也是人类社会生产力的直接体现。在过去三十多年里，中国成为了全球的制造业工厂，可是，美国、德国和日本等装备制造强国却成为了工厂的工厂（Factory of Factories），也就是说中国制造企业的工厂使用的装备设备，大都是国外企业提供的。

虽然中国一直不遗余力地发展装备制造业，甚至于工信部装备司多年前就提出了"智能制造"的概念，并成为《中国制造2025》文件中的关键词之一，但中国装备制造业不强是不争的事实。

中国装备制造业不强，与以产业链创新布局的方式不足有很大关系。因为目前全球的工业产业大都以复杂的产业链形式存在，如果不从完整的产业链角度去考虑，是无法避免掌握的技术竞争优势不强的困境的，这也就不能持续地进行技术革新。

中国高铁之所以可以称为中国制造的名片，当初引入国外技术的时候，从整个产业链考虑创新，是当时最为正确的决策；而与之相反的是中国汽车业，由于各地政府忙于引进汽车企业提升GDP，而忽略了全产业链的技术创新布局，因此即便中国汽车业增长迅速，中国自主的汽车业也几乎没有发展起来。

在工业4.0时代，由于高度网络化在生产制造核心价值链上的实现，因此相关核心技术的创新将更少由简单的单个技术创新来实现。这也许是为什么德国工业4.0平台把领先的市场纳入到其双领先战略中的根本原因，因为如果没有完整的技术供应链，是不太可能实现面向解决方案级别的技术创新的。

在数控机床领域，PLC是一个常用的核心器件，但超过95%以上的市场份额都由国外企业所占有，例如西门子、三菱、欧姆龙、施耐德等，他们利用自身工业自动化整体解决方案的能力，各自在细分的PLC市场占据垄断地位，而国内企业要打破这个格局，需要从产业链的技术创新入手，这样的难度是比较高的。

如果不是从产业链的技术创新介入，单一的技术点很容易被领先的国外企业通过各种方式扼杀。因此，中国制造在进行技术创新的时候，需要从整个产业链或产业生态去考虑，这样才可能发挥技术创新带来的优势。

在工业4.0时代，由于技术约束条件发生了改变，企业经营的商业模式也有机会发生变化。通常来讲，商业模式是利益相关者的交易结构，也就是需要考虑与价值创造体系有关的主要利益相关者，这样才可能真正创造并获取价值。

工业4.0研究院根据德国工业4.0体系，梳理了3种基本的商业模式，它们分别是企业边界内的纵向集成、产业链范围的端到端集成和跨产业链的横向集成，这3种基本的工业4.0模式，可以给企业具体经营管理提供创新方向。

从工业革命发展史来看，企业大部分的创新发生在车间，例如汽车的大发展，是福特在车间内完成的，这是流水线作业的最经典应用案例，也促使了汽车真正走向大众市场。在工业4.0时代，制造企业仍然难以避免在车间进行创新，纵向集成就是车间创新的工业4.0版本，通过对车间现场流水线的改造，可以向智能工厂演进，从而为诸如大规模个性化定制奠定基础。

除了企业边界内的纵向集成，还有产业链范围的端到端集成，通常是后向整合供应链，前向推出电子商务平台，通过这样的方式，企业可以提供个性化的产品及服务给客户，同时，企业还可以获得较强的竞争优势。

海尔就是按照端到端集成的思路来改造其商业模式的。它首先做完了工厂内部的纵向集成改造，形成了"互联工厂"，初步具有较强的柔性生产能力，同时，海尔还整合了大量的供应链企业，以保证来自前端的消费者个性化定制需求。虽然目前还看不出海尔端到端集成的效率和效果，但如果可以持续改进，将来可能形成有别于竞争对手的差异化优势。

当然，真正具有工业4.0特征的应该是横向集成的商业模式，由于跨产业链的企业实现了高度网络化，他们之间可以进行统一的数据交互，相互之间的协同创新能力也将大大提升，这样会产生大量的创新商业模式。例如，新型的车联网就是利用了跨产业链的信息共享，实现了横向集成，可以向客户提供创新的解决产品和解决方案。

从第一次工业革命以来，管理理念和方法都在进行变化。在第一次工业革命时期，由于机械化的使用，要求工人拥有较熟练的使用机器，出现了公司的实体，这导致了公司概念的出现；在第二次工业革命阶段，由于电气化的应用，生产制造的自动化程度大大提升，导致了专业化分工的出现，流水线开始成为标准配置，这个时候专业管理层也出现了；在第三次工业革命发生的时候，技术创新和模式变革要求大量的资本投入，因此风险投资开始发展起来。

工业4.0研究院认为，在工业4.0时代，将出现新的企业家、新的管理者和新的工作者，这需要我们更新管理理念和方法，真正把创新放到价值创造过程的核心位置。

在工业4.0时代，激发工作者的创新能力是一个关键的问题。传统的流水线和科层制管理方法是不能满足高度网络化条件下的创新需要的，这需要突破传统的管理方法和理念，才可能实现管理与新价值创造方式的匹配。

海尔等传统制造企业也在探索诸如谷歌的新型管理模式，不再通过制度约束工人来实现价值创造，而是把时间交给工人，让工人自行决定如何安排工作，从而激发工人的创造力。对于德国企业来讲，他们也在探索新型的管理模式，例如，借助新兴技术，提供机器与人共同协作完成产品生产及服务交付，通过人机协作，大大提高生产效率，并达到较高的生产灵活性。

从目前研究及实践的情况来看，适合工业4.0时代的管理理念和方法还有待进一步发现，但这些理念和方法满足一定的条件倒是比较明确的，例如，更加符合人性需要、设备跟人的交互更加智能化、管理工作的可视化实现等。

工业4.0时代，智能化已成为衡量城市发展水平的重要因素，建设智慧城市是未来城市发展的一个共同目标。随着世界经济与科学技术的高速发展，城市对清洁、高效、经济、安全的电力能源的需求日趋加大。因此，在智慧城市的诸多建设工程中，智能电网也成为关键项目之一。

随着我国坚强智能电网建设的快速推进，智能电网在确保城市用电安全可靠、促进城市绿色发展、提升城市网络通信能力、拉动城市相关产业发展以及丰富城市服务内涵等方面对城市智能化发挥了巨大的推动作用。智能电网已成为了我国智慧城市发展的重要基础和驱动力。

智能电网是以稳定的电网框架为基础，通过通信网络技术和计算机信息技术，对电力系统的发电、输电、变电、配电、用电和调度等方面进行智能监控，以实现电力、信息、业务的高度融合。智能电网不仅仅意味着智能化控制，也包括对电网运行信息的智能化处理和管理。只有真正做到了信息智能管理，智能化控制才可实现。在智能电网的建设运行过程中，所表现出的可观测、可控制、自适应以及自愈性等特性，都离不开信息及通信技术所提供的支持与保障。信息及通信技术作为新时期智能电网应具备的核心技术之一，可以说是决定整个智能电网运行建设及其发展速度的最关键因素。

在建设智能电网的过程中，绝大多数变电站设备及发电机、电缆、线路等都有在线监测项目。电力的在线监测是智能电网中不可缺少的重要部分，然而受电力系统分布式及实时性的特性影响，导致各种监测控制设备在信息获取方面存在着一定的时延、路径不确定性及数据包信息流丢失等问题。

随着工业以太网技术、光纤技术、信息处理技术的发展以及向电力领域的渗透，在当前技术条件支持背景作用之下，工业以太网通信在运行过程当中所表现出的包括可靠性高、灵活性高、维护性高以及扩展性高在内的多种应用优势，对于优化整个电网系统各种设备元件的连接和信息传输方面都有着重要突破。

工业以太网交换机作为目前最为重要的电网通信设备解决方案，使电力设备在线监测技术也得以快速发展，并逐步走向实用化阶段。

目前，工业交换机协议的标准化早已完成，包括底层协议、网络冗余协议、管理协议、网络精确时钟传输协议等，不同厂商产品互通性好，还可以实现混合组网。无风扇、低功耗的工业标准设计，-40℃～85℃的工作范围完全能够满足工业现场需求，满足电力系统建设。同时，工业以太网交换机主要采用分段冗余、相交环、相切环等混合组网方式，提高了组网的可靠性，多种光电口灵活配置，高度集成，一体化方案设计更为电网建设提供了便利。工业以太网交换机在数据采集、生产管理、运行维护、安全监控、计量及用户交互等方面发挥着巨大作用。

总之，工业4.0时代，在电网大数据背景下，如何借助工业4.0发展加快国家电网设备管理检修自动化、智能化，是摆在我们面前亟须解决的问题。借着工业4.0东风，加快了国网新时代的跨越式发展。

第8章
电网大数据信息通信技术

8.1　电网信息通信基础介绍

电力大数据源自电力行业，与智能电网、智慧城市紧密相连，是未来电力发展的重要资源。在通信技术和电力技术飞速发展的今天，我国的电力通信行业随着电力工业的发展，正不断扩展和完善。我国的电力通信网是为保证我国电力系统的安全稳定优质运行而产生的，经历了从无到有，从简单到当今先进技术的运用，从单一到多种通信手段共用覆盖的发展过程。电力通信在为电网的自动化控制、商业化运营和自动化管理的过程中发挥着巨大的联通和服务作用。

8.1.1　电力信息通信的意义

电力信息通信是电力系统中不可或缺的重要组成部分。电力信息通信是在发电、变电、输电、配电及用电的整个过程中，提供特殊通信服务的保障基础。电力信息通信系统中传输着大量的电网信息，生产自动化、电力营销业务、调度自动化、办公自动化等业务都需要依靠高速、实时、双向的信息通信。电力信息通信为电力系统的基础设施建设、先进工艺引进、智能设备应用等创造基本的环境，这使得电力信息通信与电网建设形成了密不可分的关系。电力信息通信是推动电力市场向商业化、信息化、自动化、现代化进行转变的有效手段，在电力系统的现代化进程中发挥着十分重要的作用。

8.1.2　我国电力通信系统的发展历程

我国的电力通信系统经历了一个较快的发展时期，几十年内，经历了一个从纵横交换到程控交换，从明线和同轴电缆到光纤传输，从模拟网到数字通信网，从定点通信到移动通信以及从主要面向硬件到主要面向软件技术的发展变化阶段。

1）20世纪40—60年代

电力通信的发展始终与电网的发展同步，互相支持、互相配合。在我国，20世纪40年代，主要以东北输电线为主，除城市外，其他地区都较为孤立，且明线电话在当时占主要地位，长距离调度所使用的载波机主要依靠日本进口。随着20世纪五六十年代我国用电量的明显剧增，东北电网又向华北地区扩散，建成了华北电网，但我国的公网通信仍然较为落后。此阶段我国使用的电力线载波机仍是从国外进口，但在向苏联进口的同时我国也开始自行研发生产。

2）20世纪70年代

20世纪70年代初期，我国的电力通信系统开始在一些信息需求量大和重要的部门采用微波通信；到末期，我国的电力通信系统又有了进一步发展，电力线载波通信占主导地位，其他有小容量（120路以下）FDM模拟微波、邮电多路载波、电缆及架空明线等，我国的电网已经扩大到拥有华北、东北和华东三大电网，部分地区开始形成自己的独立通信网络。此阶段我国电力通信以音频、载波、模拟微波等通信方式为主。不过在全国范围内，很多地区十万千瓦以上的电网没有通信干线，且通信电路不太健全、自动化水平不高，部分地区还经常出现停电现象。通信系统的落后成为我国电力工作的薄弱环节之一，给我国的工农业生产带来了较大影响，与国外差距仍然较大。

3）20世纪80年代

20世纪80年代是我国电力通信的高速发展时期，随着大规模集成电路的发展，出现了数字微波、光纤通信和程控交换机等，大电站、大机组、超高压输电线路不断增加，电网规模越来越大。承接20世纪70年代末的电力系统数字化网络建设，80年代，我国开始建设电力专用通信网。此阶段，数字微波、卫星通信、光纤通信、移动通信、对流层散射通信、特高频通信、数字程控交换机等得到了推广与运用。当然，电网的飞速发展也为电网的管理和技术提出了新的要求，我国紧跟时代脚步，自上而下成立了电力通信网建设和管理的专门机构，并逐步形成和完善了一套指导建设电力通信网的技术政策，制定了有关通信的规章制度和技术要求，培养出了一批熟悉通信设计、建设、运行、维护、管理的人才，在政策和制度方面加强了力量建设。

4）20世纪90年代

20世纪90年代，我国的电力通信系统发展较快，技术上有了进一步提高，新技术和新设备的应用更快更灵活；在其他网络上，例如传输网和交换网等得到了进一步的完善，并开始引入一批高新网络技术，为现在的电力通信发展打下了良好基础。

8.1.3 我国电力通信的现状

在我国，电力通信网是一种专业性极强的通信网，是电网的重要组成部分，在网络通信技术不断发展的今天，电力通信网的业务形式也在不断扩大和发展，其主要业务形式表现在以下4个方面。

1）电网安全监视和稳定控制方面

在我国各个城市中经常出现电力系统崩溃的现象，其中一个重要原因就是电力网络结构过于薄弱，而且使用极不合理。对此，许多地区在电网的安全监视和稳定性控制方面给予了不少投入。例如，购置了及时定位线路故障点的线路故障测距装置；对通信网络不稳定的地方设置了实时监控系统，监视通信网路的健康状况；通过全球卫星定位系统的实时相量测量，在电力系统中实施相量控制等手段，使得我国大部分地区的电力系统稳定运行成为可能。

2）气象与新能源方面

电力通信系统目前在气象监测方面正发挥着日益增大的作用。例如，对于常年无人监守的户外水电站，可借助电力通信系统在水电站的上游选取合适位置安放监测台，对一年降水情况进行采集和网络分析，然后通过网络传播信息，对数据进行全面具体地分析。同时，它在新能源方面的作用也正不断突出，对太阳能、风能、潮汐等新能源的发电技术研究正是今后国家电力进程的一个长期方向，因此电力通信系统对新能源的开发利用也是今后电力通信网络的业务方向之一。

3）环境保护方面

在环境保护力度不断加大的今天，对各个领域各种排放物的监控要求正不断提高，我国电力通信系统在对部分火电厂、核电站的废气、烟尘、放射线等的排放上已形成全面的监测系统。此系统综合利用GPS系统、地理信息系统（GIS）、遥感技术（RS）等先进技术，将采集到的数据和实物样本就地进行分析处理，并通过网络传输到总部统一备案处理，大大提高了效率，对环境保护做出了巨大贡献。

4）电网商业化运营方面

电网商业化运营主要依托于全国的联网工程，在我国电力改革深入发展的今天，要求形成与国际互联网企业接轨的大的网络环境。电子商务系统安全性大、快捷方便，收益空间大，建立互动式电子商务平台，不仅能扩展业务范围，还能扩大信息交流。高速而又安全的电力通信网络对电子商务的实时交易和电力网络环境的安全维护发挥着越来越重要的作用。

8.1.4　智能电网与电力信息通信的定义

1）智能电网的定义

我国的智能电网是以特高压电网为骨干网架，各电压等级电网协调发展的强电网为基础，将现代先进的传感测量技术、通信技术、信息技术、计算机技术和控制技术与物理电网高度集成而形成的新型电网。智能电网以充分满足用户对电力的需求和优化组员配置、确保电力供应的安全性、可靠性和经济性、适应电力市场化发展等为目的，实现对用户可靠、经济、清洁、互动的电力供应和增值服务。安全性是智能电网最基本的要求，电力系统中的每一个因素都有可能对电网安全产生影响，而智能电网对于所有的硬件因素和软件因素都必须能够做出迅速且正确的反应，以确保电力系统的平衡。

2）电力信息通信的定义

作为电力系统不可或缺的重要组成部分，电力信息通信是在发电、变电、输电、配电及用电的整个过程中提供特殊通信服务的保障基础。电力信息通信系统中传输着大量的电网信息，生产自动化、电力营销业务、调度自动化、办公自动化等业务都需要依靠高速、实时、双向的信息通信，为电力系统的基础设施建设、先进工艺引进、智能设备应用等创造基本的环境，使得电力信息通信与电网建设形成了密不可分的关系。电力信息通信是推动电力市场向商业化、信息化、自动化、现代化进行转变的有效手段，在电力系统的现代化进程中发挥着十分重要的作用。

促进电力通信技术的研究和开发是供电企业的一项发展目标，因为电力通信技术对于电力系统进行电能的生产、输送和使用等方面都起着关键性作用。除此之外，电力通信技术能将大量的信息和数据整合在一起，以避免电网由于涵盖面积广和输电环节错综复杂而造成的电力信息和数据传输故障等问题出现。由此可见电力通信是电力系统顺利有效运行的关键要素，其推广应用对于电力系统的自动化发展具有极大的促进作用，是确保电网的科学管理和高质量服务的重中之重。

目前我国电网企业的信息化程度正在不断加强，国家在不断地促进电力通信系统数据网络的扩大，以便实现电网公司的数据信息统一管理。电力通信技术的发展也正满足了这样的需求，电力通信系统将庞大的数据统一于一个系统结构，在电网企业的电力系统管理中实现网络整体效益，极大地促进现代化电力企业"一强三优"指标的实现，将电网公司建成一个电网坚强、资产优良、服务优质、业绩优秀的现代公司。

8.1.5 电力信息通信与智能电网的关系

智能电网发展的本质就是新型能源的大量接入，以及大量智能化设备的应用。在对传统电网进行智能化改造时，信息通信技术发挥着极其重要的推动作用，智能电网、物联网、三网融合、数字家庭、智慧城市等概念，无一不与电力信息通信有着密切的联系。传统的高频通信、电力载波通信已经逐渐被电力光纤通信所替代，电力信息通信正在朝着实时性更高、网络更加稳定、体系更加完善的方向发展。

在智能电网的建设过程中，包括电力生产部门、调度通信部门、行政部门、电力营销部门在内的各个业务应用部门，都是通过电力信息通信网络来进行信息传输的。以光缆为代表的智能电网数据传输方式，经过PDH/SDH同步数字序列和同步技术，再通过数据包交换后上传至网络，最终进入应用业务层，为继电保护自动化系统、视频监控、电网管理业务、电力营销自动化等业务服务。

8.1.6　电力信息通信在建设智能电网中的作用

1）电力信息通信促进智能化光纤通信网络的建立

智能化光纤通信网络是一种具有自动交换功能的传输通信网络，与传统的电子通信网络相比具有较大的灵活性和高效性。在实际应用中，智能化光纤通信网络通过用户端动态结构部分发起业务请求，并自动选择网络通信的传输路由，同时使用信号命令传输控制电力通信的建立与释放，以实现电网数据、信息的智能化通信传输。智能化光纤通信网络的建立，大大提高了电力通信网络传播速度，从而缩短了提供业务需要的传输时间，为用户节约了大量的等待时间。

2）电力信息通信为智能电网提供最基础的接入网

智能电网的接入网是指连接到最终用户端的部分，为电力用户提供丰富多样的用电选择，同时通过信息通信传输功能实现与电力用户的交流互动。智能电网的接入网使用基于PLC技术的电力信息通道，此种接入方式是电力系统特有的一种通信传输手段，在智能电网的建设中具有不可替代的作用。此外，我国电力信息通信的传播主要是通过电信运营商的无线网络或者有线宽带网络来实现的，这些都是智能电网最基础的接入网。

3）电力信息通信为智能电网的生产运行提供服务

智能电网的建立基础是双向且高速发展的信息通信网络，并通过高科技的指控方法，以及先进的测量技术和传输感应实现对系统技术的应用。电力信息通信对智能电网的支撑作用体现在生产、经营以及管理等各个方面，为智能电网的生产运行提供优质的功能服务。电力信息通信技术的发展逐步趋向统一，智能电网的快速发展将使用户摆脱时间和空间对于电力通信的影响，从而真正实现数据、语音两网相互兼容，整体地进行运营、管理以及建设。

8.1.7　电力信息通信在智能电网中的应用

1）在发电领域的应用

电力信息通信在智能电网发电领域的应用主要体现在水情预报、库容调度、电力市场交易等几个方面，以及新能源的接入和控制工作。电力信息通信对于新能源的开发和使用起着至关重要的作用，通过制定标准接口，电力信息通信能够自动调节新能源接入后的电能电压、功率和质量，实现各类技术参数的传输和反馈，从而保证发电系统的智能化运转。此外，电力信息通信在新能源发电的启动、停止、功率控制等方面也发挥着重要的作用。

2）在输电领域的应用

电力信息通信在智能电网输电领域的应用主要体现在实时数据传输、电能调度控制、继电保护装置安全运行等方面，以及应用电力信息通信技术开展可视化检测、输电运行检测、安全预警等工作。此外，通过采取适当的电力信息通信方式，能够实现对于基础信息及线路运行状态的全方位监控，从而使不同部门机构的监测信息得到统一，便于统筹处理。

3）在变电领域的应用

电力信息通信在智能电网变电领域的应用主要体现为变电站的自动化和可视化，特别是随着低压智能电网建设步伐的逐步加快，电力信息通信能够为智能电网的安全、稳定运行提供大量、准确的数据，使其在变电领域的应用范围变得愈加广泛。此外，智能电网的发展离不开智能变电站，建设智能变电站需要运用先进的电力信息通信技术，实现变电站全景实时监测、系统智能调节、运行自动控制，有效提升变电的安全性、可靠性及自动化。

4）电力信息与通信技术融合的经济环境因素

伴随着通信技术的不断发展，电力通信的发展同样离不开相应技术的改革和创新，融合信息化技术对电力通信的发展来说是最好的选择。对于信息服务来说，通信网络为基础的现代化服务才是我们发展的目标。从经济角度来讲，便利信息与电力通信的相互融合可以推动集约化管理方式的发展，提高企业竞争力的同时，精简管理机构，减少管理层次，减少管理支出。当今社会的网络化发展趋势，对电力企业来讲，必须将电力信息与电力通信有效结合，降低投入成本，满足经济的发展需求，实现以较少的资金运营和维护；降低投资成本，将不同的业务同时运作于同一网络，推动技术发展的同时节约运营资金，减少人力物力的投入。

5）电力信息与通信技术融合的文化环境因素

通信方式的不断完善能够使用户随时随地获得所需要的各类信息，并且通过信息网络的生产方式以及工作方式构成信息化社会体系。电网系统随着自身竞争力的不断增强，融合了大部分的语音、视频和数据的应用，有效满足了电力企业员工统一服务的需求，并且能够适应先行网络环境的使用。

6）电力信息与通信技术融合的技术环境分析

对于电力企业来说，随着网络技术的不断成熟、推广和应用，利用Internet的信息化业务管理内容将越来越广泛。新型技术的不断引入，促进了多种业务以及技术的统一应用，这是我国电网企业发展的新趋势。电力信息与电力通信的有效融合需要一些技术的支持，从技术环境来说，包括以下几个方面：业务融合、核心网技术融合、接入网技术融合、软交换技术融合等。

8.1.8　电力通信的发展方向

1）加快光纤传输网的设置，加大全面网络建设

我国部分地区的电力通信系统中，电力光纤通信网存在着纤芯容量不足、设备容量小

的情况，因此很有必要在加快传输网的建设上加大投入。为此，要对该地区主干光纤传输网加大改造和建设力度，吸引投资，以点带面，在工程建设上做好工作。而且，要在电力通信和动作流程中加大网络的全面和系统建设。例如，在通信网的非话业务方面和网内IP技术等方面要加大开拓和推广力度，努力扩大电力通信网络的覆盖面，在各交换机制的组网工作中做好相关完善工作，把信息交换网络朝着效率性高、安全性强、稳定性高的方向建设。

2）加大科研力度和技术研究

我国的电力传输技术有待提高，要在维护已有的传统传输模式基础上，加强改造和新技术的研发，增加业务管理力度和角度。在研究和建设电力通信网络的同时，要鼓励科技创新，将宽带IP等新技术的运用深入到现代通信网络的建设当中，多角度加大经费投入和科技研究。

3）各地严抓电力通信电路的建设质量

在我国电力通信飞速发展的现状下，要努力减少通信电路误码率高、公务监控不力、监控系统不通等一系列问题，杜绝电力通信网络工程中低质量工程项目的出现。各个地区应避免"地方保护""门户观念"对工程选择和决定的不良影响。另外要在网络系统的建设过程中，加大科研力度和投入，工程项目负责人还要实行责任制，做好检测和监管工作，及时验证工程指标是否合格，确保建设质量。

4）积极建设宽带多业务数字网络平台

在电力通信发展规划中，要积极地建设宽带多业务数字网络平台，在语音、图像、数据、媒体、新闻等各业务领域为现在和今后的发展打好基础，提供统一的优先等级，确保业务质量。

5）致力于国内和国际市场的开发

保证业务质量的服务，在优化核心层基础上，广泛开展接入层、用户层工作。在电力通信网络成为功能强大的通信网络时，要按照市场机制和市场运行规律，充分合理地利用我们的通信网络资源，积极拓宽新的增值业务和服务范围，规划、建设、完善好一批具有一定规模和发展潜力的电力通信系统模式，加大自身竞争力，逐步走向社会，参与竞争。

8.2 电网信息通信技术类别

结合电力未来应用趋势，在全球能源互联网应用背景下，电网信息通信选取了多媒体识别、量子计算、全息投影展示、神经网络芯片、混合云计算、机器学习、相干光通信、下一代PON、5G通信、空地互联技术、软件定义架构、信息物理融合系统（CPS）、北斗卫星导航技术、遥感及高分影像、通信网络虚拟融合等信息通信技术，通过新技术的不断引入，促进了多种业务以及技术的统一应用，这是我国电网企业发展的新趋势。

8.2.1　智能多媒体识别技术

智能多媒体识别技术主要是指基于多种模式识别算法对视频、图像、语音等多媒体信息进行检索、分类、分析的技术。智能多媒体分析主要包括智能图像识别、智能视频分析和智能语音识别三方面技术。

Facebook、雅虎、Google等科技巨头都发展了图像识别技术，用于人脸识别、照片管理、门牌号识别等。随着智能多媒体识别技术进一步发展，图像识别技术可广泛用于电力生产、营销、办公自动化、培训等多个专业。

视频分析技术当前主要应用在安防监视、交通流量分析等有限的场景，随着高清化、智能化进程的推进，应用将推广到安防、交通、商业、办公自动化、家居智能等。

语音识别技术的当前应用包括语音拨号、语音导航、室内设备控制、语音文档检索、简单的听写数据录入等。

8.2.2　量子计算

量子计算与量子信息的研究可以追溯到几十年前，但真正引起广泛关注的是20世纪90年代中期。这期间发现了Shor量子因子分解算法和Crover量子搜索算法，这两类算法展示了量子计算从根本上超越经典计算机计算能力和在信息处理方面的巨大潜力。与此同时，量子计算机和量子信息处理装置在物理实现的研究，成为继并行计算机、生物计算机等之后的非串行计算体系的又一热点。

量子位（qubit）是量子计算的理论基石。在常规计算机中，信息单元用二进制的1、位来表示，它不是处于"0"态就是处于"1"态。在二进制量子计算机中，信息单元称为量子位，它除了处于"0"态或"1"态外，还可处于叠加态（superposed state）。

量子计算是一种基于量子位上的高性能计算，量子位具有叠加性，可以同时表示0和1，而传统计算机bit只能表示0或者1，因此假设有一个 n 位寄存器，传统计算机一次只能存储 2^n 以内的任意一个数，而量子寄存器可以一次同时存储 2^n 内的所有数，从而可以实现一次对这 2^n 个数的计算而不需要多次存取，这就为大规模并行计算提供了高效率。

量子计算包括3方面：量子密码及通信、量子算法和量子计算机。如果量子计算机成熟，原有的数字证书安全体系需要完全重新设计，原依赖于RSA、DES等算法的安全体系将会崩溃，公司内的很多信息安全技术需要重新打造，这就涉及量子加密技术。

量子计算方面，由于量子位可存储多个数据，是下一代计算机体系结构的发展方向，因此引进量子计算机，在计算大规模复杂电网实时潮流分析等应用下，有着传统计算机无可取代的优势。这就使得海量数据的高速诊断将成为现实，能为当前生产、营销大数据分析提供更好的决策算法。

8.2.3　全息投影

全息投影技术（front-projected holographic display）也称虚拟成像技术，是利用干涉和衍射原理记录并再现物体真实的三维图像的技术。

通俗来讲，这是一种裸眼3D技术，不同于通过堆叠二维图像制造视觉差的伪3D，它记录了物体的表面信息各个不同角度的光波数据，因此称之为全息——取意包含全部信息。

全息技术通过光源投影和散射制作真三维的虚空成像，是一种很有冲击力的可视化展示技术，在电力行业可应用于：

（1）无人机偏远山区巡线操作，实时传输数据到远程监控端实现全息视图展示。

（2）营销和电力市场交易方面，使用三维的全息数据视图，更好地展示各种大数据和云计算分析结果。

（3）调度和运行方面，使用三维全息视图，实时展示电网的各动态数据，配合传感器，虚空拖拉窗口进行各种操作。

（4）操作培训，全息投影出虚拟的设备，让操作员穿戴配备有各种传感器的工作服，进行安全操作的培训，达到更好的培训效果。

（5）智慧城市或95598，实现虚拟的客服人员导航，以及各种生动的数据，更好地展示国网形象。

8.2.4　神经网络芯片

神经网络芯片是模仿人脑的结构和突触可塑性的芯片，以模仿人脑信息加工过程的智能化信息处理技术为核心，工作方式非常类似于人脑神经元与突触之间的协同，能在并行计算中实现更高效的通信。

最近10年，国外神经拟态领域开始呈现加速赛跑的热闹场面，国内研究较少。

（1）Google公司和Facebook公司等互联网巨头投入很多人力物力财力发展神经网络软件。

（2）欧洲的人脑项目正在神经形态项目上花费约1亿欧元。

（3）德国一个团队使用神经网络芯片和软件模仿了昆虫的气味处理系统。

（4）2014年8月，IBM发布首款前所未有的超大规模神经突触计算机芯片SyNAPSE。

（5）美国高通公司2014年4月公布的Zeroth芯片也在硅片上高效地模拟了脑神经元。

神经网络芯片可以为智能家居、智能用电、电动汽车智能充换电、故障诊断、状态检修、在线监测、智能控制、继电保护、电力系统负荷预测等业务应用提供有力支撑。

（1）植入机器人，使得机器人能以和人类相似的方式来理解世界并与之互动。

（2）用视觉和听觉传感器来识别物体并提供声音线索。

（3）植入眼镜、腕表以及其他可穿戴设备，整理感官输入，检测生命体征。

（4）配备对图像、气味、声音感知的传感器，监控火灾或其他自然灾害等。

8.2.5 混合云计算

混合云是有两个或者更多不同云部署模型组成的云环境，例如，云用户可能会选择把处理敏感数据的云服务部署到私有云上，而将其他不那么敏感的云服务部署到公有云上，这种组合就得到了混合部署模型。

由于云环境中潜在的差异，以及私有云提供组织和公有云提供者之间在管理责任的分离，因此，混合部署架构的创建和维护可能会很复杂和具有挑战性。

混合云是未来市场发展趋势，混合云把公共的外部云和内部私有"云"整合成更具功能性的解决方案。而混合云的"秘诀"就是处于中间的连接技术。为了更加高效地连接外部云和内部云的计算和存储环境，混合云解决方案需要提供企业级的安全性、跨云平台的可管理性、负载/数据的可移植性以及互操作性。

由于安全和控制原因，并非所有的企业信息都能放置在公有云上，这样大部分已经应用云计算的企业将会使用混合云模式。在未来，可以利用混合云计算来充分挖掘、发挥国网数据资产的商业价值。

8.2.6 机器学习

机器学习（Machine Learning，ML）是一门多领域交叉学科，涉及概率论、统计学、逼近论、凸分析、算法复杂度理论等多门学科，专门研究计算机怎样模拟或实现人类的学习行为，以获取新的知识或技能，重新组织已有的知识结构使之不断改善自身的性能。它是人工智能的核心。

深度学习作为机器学习研究中的一个新的领域，其动机在于建立、模拟人脑进行分析学习的神经网络，模仿人脑的机制来识别图像、声音和文本等数据。简单来说，深度学习是一种机器学习的演进，可以说是大数据分析的进化版。

深度学习带来的各项突破，包括计算机视觉的发展，推动了下一代智能汽车的不断完善，以及应用于蛋白质分析等生物和医药领域并取得重要成果，都预示着深度学习不仅成为新一代信息科学研究的主流方法，更逐渐演变为一项核心通用技术和基础技术。深度学习中的自然语言、图像、声音识别和语言翻译等技术可应用在电力客服、智能机器人、运维智能化等方面。

8.2.7　相干光通信

相干光通信是采用相干调制、外差检测等技术进行信号收发、传输的光通信技术。该技术的应用可改善信号接收灵敏度，提升光线通信无中继传输性能；具备波长选择性能，可缩小波长复用间隔提升传输容量；可通过多种复杂调制信号的多参量探测提升传输效率。它是大容量光纤传输公认的重要发展方向。

所谓相干调制，就是利用要传输的信号来改变光载波的频率、相位和振幅（而不像强度检测那样只是改变光的强度），这就需要光信号有确定的频率和相位（而不像自然光那样没有确定的频率和相位），即应是相干光。激光就是一种相干光。所谓外差检测，就是利用一束本机振荡产生的激光与输入的信号光在光混频器中进行混频，得到与信号光的频率、位相和振幅按相同规律变化的中频信号。

相干光通信得到了迅速的发展，特别是对于超长波长（2～10μm）光纤通信来说，相干光通信最具吸引力。因为在超长波段，由瑞利散射决定的光纤固有损耗将进一步大幅度降低（瑞利散射损耗与入射波长的四次方成反比），故从理论上讲，在超长波段可实现光纤跨洋无中继通信。

与现有光纤通信技术相比，相干光通信具有更大的通信容量及更长的无中继传输距离，可应用于电力骨干通信网传输链路，提升通信距离及传输容量；可用于数据中心通信链路，实现三地数据中心的数据高速传输，提升数据中心信息互备能力；可用于支撑全球能源互联网广域通信，通过传输距离的大幅提升支撑洲际通信、海底长距离通信，通过密集波分复用提升信息的传输容量，推动全球能源互联网信息的大范围调控。

8.2.8　下一代PON

随着各国宽带政策的驱动以及用户对带宽需求的持续增长，现在光纤接入网开始进入大规模布放的时代，"最后一公里"的方案已经开始切实推行。

当前主流的PON系统包括GPON和EPON。它们有相同的上下行波长，即1310nm和1490nm。而下一代10G PON系统采用的上下行波长是1270nm和1577nm。两代PON系统之间可以通过波分复用器件共存在同一个ODN上。

WDM-PON是一种采用波分复用技术的点对点无源光网络技术，结合了WDM技术和PON拓扑结构的优点，发展成为高性能的接入方式，是业界公认的PON重要技术发展方向。和主流的EPON/GPON比较而言，它具备很多优点：可节约光纤和OSP成本，传输距离更长，对速率、业务完全透明，更具扩展性，安全性更高，更易于维护。

如图8.1所示，整个WDM-PON网络呈简洁的对称结构：OLT和ONU都由LD发射机、Rx接收机和AWG波导阵列光栅组成。每个用户独享一个波长；所有用户通过波分复用的方式在同一根主干光纤汇聚，因此既保存了点对点的以太网特性，同时又可共享光纤。

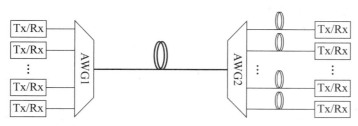

图8.1　WDM-PON网络示意图

WDM-PON的用户数由AWG的通道间隔和波段决定。目前以32路通道、间隔100GHz为主，后续研究集中在通过扩大波段或者减小通道间隔的方式延伸到64个用户，并把通道的速率从1.25Gbps提升到2.5Gbps或更高。

下一代PON技术通过波长复用技术可实现通信容量扩容，与时分复用接入网技术相比，在相同通信带宽要求下可实现数十倍通信终端的覆盖，可用于支撑用电信息采集等终端数量较多的电力应用场景，电力视频监控、智能用电、智能办公等带宽需求较高的电力应用场景，同时可通过波长隔离实现配、用电业务的同网传输，实现高可靠多业务承载。

8.2.9　5G通信

第五代移动电话行动通信标准，也称第五代移动通信技术，缩写为5G，其技术发展尚处于探索阶段。5G将具有超高的频谱利用率和能效；具有卓越的无线覆盖性能、传输时延、系统安全和用户体验；具备网络自感知、自调整等灵活组网能力，可高效应对未来移动信息社会难以预计的快速变化。

5G研究的关键技术主要集中在大规模天线阵列、超密集组网、新型多址、全频谱接入和新型网络架构等方面。大规模天线阵列是提升系统频谱效率的最重要技术手段之一，对满足5G系统容量和速率需求将起到重要的支撑作用；超密集组网通过增加基站部署密度，可实现百倍量级的容量提升，是满足5G千倍容量增长需求的最主要手段之一；新型多址技术通过发送信号的叠加传输来提升系统的接入能力，可有效支撑5G网络千亿设备连接需求；全频谱接入技术通过有效利用各类频谱资源，可有效缓解5G网络对频谱资源的巨大需求；新型网络架构基于SDN、NFV和云计算等先进技术，可实现以用户为中心的更灵活、智能、高效和开放的5G新型网络。

在未来的5G网络中，随着智能移动终端的不断普及和快速发展的应用服务，用户的移动数据业务需求量将不断增长，对业务服务质量的要求也不断提升。与现有光纤通信网络相比，5G网络技术性能优越，可以较低成本运行，网络结构灵活、扩展方便，易于建设、易于维护、容易使用，广泛应用于输变电在线监测、配电自动化、用电信息采集及配网检修等领域，在公司无线网络建设及运维方面具有显著的技术优势，应用前景广阔。

8.2.10　空地互联技术

空地互联网是指将地面互联网概念引申到空间信息网络，利用地面互联网技术优势，以卫星星际链路为物理传输媒介，按照高效利用、综合集成的原则，构建的集成化、智能化、综合一体的空地一体化信息网络。空地互联网技术的突破，可将空间通信与地面通信资源进行有效协同，应用空间通信大大延伸地面通信的覆盖范围，形成覆盖全球的天地融合网络，实现大地理尺度的广域通信，有效支持全球能源互联网的大范围全天候通信。

空地互联网技术可将电力地面通信资源与公用或专用空间通信资源有效组织在一起，共同形成覆盖全球的通信网络，实现不同终端的广域覆盖，可用于灾害条件下电力应急通信、能源互联网广域通信及电力设施高精度定位及时间同步，实现信息的大范围、快速、灵活调度，有效支撑全球范围能源的高效、灵活互联。

8.2.11　软件定义架构

软件定义架构，是针对目前的大数据和云平台所提出的一种体系架构。该架构将各种不同厂商的软硬件资源的控制、计算等软件功能统一提取出来，形成一个虚拟的控制操作中心平台，即云化，从而可统一管理，降低了管理成本，使硬件具有很强的扩展性和可配置性。

软件定义的架构包括软件定义网络（SDN），软件定义数据中心（SDDC），软件定义存储（SDS）和软件定义应用（SDA）。

未来在国网公司，软件定义网络（SDN）可以形成统一的虚拟网络；软件定义数据中心（SDDC）可用于各现有数据中心和三地数据灾备中心；软件定义存储（SDS）可用于统一管理各种存储设备；软件定义应用（SDA）可用于应用商店，实现各种微应用快速分发。软件定义可以提升信息通信运维自动化水平。

8.2.12　信息物理融合系统

信息物理融合系统CPS是一个综合计算、网络和物理环境的多维复杂系统，通过3C（Computation、Communication、Control）技术的有机融合与深度协作，实现大型工程系统的实时感知、动态控制和信息服务。

CPS是近年来伴随嵌入式技术、计算机技术、网络技术快速发展应运而生的一种新型智能系统，其在物理世界感知的基础上，通过计算、通信、控制有机融合与深度协作，实现信息域与物理域的紧密结合，使物理系统具有更高的灵活性、自治性、可靠性、经济性和安全性。

CPS系统把计算与通信深深地嵌入实物过程，使之与实物过程密切互动，从而给实物系统添加新的能力。这种CPS系统小如心脏起搏器，大如国家电网。由于计算机增强的（computer-augmented）装置无处不在，因此CPS系统具有巨大的经济影响力。

CPS是电力、能源等大型基础设施的基础，可应用于电力物联网、分布式电源控制、电网故障预警及自愈、电网安全防护等领域。

（1）电力物联网：显著提升电网的信息感知、集成、共享和协同能力，是物联网的进一步深化和演进。

（2）分布式电源控制：显著提升电网的自组织、自适应能力，支持全局优化与局部控制的协同，实现分布式电源的"即插即用"。

（3）电网故障预警及自愈：使电网具备大规模分布式实时计算的能力，满足电网对可靠性和控制的实时性要求，实现电网故障的及时预警及自愈。

（4）电网安全防护：增强电网抵御安全威胁和风险的能力，通过建立不同防护手段的相互协调机制，实现电网信息空间、物理空间的协同安全保障。

8.2.13　北斗卫星导航技术

中国北斗卫星导航系统（BeiDou Navigation Satellite System，BDS）是中国自行研制的全球卫星导航系统，是继美国全球定位系统（GPS）、俄罗斯格洛纳斯卫星导航系统（GLONASS）之后第三个成熟的卫星导航系统。北斗卫星导航系统（BDS）和美国GPS、俄罗斯GLONASS、欧盟GALILEO都是联合国卫星导航委员会已认定的供应商。

北斗卫星导航系统由空间段、地面段和用户段三部分组成，可在全球范围内全天候、全天时为各类用户提供高精度、高可靠定位、导航、授时服务，并具短报文通信能力，已经初步具备区域导航、定位和授时能力，定位精度为10m，测速精度为0.2m/s，授时精度10ns，可广泛应用于：

（1）实现北斗卫星导航系统全球覆盖，为全球用户提供导航定位服务；提供实时分米级和事后厘米级定位服务，实现室内外无缝定位服务。

（2）进一步提升北斗卫星导航芯片、北斗导航终端与其他卫星导航系统兼容应用等技术水平，实现卫星导航与移动通信、互联网、遥感等领域的融合应用。

（3）将北斗时间作为国家时间频率计量基准，为国家安全和国民经济重要领域提供时频保障，能源（电力）、通信、金融、公安等重要领域全面应用北斗卫星导航系统。

（4）北斗卫星导航技术结合新一代信息技术发展，创新应用服务模式，推进卫星导航与物联网、移动互联、三网融合等的广泛融合与联动，形成行业综合应用解决方案，提升行业运行效率。

（5）适应车辆、个人应用领域的卫星导航大众市场需求，以位置服务为主线，创新商业和服务模式，构建位置信息综合服务体系。

8.2.14　遥感及高分影像

遥感技术是从远距离感知目标反射或自身辐射的电磁波、可见光、红外线，对目标进行探测和识别的技术，例如航空摄影就是一种遥感技术。人造地球卫星发射成功，大大推动了遥感技术的发展。现代遥感技术主要包括信息的获取、传输、存储和处理等环节。完成上述功能的全套系统称为遥感系统，其核心组成部分是获取信息的遥感器。遥感器的种类很多，主要有照相机、电视摄像机、多光谱扫描仪、成像光谱仪、微波辐射计、合成孔径雷达等。传输设备用于将遥感信息从远距离平台（如卫星）传回地面站。信息处理设备包括彩色合成仪、图像判读仪和数字图像处理机等。

遥感及高分影像将朝信息接收范围广、地物识别能力强方向发展，可在电网规划、工程设计、安全巡检、应急等电网业务中应用。

8.2.15　通信网络虚拟融合

通信网络虚拟融合技术通过融合的网络控制层，对传统网络、OpenFlow、网络功能虚拟化（NFV）等各种不同的底层网络架构进行支撑和融合，打破通信异构资源管控壁垒，可面向用户应用/业务系统智能化地统筹分配基础通信资源，并实现端到端的监控和精细控制。

目前通信虚拟化技术NFV预计于2018年底商用，通信SDN尚在研究中。虚拟融合技术充分应用了NFV、SDN、NV的融合优势，目前研究处于起步阶段。

通信网络虚拟融合技术可在电力骨干传输网、数据中心及能源互联网等场景应用，提升网络业务质量及多业务承载能力。

（1）骨干传输网：用于骨干通信资源的统筹管理及灵活调度，实现管道智能化，在保障业务安全的同时提高业务传输质量。

（2）数据中心传输链路：通过感知数据中心间链路利用率及故障情况，进行逐类业务路径选择，实现流量调度，保证业务质量。

（3）配用电多业务承载：实现异构融合网络资源的联合管理及智能调度，通过业务智能识别实现跨区业务的分等级安全保障。

第9章
电网大数据分析与挖掘技术

9.1 电网数据采集技术

电网数据按照大类划分，可划分为结构化数据、非结构化数据、海量实时数据和电网GIS数据四个大的分类。结构化数据也称作行数据，能够用数据或统一的结构加以表示，是由二维表结构来逻辑表达和实现的数据，严格地遵循数据格式与长度规范，主要通过关系型数据库进行存储和管理。与之对应的不适于由二维表来表现的非结构化数据，包括所有格式的办公文档、XML、HTML、各类报表、图片和音频、视频信息等。非结构化数据格式非常多样，标准也是多样性的，而且在技术上非结构化信息比结构化信息更难标准化和理解。所以存储、检索、发布以及利用需要更加智能化的IT技术，比如海量存储、智能检索、知识挖掘、内容保护、信息的增值开发利用等。海量实时数据，数据量很大，无法在短时间内迅速解决或者是无法一次性装入内存的时刻都在发生变化的数据。电网GIS数据是指将电力企业的电力设备、变电站、输配电网络、电力用户与电力负荷和生产及管理等核心业务连接形成电力信息化的生产管理的综合信息系统的数据。电网GIS数据包括电力设备设施信息、电网运行状态信息、电力技术信息、生产管理信息、电力市场信息与山川、河流、地势、城镇、公路街道、楼群，以及气象、水文、地质、资源等自然环境信息，可通过GIS系统查询有关数据、图片、图像、地图、技术资料、管理知识等。

9.1.1 结构化数据采集

结构化数据采集的一般是通过关系型数据库之间的同/异构采集机制和ETL工具来实现数据的采集过程，像SQL Server的故障转移群集、Oracle数据库之间的Oracle Golden Gate采集、MySQl系统的主从复制功能等。

1. SQL Server故障转移群集

SQL Server 2012所支持的AlwaysOn技术集中了故障转移群集、数据库镜像和日志传送三者的优点，但又不相同。故障转移群集的单位是SQL实例，数据库镜像和日志传送的单位是单个用户数据库，而AlwaysOn支持的单位是可用性组，每个组中可以包括一个或者是多个用户数据库。也就是说，一旦发生切换，则可用性组中的所有数据组会作为一个整体进行切换。

AlwaysOn底层依然采用Windows故障转移群集的机制进行监测和转移，因此也需要先建立Windows Cluster，只不过可用性组中的数据库不一定非要再存放在共享存储上了，也可以存储在本地磁盘上。

AlwaysOn的关键特性如下。

- 同故障转移群集一样，也需要一个虚拟网络名称用于客户端的统一连接。
- 一个主服务器可以最多对应4个辅助服务器，总数达到5个，而且辅助服务器支持只读功能。
- 辅助服务器可以独立执行备份和DBCC维护命令。通过配置可以实现客户端的只读请求，可以被自动定向到辅助服务器。
- 主服务器和辅助服务器之间的数据会被加密和压缩，以提高安全性和网络传输效率。
- 支持自动、手动和强制3种故障转移方式。
- 有仪表盘用于监控AlwaysOn的运行状态。
- 可以实现多站点的部署，即主站点和辅助站点可以跨物理网络。

在Windows MSCS故障转移群集的基础上部署AlwaysOn高可用组，用户可以在群集节点上安装SQL Server单机实例，也可以安装SQL Server群集实例，AlwaysOn仅要求所有SQL Server实例都运行在同一个MSCS中，但SQL Server实例本身是不需要群集模式的，这与SQL Server 2008群集的实例完全不同。

在此推荐使用单机模式的SQL Server，其好处是如果可用性副本为单机实例，那么数据库副本就存放在运行该实例节点的本地磁盘上；如果可用性副本是个群集实例，那么数据库副本就存放在共享磁盘上。

可用性组从Windows群集角度来看，就是一个群集资源，其中的所有数据库作为一个整体在节点间进行故障转移，当然这不包括系统数据库，系统数据库是不能加入高可用性组中的。

因为需要借助Windows群集实现监控和转移，所以AlwaysOn会受到一些限制：

（1）一个可用性组中的所有可用性副本必须运行在单一的Windows群集上，跨不同Windows群集的SQL Server实例不能配置成一个AlwaysOn可用性组。

（2）一个可用性组的所有可用性副本必须运行在Windows群集的不同节点上。运行在同一个节点上的两个不同实例不能用作同一个可用性组的副本。

（3）如果某个可用性副本实例是一个SQL群集实例，那么同一个SQL群集的其他非活跃节点上安装的任何其他SQL实例都不能作为它的辅助副本。

（4）一个数据库只能属于一个可用性组。

AlwaysOn最多可以支持5个副本，但只有一个可用性副本上运行的数据库是处于可读写状态。这个可读写的数据库被称为主数据库，同时这个可用性副本被称为主副本。其余的副本都被称为辅助副本，辅助副本上的数据库可能是不可访问的，或者是只能接受只读操作（取决于可用性组的配置），这些数据库被称为辅助数据库。一旦发生故障转移，任何一个辅助副本都可以成为新的主副本实例。主副本会不断地将主数据库上的数据变化发送到辅助副本，来实现副本间的数据库同步。图9.1显示一个可用性组中各副本之间的关系。

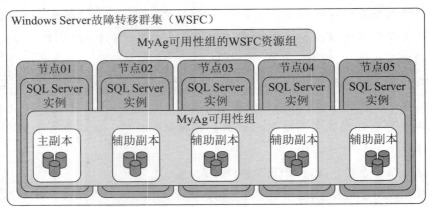

图9.1　可用性组中各副本之间的关系

AlwaysOn可用性组与Windows故障转移群集之间的关系如图9.2所示。Windows的故障转移群集使用到了两个子网，在左边的子网里有两个节点；右边的子网里有3个节点。其中右边子网最右边两个节点上创建了一个SQL Server的群集实例，存放于共享存储，其他3个节点安装的是单机实例，存放于本地存储。这样一共4个实例组成了一个AlwaysOn可用性组，其中一个是主副本，其余都是辅助副本。

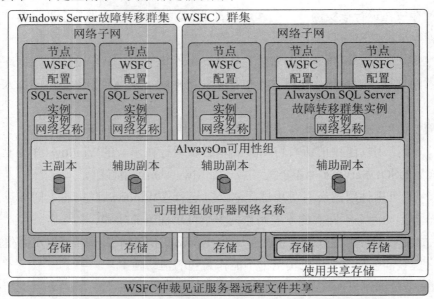

图9.2　AlwaysOn可用性组与Windows故障转移群集之间的关系

AlwaysOn创建后，客户端就需要进行连接。为了让应用程序能够透明地连接到主副本而不受故障转移的影响，需要创建一个侦听器。侦听器是一个虚拟的网络名称，可以通过这个虚拟网络名称访问可用性组，而不用关心连接的是哪一个节点，它会自动将请求转发到主节点，当主节点发生故障后，辅助节点会变为主节点，侦听器也会自动去侦听主节点。

一个侦听器包括虚拟IP地址、虚拟网络名称、端口号3个元素，一旦创建成功，虚拟网络名称会注册到DNS中，同时为可用性组资源添加IP地址资源和网络名称资源，用户就可以使用此名称来连接到可用性组中。与故障转移群集不同，除了使用虚拟网络名称之外，主副本的真实实例名还可以被用来实现连接。

SQL Server 2012的早期版本SQL Server只有在实例启动时会尝试绑定IP和端口，但是SQL Server 2012却允许在副本实例处于运行状况时随时绑定新的IP地址、网络名称和端口号。因此可以随时为可用性组添加侦听器，而且这个操作会立即生效。当添加了侦听器之后，在SQL Server的错误日志中可以看到类似"在虚拟网络名称上停止和启动侦听器"的消息。

要注意的是，SQL Browser服务是不支持Listener的。这是因为应用程序在使用Listener的虚拟网络名连接SQL Server时，是以一个默认实例的形式进行访问的（只有主机名，没有实例名），因此客户端根本就不会去尝试使用SQL Browser服务。

AlwaysOn必须要维护各副本间的数据一致性，当主副本上的数据发生变化，会同步到辅助副本上。这里AlwaysOn通过3个步骤来完成：

（1）主副本记录发生变化的数据。

（2）将记录传输到各个辅助副本。

（3）把数据变化操作在辅助副本上执行一遍。

具体实现如下：

在主副本和辅助副本上，SQL Server都会启动相应的线程来完成相应的任务。对于一般的SQL Server服务器，即没有配置高可用性且会运行Log Writer的线程，当发生数据修改事务时，此线程负责将本次操对应的日志信息记录到日志缓冲区中，然后再写入到物理日志文件。但如果配置了AlwaysOn主副本的数据库，SQL Server会为它建立一个叫Log Scanner的线程，不间断地工作，负责将日志从日志缓冲区或日志文件里读出，打包成日志块，并发送到辅助副本。因此可以保证发生的数据变化时，不断传送给各辅助副本。

辅助副本上存在固化和重做两个线程以完成数据更新操作，固化线程会将主副本Log Scanner发送过来的日志块写入辅助副本磁盘上的日志文件里，因此称为固化；然后重做线程负责从磁盘上读取日志块，将日志记录对应的操作重演一遍，此时主副本和辅助副本上的数据就一致了。重做线程每隔固定的时间点，会跟主副本通信，告知自己的工作进度，主副本由此知道两边数据的差距。Log Scanner负责传送日志块，不需要等待Log

Writer完成日志固化；辅助副本完成日志固化以后就会发送消息到主副本，告知数据传输完成，而不需要等待重做完成。这样各自独立的设计，是为尽可能减少AlwaysOn所带来的操作对数据库性能的影响。

2. Oracle的Oracle Golden Gate采集机制

Oracle Golden Gate软件是一种基于日志的结构化数据复制备份软件，它通过解析源数据库在线日志或归档日志获得数据的增量变化，再将这些变化应用到目标数据库，从而实现源数据库与目标数据库采集。Oracle Golden Gate可以在异构的IT基础结构（包括几乎所有常用操作系统平台和数据库平台）之间实现大量数据亚秒一级的实时复制，从而可以在应急系统、在线报表、实时数据仓库供应、交易跟踪、数据采集、集中/分发、容灾、数据库升级和移植、双业务中心等多个场景下应用。同时，Oracle Golden Gate可以实现一对一、广播（一对多）、聚合（多对一）、双向、点对点、级联等多种灵活的拓扑结构。和传统的逻辑复制一样，Oracle Golden Gate实现原理是通过抽取源端的redo log或者archive log，然后通过TCP/IP投递到目标端，最后解析还原应用到目标端，使目标端实现同源端数据采集的。

Manager进程是Oracle Golden Gate的控制进程，运行在源端和目标端上。它主要作用有以下几个方面：启动、监控、重启Golden Gate的其他进程，报告错误及事件，分配数据存储空间，发布阈值报告等。在目标端和源端有且只有一个Manager进程，其运行状态为running或stopped。

Extract运行在数据库源端，负责从源端数据表或者日志中捕获数据。Extract的作用可以按照表的时间来划分：初始时间装载阶段，Extract进程直接从源端的数据表中抽取数据；采集变化捕获阶段，Extract进程负责捕获源端数据的变化（DML和DDL）。Extract进程会捕获所有已配置的需要采集的对象变化，但只会将已提交的事务发送到远程的trail文件用于采集。当事务提交时，所有和该事务相关的日志记录被以事务为单元的顺序记录到trail文件中。Extract进程利用其内在的checkpoint机制，周期性地记录其读写的位置，这种机制是为了保证Extract进程终止或操作系统宕机，重新启动Extract后，Oracle Golden Gate可以恢复到之前的状态，从上一个断点继续往下运行。通过上面两个机制，就可以保证数据的完整性了。

pump进程运行在数据库源端，其作用是将源端产生的本地trail文件，把trail以数据块的形式通过TCP/IP协议发送到目标端，这通常也是推荐的方式。pump进程本质是Extract进程的一种特殊形式，如果不使用trail文件，那么Extract进程在抽取完数据以后，将直接投递到目标端，生成远程trail文件。

Replicat进程通常也称为应用进程，运行在目标端，是数据传递的最后一站，负责读取目标端trail文件中的内容，并将其解析为DML或DDL语句，然后应用到目标数据库中。和Extract进程一样，Replicat进程也有其内部的checkpoint机制，保证重启后可以从上次记录的位置开始恢复而无数据损失的风险。Replicat进程的状态包括Stopped（正常停止）、Starting（正在启动）、Running（正在运行）和Abended（Abnomal End的缩写，表示异常结束）。

为了更有效、更安全地把数据库事务信息从源端投递到目标端，Golden Gate引进了trail文件的概念。前面提到extract抽取完数据以后Golden Gate会将抽取的事务信息转化为一种GoldenGate专有格式的文件，然后pump负责把源端的trail文件投递到目标端，所以源、目标两端都会存在这种文件。trail文件存在的目的旨在防止单点故障，将事务信息持久化，并且使用checkpoint机制来记录其读写位置，如果故障发生，则数据可以根据checkpoint记录的位置来重传。

3. MySQI系统的主从复制机制

Master为主服务器，Slave为从服务器，初始状态时，Master和Slave中的数据信息相同，当Master中的数据发生变化时，Slave也跟着发生相应的变化，使得Master和Slave的数据信息采集相同，达到备份的目的。负责在主、从服务器传输各种修改动作的媒介是主服务器的二进制变更日志，这个日志记载着需要传输给从服务器的各种修改动作。因此，主服务器必须激活二进制日志功能，从服务器必须具备足以让它连接主服务器并请求主服务器把二进制变更日志传输给它的权限。

MySQI主从复制支持的复制类型、特点及步骤如下。

1）复制类型

（1）基于语句的复制：在主服务器上执行的SQL语句，在从服务器上也执行同样的语句。MySQL默认采用基于语句的复制，效率比较高。一旦发现没法精确复制时，会自动选择基于行的复制。

（2）基于行的复制：把改变的内容复制过去，而不是把命令在从服务器上执行一遍。此功能从MySQL 5.0开始支持。

（3）混合类型的复制：默认采用基于语句的复制，一旦发现基于语句无法精确复制时，就会基于行进行复制。

2）特点

（1）数据分布。

（2）负载平衡。

（3）备份。

（4）高可用性和容错性。

3）工作步骤

（1）Master将改变记录到二进制日志中（这些记录叫作二进制日志事件）。

（2）Slave将Master的binary log events复制到它的中继日志。

（3）Slave重做中继日志中的事件，改变反映它自己的数据。

各大关系型数据库之间的异构采集因大数据行业的快速发展，诞生了部分异构采集工具。例如MySQI和SQL Server自身之间或者是两者之间的数据采集，就会采用SyncNavigator实时采集方式来实现。而Oracle和SQL Server也有自己的异构采集工具，例如Oracle的Oracle Golden Gate就可以实现与MySQI之间的数据采集，SQL Server的出版者/订阅者方案就可以实现与Oracle数据库之间的数据采集。

9.1.2　非结构数据、海量实时数据采集

非结构化数据、海量实时数据和电网GIS数据一般采用Hadoop集群进行数据采集。

1. Hadoop简介

Hadoop框架本身大多是用Java编程语言编写的，一些本地代码是使用C语言编写的，命令行实用程序写成shell脚本，同时随着不同公司的工作需要，产生了许多不同的版本，极大丰富了Hadoop的内容，如同后续出现的Hive、ZooKeeper。截至2013年，已经有超过一半的世界500强企业采用了Hadoop。Hadoop也在技术上被世界所认同，随着技术的发展和革新，全球大多的企业都对Hadoop青睐有加。

目前，Hadoop已经涉及了全球一半以上的数据处理的工作，是当下最为实用的数据处理平台，研究Hadoop会使得海量数据的处理变得异常轻松。Hadoop在现代社会的应用已经涉及了通信、电子商务、军事领域和互联网。

旅游公司通过使用Hadoop和Hive可以迅速帮助游客筛选理想的旅游地点和酒店，并能够分析出中短期时间内旅游热门的趋势。而一些网络公司，如Facebook、百度等，也运用Hadoop来处理用户的状态更新、日志生成，并根据对用户的喜好分析推送相应的应用和产品。甚至军方也在应用Hadoop，譬如美国军方就应用Hadoop的Digital Reasning来梳理来自情报部门的大量非结构化文本数据，并从这些分析报告中寻找出可能危害国家及人民安全的文件。最常用的也是我们普通人时时刻刻都在使用的搜索引擎。搜索引擎通过网络爬虫和建立索引来搜罗网上的信息，而这两项技术就依靠Hadoop平台，将网页上的内容爬取到自己的本地服务器上。百度的爬取量是非常巨大的，并且为了保证数据的新鲜度，百度需要时时刻刻向不同的网站发送爬取请求，所以就会使用成千上万个爬虫程序同时爬取数据，这是一个非常大的挑战，运用Hadoop平台可以将爬取的数据高效地存储起来，当然这也是一个非常大的工程。爬取之后的数据存放在本地的服务器上，但是用户这个时候并不能通过这些数据查到东西，在查询之前，百度还需要把这些数据一一建立索引，就如同从字典中查汉字，字典中的偏旁部首就是索引，除了一些像"的""和"等字不需要之外，大部分的数据都需要一一建立索引，每种格式的文档都要有一种相对应的解析程

序，以此来规避一些奇怪的符号，从而提取出数据中有用的信息。索引的生成需要高效的执行速度，所以需要运行在足够多的机器上，在每台机器上同时进行扫描输入数据和内存更新索引的操作。这些索引的合并操作是呈线性增长的，基于这个原因，Hadoop项目下的MapReduce就体现出了它的价值。MapReduce是一个应用广泛的分布式计算框架，它会将一个比较大的任务分割成诸多小任务，并将这些小任务分发给多个Mapper程序，也就是将任务分割之后布置在成千上万台机器上同时运算，以此来提高效率。而Hadoop在这一方面展现出了极大的优势。

大数据要经过清洗、分析、建模，以及可视化后体现出其潜在的价值。但是，由于网民数量的不断提升、社交网络的繁荣和业务应用的多样化，单个文件（如日志文件）变得越来越大，文件的存储成本和硬盘的读取速度越来越显得捉襟见肘。政府、保险公司和银行等内部存在海量的不规则、非结构化的数据；只有将这些数据采集并清洗为有条理的数据，才能提高企业决策支撑能力，以及政府的决策服务水平，使其发挥应有的作用。

2. Hadoop多维分析平台的架构

整个Hadoop多维分析平台架构由4大部分组成：数据采集模块、数据冗余模块、维度定义模块和并行分析模块，如图9.3所示。

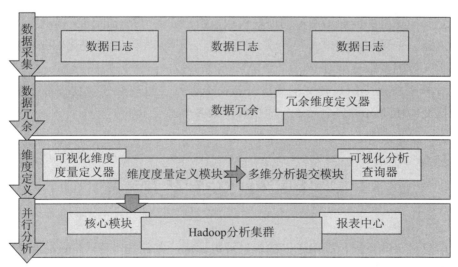

图9.3 Hadoop多维分析平台的架构

数据采集模块采用了Cloudera的Flume，将海量的小日志文件进行高速传输和合并，并能够确保数据的传输安全性。单个collector宕机之后，数据也不会丢失，并能将agent数据自动转移到其他的colllecter处理，而不会影响整个采集系统的运行，如图9.4所示。

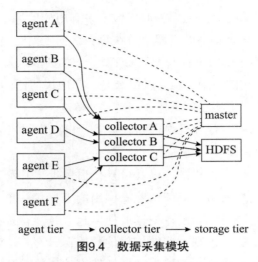

agent tier ——→ collector tier ——→ storage tier

图9.4　数据采集模块

　　数据冗余模块不是必需的，但如果日志数据中没有足够的维度信息，或者需要比较频繁地增加维度，则需要定义数据冗余模块。冗余维度定义器可定义需要冗余的维度信息和来源（数据库、文件、内存等），并指定扩展方式，将信息写入数据日志中。在海量数据下，数据冗余模块往往成为整个系统的瓶颈，建议使用一些比较快的内存NoSQL来处理冗余原始数据，并采用尽可能多的节点进行并行冗余；或者也完全可以在Hadoop中执行批量Map，进行数据格式的转化。

　　维度定义模块是面向业务用户的前端模块，用户通过可视化的定义器从数据日志中定义维度和度量，并能自动生成一种多维分析语言，同时可以使用可视化的分析器通过GUI执行刚刚定义好的多维分析命令。

　　并行分析模块接受用户提交的多维分析命令，并通过核心模块将该命令解析为MapReduce，提交给Hadoop群集之后，生成报表供报表中心展示。

9.2　电力数据存储技术

　　随着信息社会的发展，越来越多的信息被数据化，尤其是伴随着Internet的发展，数据呈爆炸式增长。从存储服务的发展趋势来看，一方面是对数据存储量的需求越来越大，另一方面是对数据的有效管理提出了更高的要求。首先，存储容量的急剧膨胀、数据持续时间的增加，对存储服务器提出了更高的要求；其次，数据的多样化、地理上的分散性、对重要数据的保护等对数据管理提出了更高的要求。随着数字图书馆、电子商务、多媒体传输等应用的不断发展，数据从GB、TB到PB量级急速增长。存储产品已不再是附属于服务器的辅助设备，而成为互联网中最主要的花费所在。海量存储技术已成为继计算机浪潮和互联网浪潮之后的第三次浪潮，磁盘阵列与网络存储成为先锋。

9.2.1　海量数据存储的概念

海量数据存储的含义在于，其要存储的数据的容量增长是没有止境的，因此，用户需要不断地扩张存储空间。但是，存储容量的增长往往同存储性能并不成正比，这也就造成了数据存储上的误区和障碍。海量存储技术的概念已经不仅仅是单台的存储设备，而多个存储设备的连接使得数据管理成为一大难题。因此，统一平台的数据管理产品近年来受到了广大用户的欢迎，这一类型产品能够在一个单一的控制界面上整合不同平台的存储设备，结合虚拟化软件对存储资源进行管理。这样的产品无疑简化了用户的管理。

数据容量的增长是无限的，如果只是一味添加存储设备，那么无疑会大幅增加存储成本，因此，海量存储对于数据的精简也提出了要求。同时，不同的应用对于存储容量的需求也有所不同，而应用所要求的存储空间往往并不能得到充分利用，这也造成了浪费。

针对以上问题，重复数据删除和自动精简配置两项技术在近年来受到了广泛的关注和追捧。重复数据删除指通过文件块级的比对，将重复的数据块删除而只留下单一实例。这一做法使得冗余的存储空间得到释放，从客观上增加了存储容量。

自动精简配置以存储虚拟化作为前提条件，存储管理员可以像往常一样分配逻辑存储给应用程序，但仅在需要时才真正占用物理容量。当该存储的利用率接近预定阈值时（例如90%），该阵列会自动从虚拟存储池中分配空间来扩展该卷，而不需要人工干预。卷可以往常一样超额分配，因此应用程序认为它有充足的存储空间，但实际上并没有浪费存储空间。按需存储的自动精简配置，基本上消除了已分配但未使用的空间的浪费，存储分配自动化显著减少了服务应用程序所需的存储数量，大幅度减少能量消耗，提高了存储空间的整体利用率。

9.2.2　企业在处理海量数据存储中存在的问题

目前企业存储面临几个问题，一是存储数据的成本在不断增加，需削减开支节约成本以保证高可用性；二是数据存储容量爆炸性增长且难以预估；三是越来越复杂的环境使得存储的数据无法管理。企业信息架构如何适应现状并提供一个较为理想的解决方案，是大家关注的焦点。目前业界有以下几个发展方向。

1）存储虚拟化

对于存储面临的难题，业界采用的解决手段之一就是存储虚拟化。虚拟存储的概念实际上在早期的计算机虚拟存储器中就已经很好地得以体现，常说的网络存储虚拟化只不过是在更大规模范围内体现存储虚拟化的思想。该技术通过聚合多个存储设备的空间，灵活部署存储空间的分配，从而实现现有存储空间高利用率，避免了不必要的设备开支。

存储虚拟化的好处显而易见，如可实现存储系统的整合、提高存储空间的利用率、简化系统的管理、保护原有投资等。越来越多的厂商正积极投身于存储虚拟化领域，在如数据复制、自动精简配置等技术中用到了虚拟化技术。虚拟化并不是一个单独的产品，而是存储系统的一项基本功能，它对于整合异构存储环境、降低系统整体拥有成本是十分有效的。存储系统的各个层面和不同应用领域都广泛使用虚拟化这个概念。整个存储层次大体分为应用、文件和块设备三个层次，相应的虚拟化技术也大致可以按这三个层次分类。

目前大部分设备提供商和服务提供商都在自己的产品中包含存储虚拟化技术，使得用户能够方便地使用。

2）容量扩展

目前，在发展趋势上存储管理的重点已经从对存储资源的管理转变到对数据资源的管理。随着存储系统规模的不断扩大，数据如何在存储系统中进行时空分布成为保证数据的存取性能、安全性和经济性的重要问题。面对信息海量增长对存储扩容的需求，目前主流厂商均提出了各自的解决方案。由于存储现状比较复杂，存储技术的发展业界还没有形成统一的认识，因此在应对存储容量增长的问题上，尚存在很大的提升空间。技术是发展的，数据的世界也是在不断变化的过程中走向完美。企业信息架构"分"与"合"的情况并不是绝对的，目前出现了许多的融合技术，如NAS与SAN的融合、统一存储网等，都将对企业信息架构产生不同的影响。至于到底采用哪种技术更合适，取决于企业自身对数据的需求。

9.2.3 海量数据存储技术

为了支持大规模数据的存储、传输与处理，针对海量数据存储目前主要开展如下3个方向的研究。

1）虚拟存储技术

存储虚拟化的核心工作是物理存储设备到单一逻辑资源池的映射，通过虚拟化技术，为用户和应用程序提供了虚拟磁盘或虚拟卷，并且用户可以根据需求对其进行任意分割、合并、重新组合等操作，同时分配给特定的主机或应用程序，为用户隐藏或屏蔽了具体物理设备的各种物理特性。存储虚拟化可以提高存储利用率、降低成本、简化存储管理，而基于网络的虚拟存储技术已成为一种趋势，它的开放性、扩展性、管理性等方面的优势将在数据大集中、异地容灾等应用中充分体现出来。

2）高性能I/O

集群由于其很高的性价比和良好的可扩展性，近年来在HPC领域得到了广泛的应用。数据共享是集群系统中的一个基本需求。当前经常使用的是网络文件系统NFS或者CIFS。当一个计算任务在Linux集群上运行时，计算节点首先通过NFS协议从存储系统中获取数据，然后进行计算处理，最后将计算结果写入存储系统。在这个过程中，计算任务的开始和结束阶段数据读写的I/O负载非常大，而在计算过程中几乎没有任何负载。当今的Linux集群系统处理能力越来越强，动辄达到几十甚至上百个Tflops，于是用于计算处理的时间越来越短，但传统存储技术架构对带宽和I/O能力的提高却非常困难且成本高昂。这造成了当原始数据量较大时，I/O读写所占的整体时间相当可观，成为HPC集群系统的性能瓶颈。I/O效率的改进，已经成为今天大多数Linux并行集群系统提高效率的首要任务。

3）网格存储系统

高能物理的数据需求除了容量特别大之外，还要求广泛的共享。比如运行于BECPII上的新一代北京谱仪实验BESIII，未来五年内将累积数据5PB，分布在全球的20多个研究单位将对其进行访问和分析。因此，网格存储系统应该能够满足海量存储、全球分布、快速访问、统一命名的需求，主要研究的内容包括网格文件名字服务、存储资源管理、高性能的广域网数据传输、数据复制、透明的网格文件访问协议等。

9.3　电力数据安全技术

9.3.1　数据安全

从信息安全的角度来看，围绕大数据的问题主要集中在以下5个方面：网络安全、云数据、消费化、互相联系的供应链和隐私。

（1）网络安全。随着在线交易、在线对话、在线互动、在线数据越来越多，黑客们的犯罪动机也比以往任何时候都来得强烈。如今的黑客们组织性更强，更加专业，作案工具也更加强大，作案手段更是层出不穷。相比于以往一次性数据泄露或者黑客攻击事件的小打小闹，现在数据一旦泄露，对整个企业可以说是一着不慎满盘皆输，不仅会导致声誉受损、造成巨大的经济损失，严重的还要承担法律责任。所以在大数据时代，网络的恢复能力以及防范策略可以说是至关重要。

（2）云数据。就目前来看，企业快速采用和实施诸如云服务等新技术还存在不小的压力，因为它们可能带来无法预料的风险和意想不到的后果。而且，云端的大数据对于黑客们来说是个极具吸引力的获取信息的目标，这就对企业制定安全正确的云计算采购策略提出了更高的要求。

（3）消费化。众所周知，数据的搜集、存储、访问、传输必不可少地需要借助移动设备，所以大数据时代的来临也带动了移动设备的猛增。随之而来的是BYOD（bring your own device）风潮的兴起，越来越多的员工带自己的移动设备进行办公。不可否认的是，BYOD确实为人们的工作带来了便利，而且也帮助企业节省了很大一笔开支，但也给企业带来了更大的安全隐患。曾几何时，手持设备被当成黑客入侵内网的绝佳跳板，所以企业管理和确保员工个人设备的安全性也相应增加了难度。

（4）互相联系的供应链。每个企业都是复杂的、全球化的、相互依存的供应链中的一部分，而供应链很可能就是最薄弱的环节。信息将供应链紧密地联系在一起，从简单的数据到商业机密再到知识产权，而信息的泄露可能导致名誉受损、经济损失，甚至是法律制裁。由此可知，在协调企业之间承包和供应等业务关系中扮演着举足轻重角色的信息安全的重要性也就不言而喻了。

（5）隐私。随着产生、存储、分析的数据量越来越大，隐私问题在未来几年也将愈加凸显。所以新的数据保护要求以及立法机构和监管部门的完善应当提上日程。

抛开以上提到的问题，数据聚合以及大数据分析就像是企业营销情报的宝库。基于用户过去的购买方式，情绪以及先前的个人偏好进行目标客户的定位，对市场营销者来说绝对是再合适不过了。但是那些出于商业利益考虑而迫切想要采用新技术的企业领导者会被建议先去了解法律和其他方面的限制，这些限制可能涉及多个司法机构；此外，他们应该实施一些隐私最佳实践，并将其设计成分析程序，增加透明度和实行问责制度，而且不应该忽视大数据对人们、对技术的影响。

很显然，保证数据输入以及大数据输出的安全性是个很艰巨的挑战，它不仅会影响到潜在的商业活动和机会，而且有着深远的法律内涵。我们应该保持敏捷性并在问题出现前对监管规则做出适当的改变，而不是坐等问题出现再亡羊补牢。

当然，一切都还处于初级阶段，而且目前也没有太多外在要求来强制企业保证信息的完整性。然而，企业每天处理的数据规模依然在增长，大数据分析使得商务决策越来越接近原生数据，信息的质量也变得愈加重要。如果同样复杂的分析可以运用到相关安全数据上，那么大数据甚至可以用来改善信息安全。

总的说来，大数据应该说是具有相当大的价值，但同时它又存在巨大的安全隐患，一旦落入非法分子手中，势必对企业和个人造成巨大的损失。套用一句话，世界是很公平的，收入与风险是成正比的。

如今，有很多特别重视不同数据类型（例如地理位置数据）的大数据管理系统，这些系统使用多种不同的查询模式、不同的数据存储模式、不同的任务管理和协调、不同的资源管理工具。虽然大数据常被描述为"反关系型"的，但这个概念还是无法抓住大数据的本质。为了避免性能问题，大数据确实抛弃了许多关系型数据库的核心功能，却也没犯什么错误：有些大数据环境提供关系型结构、业务连续性和结构化查询处理。

由于传统的定义无法抓住大数据的本质，我们不妨根据组成大数据环境的关键要素思考一下大数据。这些关键要素使用了许多分布式的数据存储和管理节点。存储多个数据副本，在多个节点之间将数据变成"碎片"，这意味着在单一节点发生故障，数据查询将会转向处理资源可用的数据。正是这种能够彼此协作的分布式数据节点集群，可以解决数据管理和数据查询问题，才使得大数据如此不同。

图9.5显示的是一个Hadoop文件系统的架构图，显示出数据节点和客户端如何交互。

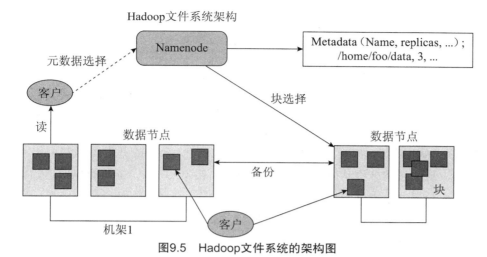

图9.5 Hadoop文件系统的架构图

节点的松散联系带来了许多性能优势，但也带来了独特的安全挑战，如图9.6所示。大数据数据库并不使用集中化的"围墙花园"模式（与"完全开放"的互联网相对而言，它指的是一个控制用户对网页内容或相关服务进行访问的环境），内部的数据库并不隐藏自己而使其他应用程序无法访问。在这儿没有"内部的"概念，而大数据并不依赖数据访问的集中点。大数据将其架构暴露给使用它的应用程序，而客户端在操作过程中与许多不同的节点进行通信。

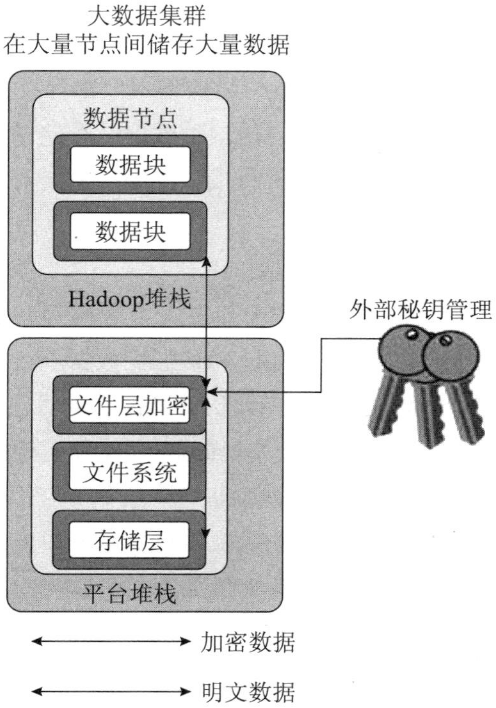

大数据集群
在大量节点间储存大量数据

数据节点

数据块

数据块

Hadoop堆栈

外部秘钥管理

文件层加密

文件系统

存储层

平台堆栈

加密数据

明文数据

图9.6 数据安全技术

数据安全技术主要包括以下4个方面。

（1）规模、实时性和分布式处理。大数据的本质特征（使大数据解决超过以前数据管理系统的数据管理和处理需求，例如，在容量、实时性、分布式架构和并行处理等方面）使得保障这些系统的安全更为困难。大数据集群具有开放性和自我组织性，并可以使用户与多个数据节点同时通信。验证哪些数据节点和哪些客户应当访问信息是很困难的。

（2）嵌入式安全。在涉及大数据的疯狂竞赛中，大部分的开发资源都用于改善大数据的可升级、易用性和分析功能上，只有很少的功能用于增加安全功能。但是，用户希望得到嵌入到大数据平台中的安全功能，望开发人员在设计和部署阶段能够支持所需要的功能，希望安全功能就像大数据集群一样可升级、高性能、自组织。问题是，开源系统或多数商业系统一般都不包括安全产品。而且许多安全产品无法嵌入到Hadoop或其他的非关系型数据库中。多数系统提供最少的安全功能，但不足以包括所有的常见威胁。在很大程度上，用户需要自己构建安全策略。

（3）应用程序安全。面向大数据集群的大多数应用都是Web应用。它们利用基于Web的技术和无状态的基于REST的API。虽然全面讨论大数据安全的这个问题超出了此处要讨论的范围，但基于Web的应用程序和API给这些大数据集群带来了最重大的威胁；在遭受攻击或破坏后，它们可以提供对大数据集群中所存储数据的无限制访问。因此应用程序安全、用户访问管理及授权控制非常重要，与重点保障大数据集群安全的安全措施一样都不可或缺。

（4）数据安全。存储在大数据集群中的数据基本上都保存在文件中。每一个客户端应用都可以维持其自己的包含数据的设计，但这种数据是存储在大量节点上的。存储在集群中的数据易于遭受正常文件容易感染的所有威胁，因而需要对这些文件进行保护，避免遭受非法的查看和复制。

应用大数据，必须遵守几点法规和控制。

（1）在启动大数据项目之前要考虑安全问题，不应该等到发生数据突破事件之后再采取保证数据安全的措施。组织的IT安全团队和参加大数据项目的其他人员在向分布式计算（Hadoop）集群安装和发送大数据之前应该认真讨论安全问题。

（2）考虑要存储什么数据。在计划使用Hadoop存储和运行要提交给监管部门的数据时，可能需要遵守具体的安全要求。即使所存储的数据不受监管部门的管辖，也要评估风险，如果个人身份信息等数据丢失，造成的风险将包括信誉损失和收入损失。

（3）责任集中。现在，企业的数据可能存在于多个机构的竖井之中和数据集中。集中的数据安全的责任可保证在所有这些竖井中强制执行一致的政策和访问控制。

（4）加密静态和动态数据。在文件层增加透明的数据加密。SSL（安全套接层）加密能够使数据在节点和应用程序之间移动时保护大数据。安全研究与顾问公司Securosis的首席技术官和分析师阿德里安·莱恩（Adrian Lane）称，文件加密解决了绕过正常的应用安全控制的两种攻击方式。在恶意用户或者管理员获得数据节点的访问权限和直接检查文件的权限以及可能窃取文件或者不可读的磁盘镜像的情况下，加密可以起到保护作用。这是解决一些数据安全威胁的节省成本的途径。

（5）把密钥与加密的数据分开。把加密数据的密钥存储在加密数据所在的同一台服务器中等于是锁上大门，然后把钥匙悬挂在锁头上。密钥管理系统允许组织安全地存储加密密钥，把密钥与要保护的数据隔离开。

（6）使用Kerberos网络身份识别协议。企业需要能够管理什么人和流程可以访问存储在Hadoop中的数据。这是避免流氓节点和应用进入集群的一种有效方法。莱恩说，这能够帮助保护网络控制接入，使管理功能很难被攻破。我们知道，设置Kerberos比较困难，验证或重新验证新的节点和应用可以发挥作用。但是，没有建立双向的信任，欺骗Hadoop允许恶意应用进入这个集群或者接受引进的恶意节点是很容易的。这个恶意节点以后可以增加、修改或者提取数据。Kerberos协议是可以控制的最有效的安全控制措施。Kerberos建在Hadoop基础设施中，因此，建议使用它。

（7）使用安全自动化。企业处理般是一个多节点环境，因此，部署的一致性是很难保证的。Chef和Puppet等自动化工具能够帮助企业更好地使用补丁、配置应用程序、更新Hadoop栈、收集可信赖的机器镜像、证书和平台的不一致性等信息。事先建立这些脚本需要一些时间，但是，以后会得到减少管理时间的回报，并且额外地保证每一个节点都有基本的安全。

（8）向Hadoop集群增加记录。大数据很自然地适合收集和管理记录数据。许多网站公司开始使用大数据专门管理记录文件。向现有的集群增加记录会让企业观察到什么时候出现的故障或者是否有人以为企业已经被黑客攻破了，没有事件跟踪记录就无法知晓。记录MR请求和其他集群活动是很容易的，并且只会稍微提高存储和处理需求，但是，当有需要的时候，这些数据则是不可或缺的。

（9）节点之间以及节点与应用之间采用安全通信。要做到这一点，需要部署一个SSL/TLS（安全套接层/传输层安全）协议保护企业的全部网络通信，而不是仅仅保护一个子网。就像许多云服务提供商一样，Cloudera等Hadoop提供商已经在做这件事。如果设置上没有这种能力，就需要把这些服务集成到应用栈中。

9.3.2　数据库安全

除数据安全之外，数据库安全性也是数据安全方面的重点。数据库的安全主要是指保护数据库以防止不合法使用造成的数据泄露、更改或者破坏，用来保证数据库中数据的完整性、一致性以及数据库备份与恢复。数据库的安全性和计算机系统的安全性（包括操作系统、网络系统的安全性）相互联系，相互支持，只有各个环节都安全，才能保证数据库的安全性。当前对数据库安全的威胁主要分为物理上的威胁和逻辑上的威胁。物理上的威胁指水灾火灾等造成的硬件故障，从而导致数据的损坏和丢失等。为了消除物理上的威胁，通常采用备份和恢复的策略。逻辑上的威胁主要是指对信息的未被授权的存取，可以分为以下3类。

（1）信息泄露。包括直接和非直接的对保护数据的存取。

（2）非法的数据修改。由操作人员的失误或非法用户的故意修改引起。

（3）拒绝服务。通过独占系统资源导致其他用户不能访问数据库。为了消除逻辑上的威胁，DBMS必须提供可靠的安全策略，以确保数据库的安全性。

要解决系统的安全性问题，必须制定一套安全策略。

（1）完全自主方式。从底层开始，包括硬件平台、操作系统、网络操作系统和数据库管理系统，全部自己开发。按道理这是最安全的，但是面对这么多如此庞大的系统，技术和时间是一个问题，而且开发出的软件包含错误也是不可避免的，如此将使可信性检测变得非常困难。这样一来，也就谈不上安全性了。

（2）底层依赖方式。选用现有的安全的硬件平台相对安全的操作系统、网络操作系统和数据库管理系统，在此基础上进行系统开发。但其安全性问题同样值得忧虑，因为没有人敢断言这些庞大复杂的系统是可信的，也没有哪个用户拥有如此先进的手段对其进行可信性检测，有许多不安全因素都可能从这里产生。

（3）组合构架方式。即利用现有的安全的硬件平台、相对安全的操作系统、网络系统和数据库管理系统，在此基础上进行局部改造，开发安全外壳。应该说，这是一个比较现实的安全策略。

当前采用的数据库安全技术主要有标志和鉴别、访问控制、信息流控制、推理控制、审计和加密等，其中应用最广也最为有效的是访问控制技术。

1）标志和鉴别

标志是指用户向系统出示自己的身份证明，最简单的方法是输入用户名和密码。标志机制用于唯一标志进入系统的每个用户的身份，因此必须保证标志的唯一性。鉴别是指系统检查验证用户的身份证明，鉴别机制用于检验用户身份的合法性。标志和鉴别功能的存在保证了只有合法的用户才能存取系统中的资源。身份的标志和鉴别是对访问者授权的前提，并通过审计机制使其保留追究用户行为责任的能力。功能完善的标志与鉴别机制，也是访问控制机制有效实施的基础，特别是在一个开放的多用户系统的网络环境中，识别授权用户是构筑安全防线的第一个重要环节。标志过程易与鉴别过程相混淆，标志过程是将用户与程序或进程联系起来；鉴别过程的目的则在于将用户和真正的合法授权用户相关联。近年来标志和鉴别技术发展迅速，主要有密码验证、智能卡验证、指纹验证、手型几何验证、声音识别验证、虹膜识别验证等技术。

2）访问控制

任何计算机系统都有两种资源：主动的主体和被动的客体。在数据库系统中，用户、进程等是存取动作的主体，而客体是数据、表、记录、元组、字段等。访问控制就是当主体请求对客体访问时，系统根据主体（进程）的用户和组的标识符、安全级和权限，客体的安全级、访问权限以及存取访问的检查规则，决定是否允许主体对客体请求的存取访问方式（读、写、修改、删除、加入记录等）的访问。访问控制策略的正确性取决于正确的用户标志和对访问控制机制的保护。在设计一个正确的访问控制策略和构建一个正确的访问控制安全模型时，必须考虑以下原则：最小权限和最大权限原则，开放式系统和封闭式系统原则，集中管理和分散管理原则，粒度原则，访问权限原则。

访问控制分为DAC、MAC和RBAC 3种类型。

（1）DAC最早出现在20世纪60年代末期的分时系统中，它是根据主体身份或者主体所属组的身份或二者的结合，对客体访问进行限制的一种方法，其粒度是单个用户。当主体具有某种访问权，同时又拥有将该权限授予其他用户的权利时，能够自行决定将其访问权直接或间接地转授给其他主体。DAC的优点是简单、灵活，在一定程度上实现了多用户环境下的权限隔离和资源保护，易于扩展和理解；缺点是很难控制已授出的访问权限，HRU易遭受特洛伊木马等旁路攻击。为了增强数据库系统的安全性，需要对授权传播进行限制。访问控制模型对其进行了改进，其基本思想是采用客体主人自主管理该客体的访问与安全管理员限制访问权限随意扩散相结合的半自主式的资源管理方案。DAC的一般实现机制是访问控制矩阵，常见实现方法是访问控制表（ACL）、访问能力表和授权关系表。DAC对授权的管理主要有集中式管理、分级式管理、基于所有者的管理、协作式管理和分散式管理等5种方式。由于DAC本质上的问题，引入了MAC。

（2）MAC最早出现在20世纪70年代，在80年代得到普遍应用，其理论基础是BELL-LAPADULA模型，基本思想是通过给主体（用户）和客体（数据对象）指定安全级，并根据安全级匹配规则来确定某主体是否被准许访问某客体。安全级包括两个元素：密级和范围。主体的安全级反映主体的可信度，客体的安全级反映客体的敏感度。主要采用以下规则分别保证信息的机密性和完整性：

● 为了保证信息的机密性，要求：无上读，主体仅能读取安全级别受此主体安全级别支配的客体的信息；无下写，主体仅能向安全级别支配此主体安全级别的客体写信息。

● 为了保证信息的完整性，要求：无下读，主体仅能读取安全级别支配此主体安全级别的客体的信息；无上写，主体仅能向安全级别受此主体安全级别支配的客体写信息。

上述规则保证了信息的单向流动。将MAC应用于RDBMS会产生多级关系和引出多实例化问题，故支持MAC的DBMS也称为多级安全的DBMS。MAC的优点是能够防止特洛伊木马和隐通道的攻击以及防范用户滥用权限；缺点是配置粒度大，缺乏灵活性而且强制性太强，使得应用的领域比较窄，一般只用于军事等具有明显等级观念的行业或领域。美国SecureComputing公司对其进行了改进，提出了TE（Type Enforcement）控制技术，该技术把主体和客体分别进行归类，它们之间是否有访问授权由TE授权表决定。TE授权表由安全管理员负责管理和维护。

（3）RABC的概念早在20世纪70年代由美国George Mason大学的 Ravisandu教授提出，但在相当长的一段时间内没有得到人们的关注。进入20世纪 90年代，由于安全需求的发展，RABC又引起了人们极大的关注。RABC中涉及的基本元素包括用户、角色、访问权和会话，与传统访问控制的差别在于在用户和访问许可权之间引入了角色这一层。角色是一组用户和一组操作权限的集合，角色中所属的用户可以有执行这些操作的权限。用户与角色间是多对多的关系，角色与访问许可权之间也是多对多关系。当用户登录到RABC系统时会得到一个会话，这个会话可能激活的角色是该用户全部角色的一个子集。角色可以根据实际的工作需要生成或取消，而且用户也可以根据自己的需要动态激活自己拥有的角色，这样就避免了用户无意中危害系统安全，而且容易实施最小特权原则。由于数据库应用层的角色的逻辑意义更为明显和直接，因此RABC非常适用于数据库应用层的安全模型。

RABC的优点主要在以下3个方面。

- 角色控制相对独立，根据配置可使某些角色接近DAC，某些角色接近MAC。因此RABC既可以构造出MAC系统，也可以构造出DAC系统，还可以构造出同时具备MAC和DAC的系统。
- 是一种策略无关的访问控制技术，它不局限于特定的安全策略，几乎可以描述任何的安全策略，甚至DAC和MAC也可以用RBAC来描述。
- RABC具有自管理的能力。利用RABC思想产生出的ARBAC模型能够很好地实现对RBAC的管理。由于RBAC比DAC和MAC复杂，系统实现难度大，而且RBAC的策略无关性需要用户自己定义适合本领域的安全策略，因此定义众多的角色和访问权限及它们之间的关系也是一件非常复杂的工作。

3）信息流控制

20世纪70年代后期，Denning提出了信息流控制的基本思路，用以对可访问的对象之间的信息流程加以监控和管理。信息流控制机制对系统的所有元素、组成成分等划分类别和级别。在对象X和对象Y之间的流程是指由对象X读取数据的值之后将该值写入对象Y的过程。信息流控制负责检查信息的流向，使高保护级别对象所含信息不会被传送到低保护级别的对象中去，而不论这个过程是显式的（如复制过程）或是隐式的（如隐秘通道），这可以避免某些怀有恶意的用户从较低保护级别的后一个对象中取得较为秘密的信息。

信息流控制技术分为静态信息流控制技术和动态信息流控制技术。目前信息流控制技术还不够成熟，难以彻底解决隐秘通道等问题，这是因为实际系统的复杂程度超过了形式化验证技术所能处理的复杂程度。令人欣喜的是，国内外学者在坚持几十年的努力之后，对解决这个问题持积极乐观的态度。

4）推理控制

推理是指用户通过间接的方式获取本不该获取的数据或信息。推理控制的目标就是防止用户通过间接的方式获取本不该获取的数据或信息。

● 推理途径

设数据 X 与数据 Y 之间存在某种函数关系：$Y=F（X）$，而 X 是该用户的授权存取数据集合，则该用户就可以通过调用 $F（X）$ 而取得本无访问授权的数据集合 Y。由 X 到达 Y 的联通是一个推理途径。系统中的推理途径主要有两种：间接存取访问和相关数据。

● 推理统计

20世纪70年代后期，Denning就已经开始研究统计推理。典型的情况是在统计数据库中，只允许用户查询聚集类型的信息（即统计数据），不允许查询单个记录的信息。但是其中可能存在隐蔽的信息通道，使得可以从合法的查询中，推导出不合法的信息。统计推理就是通过合法而巧妙地使用统计函数来获得通过授权访问不能获得的保密数据。对付统计推理的技术主要有两种：数据扰动，即事先对需要进行统计的敏感数据进行加工；查询控制。对统计查询的控制是比较成功的技术，目前已经实际应用到统计数据库中并有较多成功经验，该技术大部分是控制可以查询的记录数。

5）审计

审计功能是DBMS安全性方面重要的一部分。由于任何系统的安全保护措施都不是无懈可击的，蓄意盗窃、破坏数据的人总是想方设法打破控制。通过审计，可以把用户对数据库的所有操作自动记录下来放入审计日志中，这样数据库系统可以利用审计跟踪的信息，重现导致数据库现有状况的一系列事件，找出非法存取数据的人、时间和内容等，以便于追查有关责任；同时审计也有助于发现系统安全方面的弱点和漏洞。按照TDI/TCSEC标准中安全策略的要求，审计功能也是DBMS达到C2以上安全级别必不可少的一项指标。审计日志对于事后的检查十分有效，它有效地增强了数据的物理完整性。但是对于粒度过细（如每个记录值的改变）的审计，是很费时间和空间的，特别是在大型分布和数据复制环境下的大批量、短事务处理的应用系统中，实际上是很难实现的。因此DBMS往往将其作为可选特征，允许数据库系统根据应用对安全性的要求，灵活地打开或关闭审计功能。审计功能一般主要用于安全性要求较高的部门。

6）加密

对于数据库中存储的高度敏感的机密性数据，如财务数据、军事数据、国家机密等，除以上安全性措施外，还应该采用数据加密技术。数据加密是防止数据库中的数据在存储和传输中失密的有效手段。加密的基本思想是根据一定的算法将原始数据变换为不可直接识别的格式，从而使不知道解密算法的人无法获知数据的内容。数据库加密系统有其自身的要求和特点。传统的加密以报文为单位，加/脱密都是从头至尾顺序进行。数据库数据的使用方法决定了它不可能以整个数据库文件为单位进行加密，在目前条件下，加/脱密的粒度是每个记录的字段数据。传统加密方法主要有替换和置换两种。现在比较流行的加密方法是使用公开密钥进行加密，其优点是难以破解，但是加脱密速度较慢，而且不符合数据库加密机制的"既可加密又可脱密的可逆过程"这个特性。在实际应用时采用改进的分组加密算法，使其符合数据库加密的要求。

数据库加密对DBMS有如下影响。

● 对数据约束条件定义产生影响。

● SQL语言中的内部函数将对加密数据失去作用。

● 将不能对密文数据进行排序、分组和分类。

● DBMS的一些应用开发工具的使用受到限制。

9.4　电力数据应用技术

配电网处于电力系统的末端，具有地域分布广、电网规模大、设备种类多、网络连接多样、运行方式多变等鲜明特点。随着城镇化建设和用电需求的增长，配电网一直在不断地改造和扩建，其规模也不断扩大，国网公司系统内大多数县级以上配电网馈线的规模都已达到百条以上，一些中、大型城市的中压馈线已达到或超过千条。

随着配电自动化、用电信息采集等应用系统的推广应用，对于有千条馈线的大规模配电网，配电网中会产生指数级增长的海量异构、多态的数据，数据集合的大小可达到当今信息学界所关注的大数据级别。此外，大规模配电网还具有如下特征。

（1）数据采集多，每个采集点采集相对固定类别的数据，且分布在各个电压等级内。

（2）不同采集点的采样尺度不同，数据断面不同。

（3）数据不健全，数据采集存在误差和漏传。

（4）数据分布在不同的应用系统中。

含有包括光伏发电、风电、燃气轮机等分布式电源（Distributed Generator，DG）的配电网即有源配电网。分布式电源的不断渗透给大规模配电网传统的分析与计算带来更大的挑战。分布式电源接入电网后，向电网调度机构提供的信息至少应当包括：

（1）电源并网状态、有功和无功输出、发电量。

（2）电源并网点母线电压、频率和注入电力系统的有功功率、无功功率。

（3）变压器分接头挡位、断路器和隔离开关状态。因此，分布式电源接入后，在原已规模很大的配电网数据采集中新增了一组需采集的数据项，同时也会恶化配电网数据采集的非健全性和不确定性。

鉴于大数据在电力系统的应用场景越来越多，有必要对大数据在配电网的应用场景和目标进行分析与总结，为大数据技术在智能电网中的应用提供有益参考。

9.4.1　配电网大数据的来源和特征

智能配用电大数据应用具备丰富的数据源，现在大多数地市拥有多个配电管理系统，包括配电自动化系统、调度自动化系统、电网气象信息系统、电能质量监测管理系统、生产管理系统、地理信息系统、用电信息采集系统、配变负荷监测系统、负荷控制系统、营销业务管理系统、ERP系统、95598客服系统、经济社会类数据等数据源，这些数据源的总体状况如表9.1所示。

表9.1 典型配电系统数据源

编号	数据源系统	数据格式
1	配电自动化	结构化数据
2	生产管理系统	结构化数据
3	地理信息系统	半结构化/非结构化数据
4	调度自动化系统	结构化数据
5	用电信息采集	结构化数据
6	负荷控制系统	结构化数据
7	负荷监测系统	结构化/半结构化数据
8	营销业务应用系统	结构化数据
9	电能质量监测系统	结构化/半结构化数据
10	电网气象信息系统	非结构化数据
11	95598客服系统	非结构化数据
12	ERP系统	结构化数据
13	地区社会经济数据	结构化/非结构化数据

这些数据源涵盖了调度、运检、营销等多个管理业务，以及绝大部分110 kV及以下多电压等级的电网监控和采集信息。从数据源类型来讲，智能配用电大数据应用的数据源类型丰富，覆盖配变、配电变电站、配电开关站、电表、电能质量等配用电自动化和信息化数据、用户数据和社会经济等数据。

9.4.2 配电网典型大数据场景分析

1. 面向有源配电网规划的负荷预测

随着配电网信息化的快速发展和电力需求影响因素的逐渐增多，用电预测的大数据特征日益凸显，传统的用电预测方法已经不再适用。由于智能预测方法具备良好的非线性拟合能力，因此近年来用电预测领域出现了大量的研究成果，遗传算法、粒子群算法、支持向量机和人工神经网络等智能预测算法也开始广泛地应用于用电预测中。传统的用电负荷预测受限于较窄的数据采集渠道或较低的数据集成、存储和处理能力，使研究人员难以从中挖掘出更有价值的信息。通过将体量更大、类型更多的电力大数据作为分析样本可以实现对电力负荷的时间分布和空间分布预测，为规划设计、电网运行调度提供依据，提升决策的准确性和有效性。

2. 配电网运行状态评估与预警

基于大数据技术的配电网运行状态评估与预警研究内容（参见图9.7所示），包括以下4个方面。

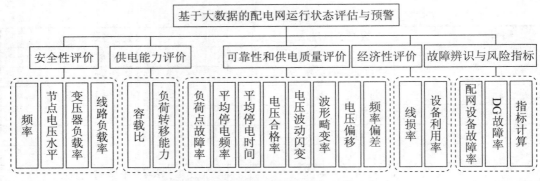

图9.7　配电网运行状态评估与预警研究

（1）对配电网进行安全性评价，如电力系统的频率、节点电压水平、主变和线路负载率等。

（2）对配电网的供电能力进行评价，如容载比、线路间负荷转移能力等。当供电能力不能满足负荷需求时，根据负荷重要程度、产生的经济社会效益以及历史电压负荷情况进行甩负荷。

（3）对配电网可靠性和供电质量进行评价，如负荷点故障率、系统平均停电频率、系统平均停电时间、电压合格率、电压波动与闪变、三相不平衡度、波形畸变率、电压偏移、频率偏差等。

（4）对配电网经济性进行评价，如线损率和设备利用效率等。通过计算风险指标，判断出所面临风险的类型；预测从现在起未来一段时间内配电网所面临的风险情况；根据风险类型辨识结果，生成相应的预防控制方案，供调度决策人员参考；可以对突发性的风险和累积性风险进行准确辨识、定位、类型判断、生成预防控制方案等；依据对多源异构的数据分析，将风险准确定位到局部，进一步对全网或局部电网的风险状况进行集中判断、定位以及预防控制。

3. 有源配电网电能质量监测和评估

随着分布式电源不断地接入配电网，逐步形成了小、中、大规模的有源配电网。伴随着分布式电源的功率波动，配电网中的电能质量经受着较大的冲击。通过收集配电网中的运行数据、负荷数据、分布式电源运行等数据，能够开展配电网中的电能质量分析和评估研究，从而得出精细化的配电网网架和无功源的调节方案等。有源配电网电能质量监测和评估示意图如图9.8所示。

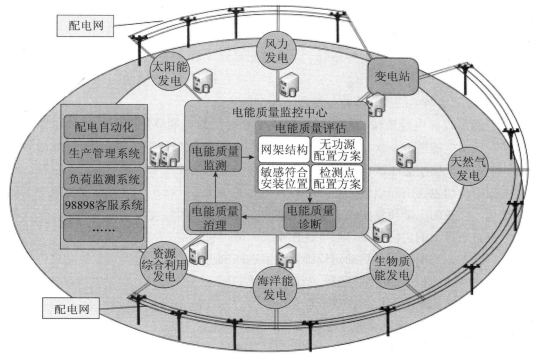

图9.8　有源配电网电能质量监测和评估示意图

基于大数据的有源配电网电能质量监测和评估包括以下4个方面。

1）有源配电网电能质量分析与监测

电网规模的不断扩大以及分布式电源的不断接入，配电网中运行数据、负荷数据、分布式电源运行等数据逐渐增多，电能质量分析的大数据特征日益明显，使得传统电能质量分析方法在电能质量的消噪、特征提取、扰动分类和参数估计等方面难以完全解决问题。面对出现的电能质量问题，近年来产生了许多综合分析法。但是，基于传统电能质量分析方法的电能质量监测装置面临性能差、精度低、智能化程度低等问题，需研究高性能的电能质量分析方法，开发实时在线的电能质量监测系统。电能质量监测系统集通信、测量、分析和管理等诸多功能于一体，能为电力企业和用户提供供电质量的基本信息，实现对有源配电网电能质量全面、准确、有效地监测。同时考虑到经济性，有源配电网中监测终端的最优布点也是亟须解决的问题。

2）有源配电网电能质量评估

有源配电网电能质量的评估是对有源配电网运行水平和电力供应能力的综合评价，是约束、督促电力公司与电力用户共同维护公共电网电能质量环境的基础，同时也是实施质量治理与控制的依据、检验治理与控制效果的工具。随着分布式电源越来越多地接入配电网，用户对电能质量的要求越来越高，传统的电能质量评估方法面临计算性能降低、耗时长、精度低等问题，如何使电能质量的评估合理、客观、准确是电力企业面临的严峻考验。而且，大规模的结构化数据和非结构化数据的加入，将为电能质量评估提供新的研究途径，制定合理的有源配电网电能质量评估指标，提高电能质量评估的准确性，深度挖掘电能质量监测系统采集到的数据信息，揭示由于之前分析成本太高而忽略的信息，为电力企业以及用户提供诸如网架结构分析、无功源配置方案合理性分析、敏感负荷安装位置分析、监测点配置方案等高附加值服务，这些服务将有利于电网的安全、稳定和经济运行。

3）有源配电网电能质量诊断与治理

为了满足较高电能质量的要求，及时正确地对影响电能质量的各种异常运行状态做出诊断，找出电能质量干扰源进而预防或消除，从而避免故障的扩大，是有源配电网面临的又一个难题。鉴于分布式电源可以看作是一种向配电馈线注入谐波的非线性负荷，而分布式电源的投切也会引起电压波动，分布式电源的接入无疑会在一定程度上加重对电能质量的扰动。传统的电能质量扰动定位方法都存在一定的适用环境与限制条件，且仅仅考虑一种定位方法得出的定位结果可信度往往不高。通过将体量更大、类型更多的电力大数据作为分析样本，为电能质量扰动定位提供详细的研究思路，提高电能质量扰动定位的准确性，寻找出网架结构中的薄弱环节，制定精细化的配电网网架和无功源调节方案，改善电能质量，对电网的经济运行具有重要意义。

4）基于配电网数据融合的停电优化

配电网停电优化是建立在配电网调度自动化系统、配电自动化系统、用电信息采集系统、配网设备管理系统、配电设备检修管理系统、电网图形及地理图形信息和营销管理系统等的基础上，综合分析配电网运行的实时信息、设备检修信息等，以找出最终的最优停电方案。计划停电管理根据计划停电（包括检修和限电等）的要求，进行系统模拟，以最小的停电范围、最短的停电时间、最小的停电损失、最小的停电用户来确定停电设备，通过屏幕显示停电区域，列出停电的用户名单，打印用户停电通知书等。采用传统技术在处理数据时存在计算速度慢、计算周期长、扩展性差等缺点。为了更加准确地计算配网停电损失，降低停电影响，需要利用多个业务系统的海量数据进行联合分析和数据挖掘。

基于大数据技术的配电网停电优化包括：

- 停电信息分类，基于调度、营销、配网贯通的海量数据对停电信息数据进行整理与分类。
- 停电预警，对设备故障可能导致的停电进行预警。
- 配电网停电计划制定，采用大数据技术制定合理的停电计划，完善配网停电优化分析系统。

9.4.3　配电网多源数据融合中的不良数据辨识

1. 不良数据的检测与辨识方法

不良数据检测是指判断某次量测采样中是否存在不良数据。不良数据辨识是指在发现某次量测采样中存在不良数据后，确定哪个（或哪些）量测是不良数据。不良数据的处理已经成为一个热门课题，目前国内外已经提出了多种不良数据检测与辨识的方法，大致分为以下两类：

（1）传统的不良数据检测方法包括目标函数极值检测法、加权残差法、检测法或标准化残差检测法、量测量突变检测法等。

（2）传统的不良数据辨识方法主要有残差搜索法、非二次准则法、零残差法、估计辨识法等。

相对传统的一些新理论和新方法主要有基于数据挖掘的模糊数学法、神经网络法、聚类分析法、间隙统计法等。这些方法大多针对传统配电网比较简单的小规模结构化数据。随着智能配电网规模的不断扩大、分布式电源的接入以及网络技术在配电系统中的广泛应用，对于配电网中达到大数据级别的不良数据的检测与辨识，传统方法很难达到处理需求。

2. 基于多源数据的不良数据辨识方法

根据配电网大数据多源、多渠道的特点，可基于不同来源的数据进行互校核，实现不良数据的检测与辨识，包括电度量和量测量的互校核、不同数据系统间的互校核方法、不同结构数据的互校核等，如图9.9所示。

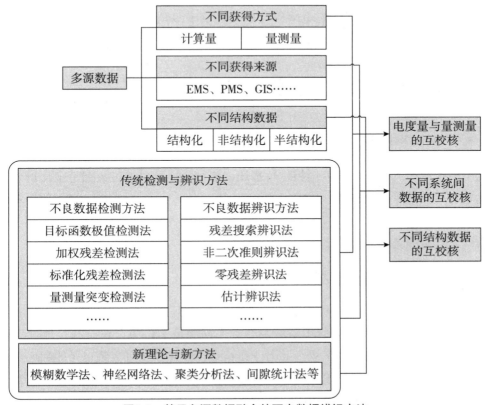

图9.9　基于多源数据融合的不良数据辨识方法

1）基于电度量与量测量互校核的不良数据检测方法

按获得方式，配电网多源数据可划分为电度量与量测数据，可采用电度量与量测量互校核辨识不良数据。如实际计算中，可用在同一节点下电度量和有功量测进行互校核：

$$P_{Mi} = [(P_{i-1} + P_i) / 2 \pm \xi] / (3.6 \times 10^6) \tag{9-1}$$

式中：P_{Mi} 为 i 时刻该节点的有功电度量；P_{i-1}、P_i 为 $i-1$、i 时刻该节点的有功功率；ξ 为准确系数，由实际量测系统准确度决定。

2）基于不同系统间数据互校核的不良数据检测方法

配电网多源数据按获得来源可分为来自不同系统的数据，来自不同系统间的数据可以进行互校核。例如可结合配电网管理信息系统、生产管理系统的信息以及低压台区互联信息，确定配变用电类型，按照不同行业需量系数和典型日负荷曲线可拟合出该配变负荷曲线。

3）基于不同结构数据互校核的不良数据检测方法

配电网中含有结构化数据、非结构化数据、半结构化数据，但是不同类型的数据可能包含相同的信息量，如某一线路的长度可由地理信息系统中的非结构化图形数据获得，也可从生产管理系统中的结构化数据获得，通过不同类型的数据进行互校核，可实现不良数据的辨识。

配电网中不同的数据源为配电网研究对象提供了多角度、多时间、多维度的数据描述，为了通过大数据分析充分挖掘有用信息，需要建立数据之间的关系数学模型。

9.4.4 配电网大数据关联模型建模

1. 配电网数据特征化

配电网中的研究对象一般使用类进行描述，这种描述可以通过数据特征化得到，数据特征化是目标类数据的一般特性或特征的汇总。特征是一个数据字段，表示数据对象的一个特征。不同配电网研究对象有不同的属性，不同的属性有不同的数据类型，一个属性的类型由该属性可能具有的值的集合决定。

2. 配电网数据邻近性模型

数据的相似性和相异性都称为邻近性，配电网数据邻近性模型具有广泛的应用。例如，同一个负荷可能在不同的应用系统中有着不同的记录，为了正确高效地进行数据分析，需要在数据集成时将多条记录合并为一条记录，因此需要对多条记录的邻近性进行计算分析。再如，需要定量描述投运时间对设备性能的影响。同时，邻近性模型还是进行分类、聚类分析、离群点分析等深入研究的数据基础。

3. 配电网数据关联模型

关联规则由Agrawal、Imielinski和Swami提出，是数据中一种简单但很实用的规则。配电网故障、状态与原因之间存在关联关系，发现故障属性间的关联特性可以更好地对设备进行故障监测与诊断。例如分析配电网参数和暂态稳定性之间的关联性，判断发生故障时系统失稳的概率；分析系统节点电压变化特性与故障之间的关系，找出系统中最为敏感的节点；寻找特定地点谐波电流与其他地点电压之间的关联度，确定谐波源位置、特征及处理方法。也可在电力营销和负荷管理中引入关联分析，以指导供电公司制定合理的营销策略，如在配网规划中分析城市用电量与GDP增长率、第二产业比重、中心性等级、行政级别、气候类型等因素之间的关联关系。

9.4.5 配电网大数据分析方法和手段

1. 配电网数据特征聚类

聚类可用于将数据分割成多个类或子集，在聚类分析中类的数量是未知的。常见的聚类方法有划分聚类法、层次聚类法、网格聚类法、基于模型的聚类法以及智能聚类法等。根据不同聚类方法的适用范围及配电网大数据的特征，通过研究基于配电网时空特性的数据聚类方法能够提出处理配电网时空特性的数据聚类解决方案。

从配电网调度系统和负荷监测中提取不同区域、不同类型的用户负荷曲线，进行负荷特性聚类分析，为电力公司营销和负荷管理提供依据，是近几年电力系统聚类分析的研究热点。通过对负荷曲线的聚类，可以作为负荷预测和电价预测的预处理过程；通过分析配电网线路和设备故障信息，形成具有相似变化的曲线簇，可以更好地估计和抑制故障带来的影响。

2. 配电网数据特征分类

分类是通过训练产生的分类函数或分类模型将数据对象映射到2个或多个给定类别的方法。从机器学习的观点，分类分析是一种有指导的学习，即其训练样本的分类属性（类标号）的值是已知的，通过学习过程形成数据对象与类标示间对应的知识，这类知识也可称为分类规则。分类通过已训练好的模型或分类规则来预测、标记未知的数据类。分类方法包括决策树归纳法、K最近邻法、向量空间模型法、贝叶斯分类法、支持向量机模糊分类及神经网络法等。在配电网配电变压器故障识别和诊断中，可以通过贝叶斯分类方法将变压器故障分类为内部或外部的接地和短路故障；也可以用神经网络来识别高温、低能和高能状态等故障类型。

3. 配电网大数据快速分析技术路线

数据挖掘技术的选择应根据需要解决的业务问题来决定。要解决一个业务问题，在一个数据挖掘的完整流程中，需要同时利用多种数据挖掘方法。例如在数据预处理阶段，可以通过统计性描述方法对数据的本质、质量进行探索和分析，利用无量纲化的模型对数据进行标准化处理，也可以用聚类分析对临群点进行探索等。基于配电网大数据聚类与分类技术，研究面向大规模配电网大数据的快速数据分析与处理技术，其技术路线如图9.10所示。

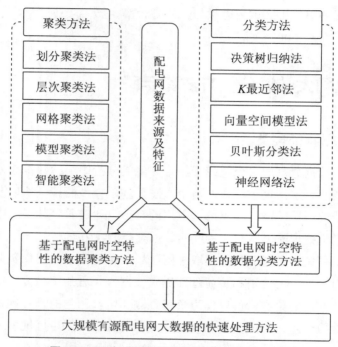

图9.10　配电网时空特性的快速数据处理方法

4. 数据密集型计算手段

目前分布式并行计算技术是数据密集型计算的主要手段。由于大数据的数据量和分布式的特点，使得传统的数据管理技术难以胜任这种海量数据。很多企业开始想方设法把大数据存储起来，不断地尝试新的大数据存储架构、研究大数据分析方法技术。目前，在分布式并行计算与存储的很多研究和应用中，Hadoop的分布式并行处理应用得比较多，比如互联网网页分析和大数据统计挖掘等。电力系统的优化分析方法大多是计算任务/数据密集型的，所以可依靠Hadoop较容易地开展分布式并行方面的计算和研究。基于Hadoop的分布式并行计算技术在国内电力行业中的应用研究还处于探索阶段，研究内容主要集中在系统构想、实现思路和前景展望等方面。在国外，基于Hadoop的分布式并行计算应用目前已用于海量数据的存储和简单处理，已有实现并运行的实际系统。

分布式并行计算技术能够为大规模复杂配电网分析计算提供强大的支撑，并能为供电企业和用户提供大量的高附加值服务，这些增值服务将有利于电网安全监测与控制（包括故障预警与处理、供电与电力调度决策支持和更准确的用电量预测）、客户用电行为分析与客户细分、电力企业精细化运营管理、更科学的需求侧管理等。

9.4.6 智能配电网大数据

1. 智能配电网大数据现状

随着智能配电网信息化、自动化、互动化水平的提高以及与物联网的相互渗透与融合，电力企业量测体系内部积累了大量数据，如用户用电数据、调度运行数据、GIS数据、设备检测和监测数据以及故障抢修数据等。在量测体系之外，电力企业还积累了大量运营数据，如客户服务数据、企业管理数据以及电力市场数据等。除了电力企业内部数据，还有许多潜在的外部数据源，如互联网、移动设备的GPS，以及公共服务部门数据库等所能提供的大数据可供挖掘与利用。

根据数据来源的不同，可以将智能配电网大数据分为电力企业量测数据、电力企业运营数据和电力企业外部数据3类，如图9.11所示。

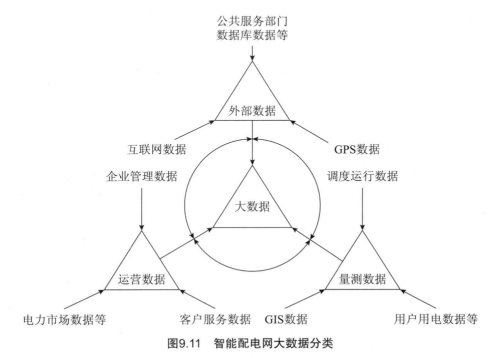

图9.11 智能配电网大数据分类

这3类数据彼此作用，共同服务于智能配电网的运行与发展，如人口的大规模迁徙影响用户用电量，用户用电情况变化会影响电网建设规模与运行方式，而用户用电数据和电网建设数据等可以为电力企业制定合理的营销策略以及公共服务部门更新区域能源发展规划提供参考。

目前对于智能配电网数据的利用主要集中在电力企业量测数据方面,对于3类数据彼此影响的研究还较少,即便是对于电力企业量测数据,其中蕴含的价值也还远未得到系统、深入的开发与应用。今后分布式电源的大量引入以及电动汽车的快速发展,必将会为智能配电网的大数据资源池注入更多的数据流,智能配电网大数据中潜藏的价值也将随着研究与利用的深入不断涌现。

2. 智能配电网大数据的特征

来源广泛、关系复杂、粒度精细、结构多样、生成快速,都可以称为智能配电网大数据的一次特征,而伴随一次特征而来的是体量巨大、信息丰富以及处理困难等二次特征。智能配电网大数据可能来自配电设备、智能电表,乃至电动汽车的GPS,不同用电行业、不同种类、不同个体的数据源具有差异化甚至是繁杂的数据生产方式。量测及通信技术的发展与应用使得大规模用电信息的采集与传输间隔可以达到分钟级别,更加精细的数据为用户个性化用电特征的研究提供了基础。随着现代电力企业服务质量的提升,包含大量视频、语音、图像、文本等非结构化或半结构化类型的数据,如视频监控数据、客户服务系统语音数据、GIS数据、网页交互数据等开始大规模持续涌入,日益庞大且复杂化的数据集合令传统的数据处理技术开始难以应对,因此有必要寻求契合智能配电网数据特征的大数据应用技术。

3. 智能配电网大数据关系网及价值链

1)大数据关系网

从各种复杂系统中得到的大数据直接反映的往往是一个个孤立的数据集和分散的链接,但将这些反映相互关系的链接整合起来就是一张网络,数据的共性和网络的整体特征就隐藏在数据网络中。大数据往往是以复杂关联的数据网络这样一种独特形式存在的,因此要理解大数据的作用就要对大数据后面的网络进行深入分析。大数据面临的科学问题本质上可能就是网络科学问题,一些网络参数和性质也许能刻画大数据背后网络的共性。智能配电网中的部分数据以及这些数据之间可能的联系如图9.12所示,其中包含了来自电力企业、用户以及社会的诸多数据。这些不同数据之间彼此关联、交织成网,以一种现阶段看来无比混杂并且难以准确描述的方式支撑和推动着配电网的运行与发展。以配电网规划为例,电网规划以用电预测和城镇规划等数据为基础,而经济发展数据可以借由用电预测数据和城镇规划数据两条途径作用于电网规划数据。与此同时,由电网问题造成停电的客户投诉等也可能会对电网规划产生重要影响。

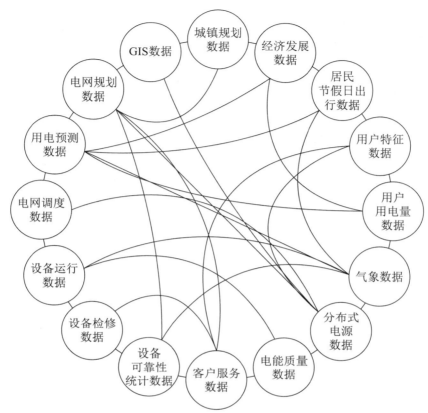

图9.12 智能配电网部分数据关系网示意图

2）数据价值链

如果将智能配电网大数据及其关系网视为一个复杂系统，并以原始一次数据作为系统输入，以用电预测数据和电网规划数据等二次数据作为中间变量或输出结果，则该系统可用式（9-2）进行描述。

$$P = R_1(R_2(R_3(\cdots, D_3), D_2), D_1) \qquad (9\text{-}2)$$

式中：D_1，D_2，D_3，$\cdots$表示不同的一次数据集，如经济发展数据、气象数据等；R_1，R_2，R_3，$\cdots$表示作用于数据集上的关系，其输出为二次数据集，如用电预测数据等；P表示目标数据集。

显然，目标数据集具有直接应用价值，而各一次数据集是目标数据集的价值来源，但是由于式（9-2）中存在关系的多重嵌套以及数据的相互耦合，且关系和数据集本身又存在着诸多的随机性及模糊性因素，使得隐藏于一次数据集与目标数据集之间的隐性数据价值链并不明晰，各阶段输出结果的有效性亦无法保证。而通过将数据和关系进行解耦及梳理，变隐藏的、间接的关联为显性的、相对直接的关联，形成如式（9-3）所示的连接一次输入与目标输出的数据驱动型显性数据价值链，将有助于简化整个智能配电网业务的数据流程，提高输出结果的准确性和适应性。

$$\begin{cases} P = R(C_1 D_1, \cdots, C_i D_i, \cdots, C_n D_n) \\ C_i = R_{i,1} R_{i,2} \cdots R_{i,m} \end{cases} \qquad (9\text{-}3)$$

式中：C_i 为从一次数据集到目标数据集的显性数据价值链；$R_{i,1}$，$R_{i,2}$，$\cdots$，$R_{i,m}$ 为作用于一次数据集 D_i 上的多重关系。

9.4.7　面向智能配电网的大数据应用技术与理论框架

为将大数据更好地应用于智能配电网中，在整合发展各种大数据理论的基础上，提出了面向智能配电网的"飞机型"大数据理论框架，如图9.13所示。

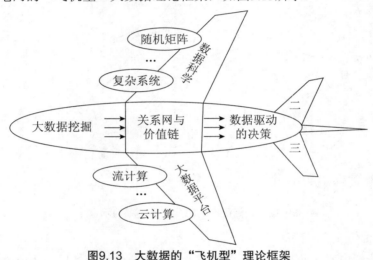

图9.13　大数据的"飞机型"理论框架

在大数据的分析利用过程中，数据科学提供方法论指导，大数据平台为其提供技术支撑，二者组成大数据理论框架的两翼。大数据挖掘、关系网与价值链，以及数据驱动的决策居于大数据的实际分析与产出环节，共同组成大数据理论框架的主干。

数据科学是推动大数据发展的重要力量，它有两个主要内涵：一是研究数据本身的各种类型、状态、属性及变化形式和变化规律；二是为科学研究提供一种数据方法，以揭示自然界和人类行为现象的规律。从数据科学的角度，可以利用随机矩阵理论对大数据进行建模，或将大数据等效为一个复杂系统并运用复杂系统理论对其展开研究，以发现其中隐藏的规律并指导大数据应用。

融合了流计算和云计算等多种技术的大数据平台作为支撑大数据发展的另一个重要动力来源，其研究重点在于推动数据存储及处理技术的进步，并为大数据应用提供更为高效和完善的分析处理工具。若将各种大数据应用比作一辆辆"汽车"，则支撑这些汽车运行的高速公路就是大数据平台。

在数据分析阶段，大数据挖掘技术负责从大规模的数据流或数据集合中挖掘出数据间的隐藏关系与价值链条，并相应地绘制出较为精确的数据关系强度网络及价值分布图。

关系网和价值链处于理论框架的核心地位。智能配电网中的大数据往往直接表现为一个个孤立的数据集和数据集之间分散的链接，只有将这些反映相互关系的链接整合起来才能得到一个充满着数据流、能量流以及价值流的关系网络。数据驱动的决策是应用结果产出阶段。大数据关系网与价值链的分析结果可以为数据驱动的决策提供依据。根据大数据作用程度的不同，数据驱动的决策分为3类，分别对应"飞机型"理论框架中起调节作用的3个尾翼，这代表大数据理论是以实际应用为导向的。

总体而言，流计算和云计算等数据处理技术为大数据挖掘提供平台及技术支持，复杂系统理论和随机矩阵理论等为其提供理论指导。在整个过程中，信息共享不仅是每个阶段顺利进行的保证，同样是智能配电网大数据处理的目的。智能配电网大数据不仅指数据本身，更涵盖相应的理论与技术体系，它与大数据处理技术以及数据科学等互不统属，而是体现于"飞机型"理论框架的各模块之中。

9.4.8　大数据在智能配电网中的应用前景

大数据在智能配电网中具有广阔的应用前景。本节侧重于从用电预测与协同调度、智能配电网网架发展趋势分析与优化规划，以及智能用电与网络降损这3个方面进行分析。

1. 用电预测与协同调度

精准的用电预测结果对于智能配电网的规划和运行具有积极意义。通过对用户的用电行为特征进行分析并建立基于大数据的自适应用电预测模型，有可能得到更高精度、更细粒度的预测结果，这也有利于电源与负荷协同调度的实现。

1）用电量宏观变化趋势预测

通过分析用户用电数据与其他数据之间的因果关系和相关关系，对用电量变化趋势进行预测。例如研究节假日人口迁徙轨迹及特征、雾霾等恶劣天气发生频度，以及宏观经济指标等数据与用户用电量之间的关系，并将这些抽象关系进行量化表征，最终利用基于关系的自适应用电预测模型实现对用电量宏观变化趋势的整体把握与感知。

2）局部用电量精细化预测

对于局部空间或部分逻辑分类中不同的用户个体或用户群组，采用差异化的建模方法，建立有较强针对性的用电预测模型库，将用户用电特性进行多维度分解。对于不同用户在不同维度下采用不同模型进行精细化预测，提高用电预测的精度。

3）电源与负荷协同调度

基于分布式电源发电及用户用电预测结果，通过配电网错峰资源聚类分析和错峰影响要素关联度分析，量化评估可调度资源错峰潜力，探究不同类型电源和负荷的优化组合原则及方法，实现错峰资源的分层优化及自动分配，完成电源与负荷的协同调度。

2. 网架发展趋势分析与优化规划

在传统的配电网网架规划中，由于数据源或数据分析不足，网架优化面临许多的不确定性，理论上优化的结果往往与实际之间存在较大差异。在大数据环境下，海量、多类型、时变基础数据的引入，可以减少网架优化的不确定性。但是模型中对应边界条件以及参数的变化，可能使优化陷入组合爆炸的泥潭，造成优化速度缓慢或求解困难，这就需要对传统的优化方法进行改进。

1）城市电网网架发展趋势分析

在时空四维空间中，智能配电网并非是静止和孤立的，相反，其发展趋势具有高度复杂的动态性和关联性，随着中国城市化进程的加速，这些特性将更为明显。结合对现有网架的态势感知，将用电预测结果、城市综合体发展趋势以及用户用电行为特征等与网架结构数据结合起来开展并行聚类与关联分析，可以获得更准确的网架扩展趋势分析的可视化结果。

2）面向用户需求的网架规划

在传统的配电网网架规划中，多以电网供电可靠性或建设及运行的经济性作为优化目标，对于用户的特定需求考虑较少。在大数据环境下，面对用户差异化的需求开展聚类分析，并以用户需求作为主要优化目标进行电网规划，有利于提高供电企业的服务水平和用户满意度。

3）数据驱动的网架优化规划

数据驱动的网架优化规划是，考虑分布式电源和电动汽车接入以及利用基于大数据的用电预测和用户用电特征挖掘等多方面信息，通过面向网架结构的数据聚类和关联分析，构建分层分类数据关联模型，生成基于数据关联模型的可行网架方案集，并在此基础上研究网架的快速优化算法，提高网架优化效率。

3. 智能用电与网络降损

不同用户的负荷特性、用电理念和节电策略之间存在较大差异，这导致了用户用电行为模式的多样性，分布式电源以及电动汽车等新型设备的接入也将加速这种多样性的发展。了解用电行为模式的多样性有助于从用户的角度为其量身定制经济合理的用电方案。此外，电能在分配和使用过程中其损耗呈现明显的时空分布特性，可以借助智能配电网大数据分析结果获得精确感知。

1）个性化用电方案定制

个性化用电方案定制的步骤是，通过对电价和用户用电行为模式等数据进行关联分析，获取用户对于电价等激励机制的敏感度，在同时考虑分布式电源接入及运行策略对用户用电行为方式影响的条件下，建立包含分布式发电与用户用电峰谷分时电价在内的联合优化模型。在此模型基础上，结合用户能效水平和用电行为特征等数据为用户定制智能化用电方案，挖掘节电潜力，降低用户购电成本，提高配电网削峰填谷的能力。

2）电动出租汽车与配电网联合运行

电动出租汽车与配电网联合运行指，结合电动出租汽车GPS和电池电量数据、乘客手机 GPS和历史搜索数据、道路拥堵数据、配电网运行数据以及充电站分布数据等，对乘客用车行为进行预测，并为出租车制定行车路线和充放电规划等运行方案，同时有配合地开展智能配电网调度，实现出租车和配电网的信息实时共享以及电能的"线上"与"路上"联合传输。

3）挖掘用户用电行为模式和网架结构的网络降损

挖掘用户用电行为模式和网架结构等多种因素与配电网线损之间的关联关系，并对线路损耗的时空分布特性进行可视化展示，以便精确识别高损耗线路及区域。建立网络损耗数据关联模型，用于指导用户用电、调整电网运行方式和发电侧的发电计划，从而有效降低配电网运行成本，提高配电网资产利用率。

9.4.9　大数据在智能配电网中的应用路线图

结合上述研究内容，从数据抽取与清洗、数据存储与管理、数据解析以及数据应用这4个角度出发，提出如图9.14所示的大数据在智能配电网中的应用路线图。

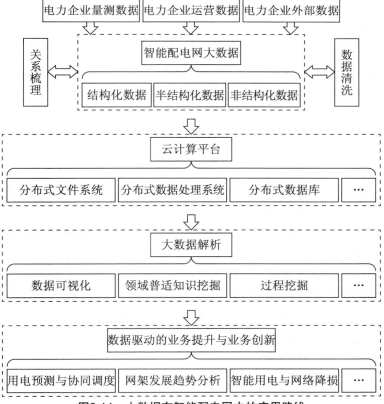

图9.14　大数据在智能配电网中的应用路线

大数据应用的目标不是为了获取更多的数据，而是从数据中挖掘出更大的价值。通过开展大数据在智能配电网中的应用研究，可以实现数据资产的保值与增值，有效提升智能配电网的运行水平与服务水平。

9.5 电力大数据与挖掘技术

数据挖掘指在不同的数据源中（包括结构化的数据、半结构化的数据和非结构化的数据，即既可以是数据库，也可以是文件系统，或其他任何组织在一起的数据集合），通过一定的工具与方法寻找出有价值的知识的一类深层次的数据分析方法。

大数据作为一种重要的战略资源，如何发挥大数据的战略意义显得十分重要。数据挖掘的目的是挖掘隐藏在数据中的对人们有效的信息。通过数据挖掘，我们才能得到大量数据集中所蕴含的信息。这些信息可以创造价值，并对人们的多个领域产生深远影响。数据挖掘是一种基于数据库、模式识别、机器学习、人工智能、统计学、可视化技术的决策支持模式。数据挖掘可以分析数据、归纳数据，从数据中挖出对人们有用的信息，帮助人们做出正确的决策，减少风险。

数据挖掘又被称作基于数据库的知识发现，是数据库技术和人工智能领域的重要应用，也是重要的研究热点。数据挖掘发现的知识可以用作商业决策支持、信息管理、工业过程控制和查询优化等，更可以用作数据自身的维护。数据挖掘将以前低层次的简单数据查询提升到挖掘数据间的隐藏信息，并将之用于各个领域中。

基于大数据的数据挖掘技术是在大数据提出之后才开始引起人们关注的，大数据引起的信息技术革命不仅在于数据量的庞大上，也在于这些庞大的数据中隐藏了相对于过去更加复杂的、更加有用的信息。过去的数据量比较小，经过这么多年的积累，数据量开始庞大起来，数据类型开始复杂起来，若想使用这些庞大的、复杂的数据中的信息，数据挖掘技术必须解决因数据量庞大、数据类型复杂所带来的问题。因此，数据挖掘技术必须加以改进，只有改进后的数据挖掘技术才能有效挖掘出对人们有用的知识。若还用以前的数据挖掘技术来挖掘当前的大数据，即使可以挖掘出来，需要花费的时间以及占用的各种资源也会使得这项工作毫无意义。所以，基于大数据的数据挖掘是一种更加新式的、更加先进的、更加复杂的数据挖掘技术。与传统的数据挖掘技术相对比，其对象数据不再是简单的结构化数据，而是一种复杂的非结构化或半结构化数据，而对象数据的改变也使得许多数据挖掘技术已无用武之地，因此，基于大数据的数据挖掘技术应是未来几年发展的重中之重。

数据挖掘作为一种比较成熟的数据处理技术，主要是对数据中的数据进行抽取、转换、分析和建模处理，从中提取出对人们有用的关键信息。数据挖掘与传统的数据分析有很大的不同，数据挖掘是在未知的前提下去挖掘信息、发现知识的，可实用、有效和未知是数据挖掘的三大基本特征。目前比较常用的、成熟的挖掘方法主要有神经网络、遗传算法、决策树方法、关联规则和粗糙集等。

9.5.1　神经网络

1. 人工神经网络基本介绍

在许多数据挖掘和决策支持应用中，由于有公认的轨迹记录，人工神经网络已经成为一种普遍采用的方法。神经网络是一种可以容易地应用于预测、分类和聚类的强有力工具。最有力的神经网络是生物所具有的神经网络，与此相对应的是，计算机通常善于反复地执行明确的指令。通过在计算机上模拟人脑的神经联系，桥接计算机与人脑的隔阂，是实现人工神经网络的关键。神经网络从数据中概括和学习的能力，是模仿我们从经验中学习的能力，这种能力对数据挖掘是有用的。

以某个IRIS对3种植物的分类案例为例，神经网络有能力通过对已知的样本参数学习后，实现对3种植物的分类。

由图9.15可见，神经网络就像一个知道如何处理输入以产生输出的黑匣子，计算相当的复杂且难以理解，却往往给出有用的结论。人工神经网络属于人工智能中的机器学习型，它类似于人类大脑重复学习的方法，先给出一系列的样本，进行学习和训练，从而产生用于区别各种样本的不同特征和模式。该算法的优点是对复杂问题能进行很好的预测，对噪声数据的承受能力比较高，以及对未经训练的数据分类模式的处理能力。因此人工神经网络主要被应用于数据挖掘领域中的提取分类规则以及预测。

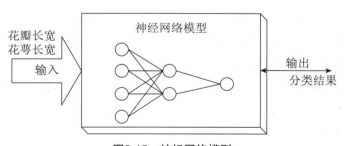

图9.15　神经网络模型

用人工的方法模拟产生一个生物神经元的数学模型，这是一个由多输入、单输出的非线性元件表达。单个神经元是前向型的，将人工神经元的基本模型和激励函数合在一起构成的人工神经元，就是著名的McCulloch-Pitts模型，简称为MP模型。这种模型是对生物神经元的抽象、模拟与简化。图9.16就是一个典型的MP人工神经元模型。

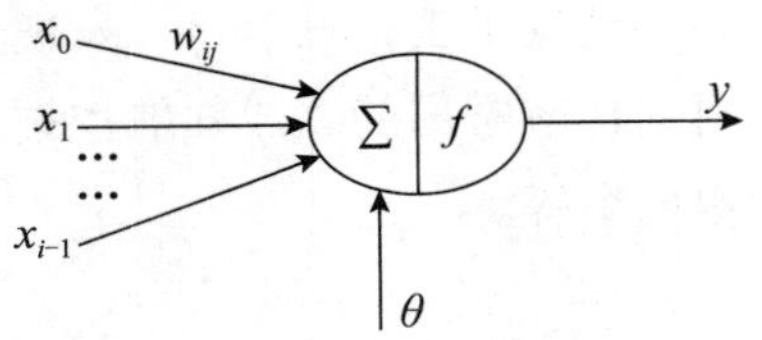

图9.16 典型MP人工神经元模型

MP模型属于一种阈值元件模型，它是由美国Mc Culloch和Pitts提出的最早神经元模型之一。MP模型是大多数神经网络模型的基础。该人工神经元具有许多的输入信号，针对每个输入都有一个加权系数w称为权值（Weights），权值的正负模拟了生物神经元中突触的兴奋和抑制，其大小则代表了突触的不同连接强度。而中间的神经元对所有的输入信号进行计算处理，然后将结果输出。在神经元中，对信号进行处理采用的是数学函数，通常称为激活函数、激励函数或挤压函数。其输入、输出关系可描述为：

$$\begin{cases} u_j = f\left(\sum_{i=1}^{n} w_{ij} x_i - \theta_j \right) \\ y = f(u_j) \end{cases} \tag{9-4}$$

式中X_i（$i=1$，2，$\cdots$，n）从其他神经元传来的输入信号；θ_j是该神经元的阈值；w_{ij}表示从神经元i到神经元j的连接权值；f为激活函数或挤压函数。由于神经元采用了不同的激活函数，使得神经元具有不同的信息处理特性，而神经元的信息处理特性是决定神经网络整体性能的主要因素之一，因此激活函数具有重要的意义。

2. 设计神经网络结构

前馈神经网络的结构设计主要包括输入层和输出层节点数的选择、网络隐层数的选择以及每个隐层节点数的选择3个方面。其中，输入层和输出层节点数的确定一般由实际应用的训练样本所决定。输入节点数一般等于待训练样本的矢量维数，即样本数据的特征维数；输出层单元数在分类网络中取类别数m。或$\log_2^m$，其中m为待分类的类别数；在逼近网络中取要逼近的函数输出空间维数。因此，前馈神经网络的结构设计，在BP神经网络中主要是解决网络隐层数以及每个隐层节点数的选择问题；在RBF网络设计中，就是隐层节点数多少的问题。

1）隐层数的设计

理论上已经证明：一个3层BP神经网络，含一个隐层，只要隐层节点数足够多，就能以任意精度逼近有界区域上的任意连续函数；而RBF网络则隐层必为一，也可以是任意精度逼近有界区域上的任意连续函数。这就给我们确定了设计前馈网络结构的基本原则。虽然增加隐层层数能降低网络训练误差，提高精度，但同时也使网络更加复杂，增加了网络权值的训练时间。因此，在设计网络结构时，一般先考虑设一个隐层BP或者RBF网络。当一个隐层的隐节点数已经很多，却依然不能降低网络训练误差时，才考虑使用增加一个隐层的BP神经网络。

2）隐层节点数的设计

隐节点的作用是从样本中挖掘内在规律，并将知识信息存储在隐节点的连接权重中。若隐节点数量太少，网络从样本中获取知识的能力就差，不足以概括和体现训练集中的样本规律；反之，又可能把样本中的噪音数据也学会并记牢，从而出现所谓"过度拟和"问题。此外，过多的隐节点会增大网络训练学习的负担。设置多少个隐节点取决于训练样本数、样本噪音的大小以及样本中蕴含规律的复杂程度。

对于"最好的"隐层节点数，没有明确的规则。在这个问题上，因为网络结构的不同会直接影响网络的准确性，所以最佳解决办法就是根据实验得出的经验来设计。目前确定最佳隐节点的常用方法是在已有的经验公式基础上进行试凑，经验公式如下：

$$h = \sqrt{n+m} + a \tag{9-5}$$

式中，h为隐含层节点数目，m为输入层节点数目，n为输出层节点数目，a为$1\sim10$之间的调节常数。

$$\sum_{i=0}^{n} C\binom{n_1}{i} > k \tag{9-6}$$

$$n_1 = \log_2^n \tag{9-7}$$

式中，k为样本数，n_1为隐节点数，n为输入层单元数，当$i > n_1$时，取$C\binom{n_1}{i} = 0$。

利用上述公式，我们可以先设置较少的隐层网络节点数，然后逐渐增加节点，对于同样的样本集，通过结果比对而产生最佳的隐层网络节点数。

3. 概率式学习

这种网络基于统计力学、分子热力学和概率论中关于系统稳态的能量标准进行学习，称为概率式学习。这种网络的典型代表是Boltzmann机学习规则，学习过程是根据神经元i和j在不同状态时实现的联结概率来调整连接权重。

$$\Delta W_{kj} = \eta(p_{ij}^+ - p_{ij}^-) \tag{9-8}$$

公式中，η为学习率，p_{ij}^+和p_{ij}^-分别是神经元i和j在输入输出固定形态及系统为自由状态时实现联结的概率，其调整的原则是：当$p_{ij}^+ > p_{ij}^-$时，增加权重，否则减小权重。

4. 神经网络方法的优缺点

神经网络具有良好的健壮性、自组织自适应性、并行处理、分布存储和高度容错等特性，非常适合解决数据挖掘的问题，用于分类、预测和模式识别的前馈式神经网络模型；以Hopfield的离散模型和连续模型为代表的，分别用于联想记忆和优化计算的反馈式神经网络模型；以Art模型、Koholon模型为代表的，用于聚类的自组织映射方法。神经网络的缺点是"黑箱性"，人们难以理解网络的学习和决策过程。

9.5.2 遗传算法

遗传算法是由美国Michigan大学的Holland教授于1969年提出，后经DeJong、Goldberg等人归纳总结所形成的一类模拟进化算法。它来源于达尔文的进化论、魏茨曼的物种选择学说和孟德尔的群体遗传学说。遗传算法是模拟自然界生物进化过程与机制求解极值问题的一类自组织、自适应人工智能技术。其基本思想是模拟自然界遗传机制和生物进化论而形成的一种过程搜索最优解的算法，具有坚实的生物学基础。它提供从智能生成过程观点对生物智能的模拟，具有鲜明的认知学意义。它适合于无表达或有表达的任何类函数，具有可实现的并行计算行为，它能解决任何种类实际问题，具有广泛的应用价值。因此，遗传算法广泛应用于自动控制、计算科学、模式识别、工程设计、智能故障诊断、管理科学和社会科学等领域，适用于解决复杂的非线性和多维空间寻优问题。虽然遗传算法在许多领域中都有成功的应用，但其自身也存在不足，如局部搜索能力差、存在未成熟收敛和随机游走等现象，导致算法的收敛性能差，需要很长时间才能找到最优解等问题。这些不足阻碍了遗传算法的推广应用。如何改善遗传算法的搜索能力和提高算法的收敛速度，使其更好地应用于实际问题的解决中，是各国研究者一直探索的主要课题。

1. 遗传算法的特点

遗传算法是一种基于自然群体遗传演化机制的高效探索算法。它具有以下特点。

（1）遗传算法从问题解的中集开始搜索，而不是从单个解开始。

这是遗传算法与传统优化算法的极大区别。传统优化算法是从单个初始值迭代求最优解的，容易误入局部最优解。遗传算法从串集开始搜索，覆盖面大，利于全局择优。

（2）遗传算法求解时使用特定问题的信息极少，容易形成通用算法程序。由于遗传算法使用适应值这一信息进行搜索，并不需要问题导数等与问题直接相关的信息。遗传算法只需适应值和串编码等通用信息，故几乎可处理任何问题。

（3）遗传算法有极强的容错能力。遗传算法的初始串集本身就带有大量与最优解相去甚远的信息，通过选择、交叉、变异操作能迅速排除与最优解相差极大的串，这是一个强烈的滤波过程，并且是一个并行滤波机制。故而，遗传算法有很高的容错能力。

（4）遗传算法中的选择、交叉和变异都是随机操作，而不是确定的精确规则。这说明遗传算法是采用随机方法进行最优解搜索的，选择体现了向最优解迫近，交叉体现了最优解的产生，变异体现了全局最优解的覆盖。

（5）遗传算法具有隐含的并行性，遗传算法的基础理论是图式定理。

2. 遗传基本算法

遗传算法包含5个基本要素：问题编码、初始群体的设定、适应值函数的设计、遗传操作设计、控制参数设定。

由于遗传算法是由进化论和遗传学机理产生的直接搜索优化方法，故而在这个算法中要用到各种进化和遗传学的概念。这些概念如下：

串（String）：它是个体（Individual）的形式，在算法中为二进制串，并且对应于遗传学中的染色体（Chromosome）。

群体（Population）：个体的集合称为群体，串是群体的元素。

群体大小（Population Size）：在群体中个体的数量称为群体的大小。

基因（Gene）：基因是串中的元素，基因用于表示个体的特征。例如有一个串S=1011，则其中的1，0，1，1这4个元素分别称为基因。它们的值称为等位基因（Alletes）。

基因位置（Gene Position）：一个基因在串中的位置称为基因位置，有时也简称基因位。串的基因位置由左向右计算，例如在串S=1101中，0的基因位置是3。基因位置对应于遗传学中的地点（Locus）。

基因特征值（Gene Feature）：在用串表示整数时，基因的特征值与二进制数的权一致；例如在串S=1011中，基因位置3处的1，其基因特征值为2；基因位置1处的1，基因特征值为8。

串结构空间（SS）：在串中，基因任意组合所构成的串的集合。基因操作是在结构空间中进行的。串结构空间对应于遗传学中的基因型（Genotype）的集合。

参数空间SP：这是串空间在物理系统中的映射，它对应于遗传学中的表现型（Phenotype）的集合。

非线性：它对应遗传学中的异位显性（Epistasis）。

适应度（Fitness）：表示某一个体对于环境的适应程度。

长度为L的n个二进制串bi（$i = 1，2，\cdots，n$）组成了遗传算法的初解群，也称为初始群体。在每个串中，每个二进制位就是个体染色体的基因。根据进化术语，对群体执行的操作有3种。

1）选择（Selection）

选择是指从群体中选择出较适应环境的个体。这些选中的个体用于繁殖下一代，故有时也称这一操作为再生。由于在选择用于繁殖下一代的个体时，是根据个体对环境的适应度决定其繁殖量的，因此有时也称为非均匀再生。

2）交叉（Crossover）

交叉是指在选中用于繁殖下一代的个体中，对两个不同的个体的相同位置的基因进行交换，从而产生新的个体。

3）变异（Mutation）

变异是指在选中的个体中，对个体中的某些基因执行异向转化。在串bi中，如果某位基因为1，产生变异时就是把它变成0，反之亦然。

遗传算法的原理可以简要给出如下描述：

选择一个初始的入口；

确定每个个体的适应度；

执行选择；

重复；

执行交叉；

执行突变；

确定每个个体的适应度；

执行选择；

直到停止准则应用。

某种结束准则一般是指个体的适应度达到给定的阈值；或者个体的适应度的变化率为0。

遗传算法处理流程如图9.17所示。

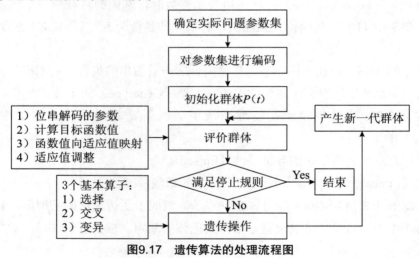

图9.17 遗传算法的处理流程图

3. 遗传算法的优缺点

遗传是一种基于生物自然选择与遗传机理的随机搜索算法，是一种仿生全局优化方法。遗传算法具有的隐含并行性、易于和其他模型结合等性质使得它在数据挖掘中被加以应用。遗传算法的应用还体现在与神经网络、粗集等技术的结合上。如利用遗传算法优化神经网络结构，在不增加错误率的前提下，删除多余的连接和隐层单元；用遗传算法和BP算法结合训练神经网络，然后从网络提取规则等。但遗传算法的算法比较复杂，并且收敛于局部极小的较早收敛问题也尚未解决。

9.5.3 决策树方法

决策树起源于概念学习系统（Concept Learning System，CLS）。决策树方法就是利用信息论的原理建立决策树，该类方法的实用效果好，影响较大。决策树可高度自动化地建立起易于为用户所理解的模型，而且系统具有较好的处理缺省数据及带有噪声数据等能力。决策树学习算法的一个最大的优点就是它在学习过程中不需要使用者了解很多背景知识。这样只要训练事例能够用属性-结论的方式表达出来，就能使用该算法来进行学习。研究大数据集分类问题常使用决策树方法。决策树方法速度较快，可被转换成简洁易懂的分类规则，也可转换成对数据处理的SQL语句。另外，决策树分类与其他分类方法相比较，具有相同甚至更高的精度。

1. 决策树表示法

决策树采用一种树状结构，它从根节点开始，对数据样本（由实例集组成，实例有若干属性）进行测试，根据不同的结果将数据样本划分成不同的数据样本子集，每个数据样本子集构成一子节点。生成的决策树每个叶节点对应一个分类。构造决策树的目的是找出属性和类别间的关系，用它来预测将来未知类别的记录的类别。这种具有预测功能的系统叫决策树分类器。

图9.18画出了一棵典型的学习决策树。这棵决策树根据天气情况分类"星期六上午是否适合打网球"。例如，实例Outlook = Sunny，Temperature=Hot，Humidity= High，Wind= Strong将被沿着这棵决策树的最左分支向下排列，因而被判定为反例。

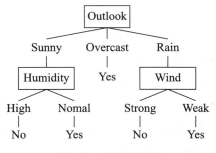

图9.18　决策树示例

通常决策树代表实例属性值约束的合取（con-junction）的析取式（disjunction）。从树根到树叶的每一条路径对应一组属性测试的合取，树本身对应这些合取的析取。例如，图9.18所示的决策树对应于以下表达式：

D（Outlook= Sunny and Humidity= Normal）

D（Outlook= Overcast）

D（Outlook= Rain +Wind= Weak）

2. 决策树构造思想

构造一个决策树分类器通常分为两步-树的生成和剪枝。决策树的生成是一个从上至下，"分而治之"（divide-and-conquer）的过程，是一个递归的过程。设数据样本集为 S，算法框架如下：

（1）如果数据样本集 S 中所有样本都属于同一类或者满足其他终止准则，则 S 不再划分，形成叶节点；

（2）否则，根据某种策略选择一个属性，按照属性的各个取值，对 S 进行划分，得到 n 个子样本集，记为 S_i。再对每个 S_i 迭代执行步骤1经过 n 次递归，最后生成决策树。从根到叶结点的一条路径就对应着一条规则，整棵决策树就对应着一组析取表达式规则。树构成步骤中，主要就是找出节点的属性和如何对属性值进行划分。

决策树生成后面临的问题是树的过度细化，特别是存在噪声数据或不规范属性时更为突出，决策树的修剪就是对过度细化的模型进行调整。

修剪算法分为前剪枝算法和后剪枝算法两种。前剪枝算法是在树的生长过程完成前就进行剪枝。

如Friedman提出的限制最小节点大小的方法是，当节点处的实例数目小于阈值 k 时就停止生长该节点；Quinlan提出的不纯度阈值法是，若划分该节点后不纯度减小量低于某一阈值则停止生长。这类算法的优点是在树生长的同时就进行了剪枝，因而效率高；但是它可能会剪去了某些有用但还没有生成的节点。

后剪枝算法是当决策树的生长过程完成后再进行剪枝。它分为需要单独剪枝集和不需要单独剪枝集两种情况。后剪枝有一些优点，例如，当单个的两个属性似乎没什么用处，但当结合在一起时却有强大的预测能力，即一种结合效果，在两个属性值正确结合时是非常有用的，而单个属性则没有用。大多数决策树构建者采用后剪枝的方法；前剪枝方法是否开发和实现得同后剪枝方法一样好还在讨论之中。

3. 决策树方法的优缺点

决策树是一种常用于预测模型的算法，它通过将大量数据有目的的分类，从中找到一些有价值的、潜在的信息。它的主要优点是描述简单，分类速度快，特别适合大规模的数据处理。最有影响和最早的决策树方法是由Quinlan提出的著名的基于信息熵的ID3算法。它的主要问题是：ID3是非递增学习算法；ID3决策树是单变量决策树，复杂概念的表达困难；同性间的相互关系强调不够；抗噪性差。针对上述问题，出现了许多较好的改进算法，如Schlimmer和Fisher设计了ID4递增式学习算法；钟鸣、陈文伟等提出了IDLE算法等。

9.5.4 关联规则

关联规则是数据挖掘领域中的一个非常重要的研究课题，广泛应用于各个领域，既可以检验行业内长期形成的知识模式，也能够发现隐藏的新规律。有效地发现、理解、运用关联规则是完成数据挖掘任务的重要手段，因此对关联规则的研究具有重要的理论价值和现实意义。

关联规则挖掘问题是R. Agrawal等人于1993年在文献中首先提出来的。关联规则是描述数据库中一组数据项之间的某种潜在关系的规则。一个典型的关联规则的例子就是：在超市中，90%的顾客在购买面包和黄油的同时也会购买牛奶。其直观的意义是顾客在购买某种商品时有多大的倾向也会购买另外一些商品。找出所有类似这样的规则，对于企业确定生产销售、产品分类设计、产品排放、市场分析以及市场营销策略等多方面都是很有价值的。

此后人们对关联规则的挖掘问题进行了大量研究，包括Apriori算法优化、多层次关联规则算法、多值属性关联规则算法、其他关联规则算法等，以提高算法挖掘规则的效率。

（1）关联规则基本原理。

设$I=\{i_1, i_2, \cdots, i_m\}$是$m$个不同的项目组成的集合，给定一个事务数据库$D$，其中的每一个事务$T$是$I$中一组项目的集合，即$T \subseteq I$，$T$有一个唯一的标志符$TID$。对于项集$X$，设定$count(X \subseteq T)$为交集$D$中包含$X$的交易的数量，则项集$X$的支持度为：

$$support(X) = \frac{count(X \subseteq T)}{|D|}$$

最小支持度是项集的最小支持阈值，记为SUP_{min}，代表了用户关心的关联规则的最低重要性。支持度不小于SUP_{min}的项集称为频繁集，长度为k的频繁项集称为k-频繁集。

一条关联规则就是形如$X Y$的蕴涵式：

$$R: X \Rightarrow Y$$

式中$X \subset I$，并且$X \cap Y = \phi$，表示项集X出现，则导致Y以某一概率也会出现。

关联规则R的支持度是同时包含X和Y的数量与$|D|$之比。即：

$$support(X \Rightarrow Y) = \frac{count(X \subseteq T)}{|D|}$$

支持度反映了X、Y同时出现的概率。

对于关联规则R，可信度是指包含X和Y的数量与包含X的数量之比。即：

$$confidence(X \Rightarrow Y) = \frac{support(X \Rightarrow Y)}{support(X)}$$

可信度反映了如果交易中包含X，则交易包含Y的概率。

关联规则挖掘问题就是在事务数据库D中找出具有用户给定的最小支持度SUP_{min}和最小置信度$CONF_{min}$的关联规则。关联规则挖掘问题可以分解为以下两个子问题：

● 找出存在与事务数据库中的所有强项集X的支持度$support(X)$，不小于用户给定的最小支持度SUP_{min}，则称X为强项集（*large item sets*）。

● 利用强项集生成关联规则。

（2）关联规则算法之Apriori算法。

Apriori算法通过对数据库D的多趟扫描（Pass）来发现所有的强项集。该算法利用了如下两个基本性质。

性质1：任何强项集的子集必定是强项集。

性质2：任何弱项集的超集必定是弱项集。

Apriori算法在第一趟扫描数据库时，对项集I中的每一个数据项计算其支持度，确定出满足最小支持度的1-强项集的集合$L1$。在后续的第k趟扫描中首先以$k-1$趟扫描中所发现的含$k-1$个元素的强项集的集合Lk，作为种子集，利用该种子集生成新的潜在的k-强项集的集合，即候选集Ck（candidate item sets），然后扫描数据库，计算这些候选集的支持度，最后从候选集C中确定出满足最小支持度的k强项集的集合Lk，并将Lk作为下一趟扫描的种子集。

不断重复上述过程直至不再有新的强项集产生为止。

假设数据库中每一个事务的数据项保持字母顺序，给定事务数据库D，一个数据项集的支持度可认为是所有包含该数据项集的事务数。对于每一个数据项集有一个域Count来保存它的支持度计数。

Apriori算法的基本框架描述如下。

Input：Database D of transactions；minimum support threshold minsupport Method，

0utput：L1 frequent itemsets in D

<1> L1={Large 1-itemsets}；

<2>For（k=2；Lk-1$\neq\varnothing$；k++）do begin

<3>Ck= aprlorygen（Lk-1，minsupport）；/*生成候选k一项集*/

<4>Forall transactions t$\in$D do begin

<5>Ct=subset（Ct，t）；/*候选集Ck中提取包含在事务t中的候选k一项集*/

<6>Forall Candidates C$\in$Ct do

<7> C. Count++；

<8> End

<9>Lk={C$\in$Ck}C.Conut$\geq$minsupporrt}；

<10>End

<11>An swer=UkLk；/*求Lk的和*/

Apriori算法的突出特点是利用第$k-1$趟扫描中得到的强项集的集合Lk-1 来生成候选集Ck。它通过以k-1强项集的集合Lk-1，作为参数的函数Apriori_gen（Lk-1）来实现，该函数返回k-强项集的集合Lk超集，即候选集Ck。

9.5.5　粗糙集

粗糙集是数据挖掘的方法之一，它是处理模糊和不确定知识的一种数学工具。粗糙集处理的对象是类似二维关系表的信息表，目前成熟的关系数据库管理系统和数据仓库管理系统为基于粗糙集的数据挖掘奠定了坚实的基础。由于粗糙集的优点及其客观性，现在粗糙集已被国内外的研究者所重视，并广泛应用于数据挖掘、模式识别等领域。

粗糙集理论是一种处理模糊和不确定性问题的数学工具。它不需要除问题所需处理的数据集合之外的任何先验信息，仅仅以对观测数据的分类能力为基础，解决模糊或不精确性数据的分析和处理。粗糙集理论的基本框架可归纳为：以不可区分关系划分论域的知识，形成知识表达系统，引入上、下近似逼近所描述对象，并考察属性的重要性，从而删除冗余属性，简化知识表达空间，挖掘规则。

属性约简是粗糙集应用于数据挖掘的核心概念之一，通过约简的计算，粗糙集可以用于特征约简或特征提取，属性关联分析。粗糙集是计算密集的，已经证明求取所有约简和最小约简的问题都是NP-hard的。计算属性约简类似于机器学习中的最小属性子集选择问题，高效的约简算法是粗糙集理论应用于数据挖掘与知识发现领域的基础。

1. 粗糙集理论

粗糙集合和普通集合的概念有本质的区别，粗糙集中的成员关系、集合的等价关系都与集合的不可区分关系表达的论域知识有关，一个元素是否属于一个集合不是由其客观性决定的，而是取决于人们的知识。所以粗糙集的特性都不是绝对的，与我们对事物的了解程度有关。从某种意义上来讲，粗糙集方法可以被看作是对经典集合理论的拓展。

粗糙集理论的主要概念有不可区分关系、上近似与下近似、约简与核、相对约简与相对核信息系统与决策表。

粗糙集理论所有的概念和计算都是以不可区分关系为基础的，通过引入上近似集和下近似集，在集合运算上定义。这通常称为粗糙集理论的代数观。另外也有一些学者从信息论的角度对粗糙集理论进行研究，以信息熵为基础提出了相应的粗糙集理论的信息观。在协调的决策表中粗糙集理论的代数观和信息观是等价的，而在不协调的决策表中代数观和信息观是不等价的。

2. 粗糙集方法的优缺点

粗糙集理论是一种研究不精确、不确定知识的数学工具。粗糙集方法有几个优点：不需要给出额外信息；简化输入信息的表达空间；算法简单，易于操作。粗糙集处理的对象是类似二维关系表的信息表。但粗糙集的数学基础是集合论，难以直接处理连续的属性，而现实信息表中连续属性是普遍存在的，因此连续属性的离散化是制约粗糙集理论实用化的难点。

9.6 电力大数据与查询技术

电力大数据的查询技术主要就是数据库的查询处理，而查询处理的关键技术就是查询优化技术。分布式数据库查询优化有两种，一种是代数优化，即对关系代数表达式的优化；另一种是物理优化，即选择合适数据存储路径以及适当的底层操作运算。无论是在集中式数据库还是在分布式数据库中，一个查询处理策略的选择都是以执行查询的预期代价为依据的。在集中式数据库系统中，查询优化的目标是使查询的总代价最小。查询的总代价通常包括查询处理过程中的CPU代价和I/O代价，而集中式数据库都是在单个计算机上运行的，所以使总代价最小也就代表着使查询的响应时间最短。在分布式数据库系统中，由于数据库都分布在不同的站点上，因此除了要考虑单机情况下的CPU代价和I/O代价外，还要考虑站点间的通信代价。这两种数据库的查询处理预期代价估算公式描述如下：

集中式数据库系统查询总代价：T=I/O代价+CPU代价   （9-9）；

分布式数据库系统查询总代价：T=I/O代价+CPU代价+通信代价   （9-10）；

通信代价估算公式为：$T(X)=CO+CI \cdot X$ （9-11）；

其中CO为两个站点间通信初始化一次传输所花费的时间，由通信系统决定，通常将其近似为一个常数，以秒（s）为单位；CI代表传输率，即传输单位数据所要花费的时间，是传输速率的倒数，单位为秒/比特（s/bit）；X则指的是两个站点间的网络上进行传输的数据量，以比特（bit）为单位。

在分布式数据库系统中，查询优化一般有两个目标：一种是以总的代价最小为优化目标；另一种是以查询的响应时间最短为优化目标。总代价指的是查询的执行代价，它的代价公式上面已给出；响应时间是指从查询开始到查询执行完毕得到查询结果所需要的时间，它不仅和局部处理时间有关，而且还与通信时间有关。那么在对分布式数据库系统进行查询优化时，将整个系统所处的网络类型考虑在内是必不可少的，而目前的分布式数据库所处的网络类型主要可分为远程通信网和高速局域网两种。

在远程通信网（也就是广域网）环境下，各站点之间的数据传输速率要比单机情况下（即内存与磁盘间的传输速度）慢很多，因此在此种环境下，往往忽略查询的局部处理代价，将减少网络的通信费用作为主要的优化目标，而由公式（9-13）可知通信费用是与网络上数据传输量成正比关系的，所以在远程通信网环境下的分布式数据库查询优化中，通常以减少传输的次数以及传输的数据量作为优化准则。

在高速局域网中，通信的代价往往比局部处理的开销小，所以在这种情况下的查询优化往往以减少查询的响应时间作为优化的准则。而响应时间不仅与局部处理时间有关，而且还与通信时间有关，但其中减少局部处理时间是问题的关键。由于分布式数据库所特有的分布性特点，在进行查询优化时也常常要考虑如何进行并行查询处理来减少查询总的响应时间。

9.6.1　分布式查询的分类

在分布式数据库中，查询可分为3类：局部查询、远程查询和全局查询。局部查询就是在本站点上进行的查询，查询的数据仅仅涉及本地数据，因此，局部查询与集中式数据库的查询类似。而远程查询是指在网络中的某一站点上执行查询，即查询网络上其他站点上的数据。对于全局查询，则包括了局部查询和远程查询，查询的数据涉及网络中多个站点上的数据。由于远程查询和全局查询都涉及网络上其他站点的数据，所以必须在站点间进行数据的传输，这样就引出了通信费用这一问题。因为局部查询与集中式数据库的查询类似，所以在分布式数据库中讨论查询算法时，一般都是对远程查询和全局查询的讨论。

局部查询是对本地单个站点上的数据进行查询，与集中式数据库中的查询类似，因此这两种查询所采用的查询优化技术也基本相同。在集中式数据库查询中，所采用的查询优化技术一般有查询分解、关系代数表达式的等价变换等。总的来说，这些优化技术的一般策略有以下5种，这些策略也同样适用于局部查询。

（1）尽可能地提前处理选择与投影操作。选择与投影操作都是对关系的元组进行筛选，可缩减关系的大小，无论这个关系以后还要进行何种操作，所产生的中间结果都会比使用整个关系时要小。

（2）对数据进行预处理。比如在连接操作中，对要进行连接的属性列进行排序或者在该列上建立索引，这样在以后进行连接时系统对数据的扫描次数就会减少，因而整个查询的响应时间也会相应地减少。

（3）同时进行选择和投影操作。对于同一关系的选择和投影操作，可以在对这个关系进行扫描的过程中同时进行这两种操作。如果顺序执行这两操作，就会造成系统对该关系的重复扫描，而整个查询的响应时间也就随之增加。

（4）尽可能将选择和投影操作与前后的二元操作结合起来。比如笛卡尔积，如果将笛卡尔积与其前后的选择操作结合成为自然连接，那么无论是在对关系的扫描次数上还是产生的中间结果上都要比单纯地使用笛卡尔积要少得多。

（5）寻找公共子表达式。对于出现多次的表达式，可以将该表达式的结果写入中间文件，这样在执行该表达式时，直接从中间文件中提取数据就可以了，避免了对该表达式的重复执行，造成不必要的时间浪费。

远程查询虽然是对网络中其他站点数据的查询，但所查询的数据却仅仅涉及到单个站点的数据，而这一点又与局部查询很相似，所以对于远程查询的优化策略也就和局部查询的相似了。但远程查询的数据是在其他站点上的，因此在进行查询优化时还有一个站点选择的问题，即选择哪个站点上的数据或数据片段作为查询对象。参照减少通信代价的优化准则，如果所查询的数据是冗余分配的，那么在进行站点选择时应当尽量选择具有该数据副本并且距离查询发起站点最近的站点。

全局查询涉及多个站点的数据，因此优化策略也不会像局部查询和远程查询那么简单，一般有以下4个基本策略。

（1）确定具体副本：也就是站点选择问题。在分布式数据库中，一个关系经过分片处理后，所产生的片段被分配到网络中的多个站点上进行存放。一个查询语句经过处理后最终要落实到对某一个具体物理片段的查询，而选择不同物理片段来执行查询操作的效率及开销可能会大不相同，因此在查询执行前首先要选择可以使查询开销最小的物理片段。

（2）选择操作执行的顺序：这些操作一般包括选择、投影、并、连接。对于选择和投影操作所采用的处理策略与集中式数据库以及局部查询中所采用的策略基本相同，都是尽可能提前执行选择和投影操作。而对于并和连接，都是对多个关系或者片段的操作。由于在分布式数据库中，关系和片段都是被分配到了多个站点上，因此这两个操作都可能会涉及到网络间的数据传输，这两者执行顺序的选择是非常重要也是非常复杂的。

（3）确定操作执行的方法：这包括把若干个操作组合起来在一次数据库访问中执行，确定可用的访问路径（比如索引），以及确定某种计算方法等。

（4）确定执行站点：在分布式数据库中，由于数据的冗余性和分布性，使得全局查询选择站点执行的方案也有多种多样。不同的站点的执行速度、系统空闲情况都不尽相同，选择不同站点执行查询操作的代价也会不同，因此在确定执行的站点时要同时考虑通信代价和执行效率。此外，由于查询的执行站点并不一定是全局查询的发起站点，因此还需要将结果传送到查询的发起站点，这就又产生了数据传输的问题，有时在进行优化时也要将这个问题考虑在内。

上面所讲的这4点并不是独立存在的，通常为了找到一个查询执行的最优策略，需要从这4个方面共同考虑。正如上面的第（2）点所说，并和连接操作均会引起站点间的通信，而通信代价又是分布式查询总代价的组成部分，因此第（2）点也是这4个点中的关键问题，同时也是众多分布式查询优化算法所研究的重点。

9.6.2　分布式查询优化的层次结构

由于分布式数据库的分布透明性，使得用户在进行数据查询时，不必知道关系是否被分片、有无副本、数据的具体物理存放位置等信息，对用户而言，查询的过程就同集中式数据库一样。为了方便介绍分布式数据库的查询，通常从结构上将查询分为4个层次，自上而下分别为查询分解、数据本地化、全局优化、局部优化。

（1）查询分解：查询分解是结构的第一层，它对全局查询语句进行词法分析、语法分析并将其转化为关系代数表达式或SQL语句，而转化过程中所需要的信息可从全局概念模式中获得。

（2）数据本地化：作为结构的第二层，数据本地化的任务就是将在全局关系上的关系代数表达式转换为在相应片段上的关系代数表达式，将查询所涉及的数据落实到合适的站点片段上。整个转换过程所需要的信息在分片模式和片段的分配模式中获得。

（3）全局优化：第三层为全局优化层，主要找出分片查询的最佳操作次序，使得代价函数最小。代价函数一般是与CPU代价、I/O代价和通信代价有关的关系表达式，根据优化目标的不同代价函数也会有所变化。经过全局优化处理，得到的是一个优化的片段代数查询，这个过程所需要的信息来自数据库的统计信息，包括各站点片段统计信息、资源信息和通信信息等。

（4）局部优化：最底下的一层就是在各站点执行数据库查询，实现对相应站点上数据片段的查询，并由各站点的数据库系统对片段查询进行的优化。这个过程所采用的优化策略与集中式数据库相同，这个过程所需的信息可从局部模式获得。在数据本地化和全局优化阶段是分布式数据库查询优化的重点。在数据本地化阶段，通常所使用的方法是基于关系代数等价变换的优化算法。在全局优化阶段，连接操作是引起代价的主要操作，为了更好地处理连接操作来优化查询，国内外很多学者一直都在进行这方面的研究并提出了许多不同的优化算法，而这些算法通常可分为基于半连接的查询优化算法和基于直接连接的查询优化算法这两大类。

9.7　电力大数据与数据模型

模型是对现实世界进行抽象的工具。在信息管理中需要将现实世界的事物及其有关特征转换为信息世界的数据才能对信息进行处理与管理，这就需要依靠数据模型作为这种转换的桥梁。这种转换一般需要经历从现实到概念模型，从概念模型到逻辑模型，从逻辑模型到物理模型的转换过程，如图9.19所示。

图9.19　模型转换

9.7.1　数据仓库开发模型

数据仓库的设计就是在概念模型、逻辑模型和物理模型的依次转换过程中实现的，如图9.20所示。作为数据仓库的灵魂——元数据模型则自始至终伴随着数据仓库的开发、实施与使用。数据粒度和聚集模型也在数据仓库的创建中发挥着指导的作用，指导着数据仓库的具体实现，如图9.21所示。

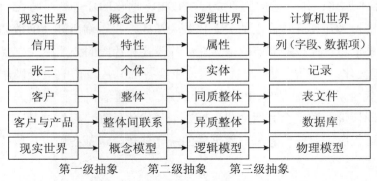

图9.20　四个世界的三级抽象

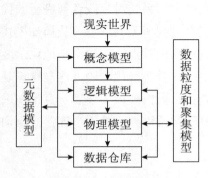

图9.21　数据仓库的数据模型

9.7.2　数据仓库概念模型

数据仓库概念模型的设计可以使用业务数据处理系统中的E-R图，但两者有一些差距。

（1）数据仓库的数据模型中不包含操作型的数据，数据仓库的数据模型只包含用户感兴趣的分析数据、描述数据和细节数据。

（2）数据仓库的数据模型扩充了关键字结构，增加了时间属性作为关键字的一部分。

（3）数据仓库的数据模型中还增加了一些由基本数据所导出的衍生数据，这些导出的衍生数据主要用于对企业的管理决策进行分析。

图9.22所示为企业的数据模型示意图。

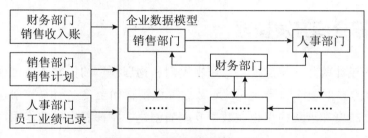

图9.22　企业数据模型示意图

数据传统的E-R图不能直接用于数据仓库的概念模型的设计，只能对其中的元素作修改后使用，为此将实体分成指标实体（事实实体）、维度实体和详细类别实体（引用实体），如图9.23所示。

图9.23　对实体的划分

指标实体：现实世界中的业务处理或某一事件的逻辑表示，是数据仓库中的实体表。对指标实体数据的管理是数据仓库管理的重点。

维度实体：可以形成一个维度体系，具备访问和过滤指标实体的能力，是数据仓库中较小的表。

详细类别实体：与现实世界中的某一个实体相对应。它具有终止操作的作用。

用户通过维度实体得到指标实体数据，而在操作到详细类别实体时停止操作。

● 星型模型

星型模型是最常用的数据仓库设计结构的实现模式，使数据仓库形成了一个集成系统，为用户提供分析服务对象。星型模型的核心是事实表，围绕事实表的是维度表，通过事实表将各种不同的维度表连接起来，各个维度表都连接到中央事实表，如图9.24所示。

图9.24　星型模型示意图

事实表：包含主题。维度表：包含事实的非正规化描述。

星型模型可以采用关系型数据库结构。维度表中的对象通过事实表与另一维度表中的对象相关。通过事实表将多个维度表进行关联，就能建立各个维度表对象之间的联系。每一个维度表通过一个主键与事实表进行连接。维度表利用维度关键字通过事实表中的外键约束于事实表中的某一行。事实表中的外键不得为空。

● 雪花模型

雪花模型是对星型模型的扩展，每一个维度都可以向外连接到多个详细类别表，如图9.25所示。雪花模型对星型模型的维度表进一步标准化，对星型模型中的维度表进行了规范化处理。

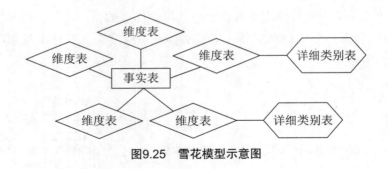

图9.25　雪花模型示意图

9.7.3　数据仓库逻辑模型

逻辑模型亦称为中间层数据模型，它是对高层概念模型的细分，在高层模型中所标识的每个主题域或指标实体都需要与一个逻辑模型相对应。

图9.26、图9.27分别是逻辑模型的基本结构和高层概念与中层逻辑模型的对应关系示意图。

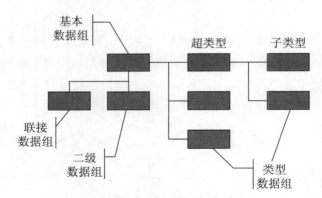

图9.26　逻辑模型的基本结构

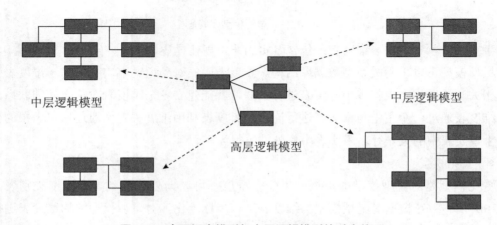

图9.27　高层概念模型与中层逻辑模型的对应关系

基本数据组：存有唯一的主要主题域，包含只出现一次的属性和键。

二级数据组：存有可以存在多次的属性。

联接数据组：用于本组主要主题域与其他主要主题域之间的联系。它往往是一个主题的公共码主键。

类型数据组：由不同数据类型的数据组组成，一般可以分为超类型数据组和子类型数据组。

除联接数据组外的3种数据组的划分都基于数据的不同稳定性。基本数据组的稳定性大于二级数据组，而二级数据组的稳定性大于类型数据组。

9.7.4　数据仓库的物理模型

数据仓库的物理模型构建主要依托于物理模型的存储结构和索引构建。存储结构一般采用并行存储结构（Redundant Array of Inexpensive Disk，廉价冗余磁盘阵列——RAID），主要采用磁盘镜像、磁盘复制、奇偶校验和磁盘分段技术。RAID实现原理是将数据写入多块磁盘中，如果一块磁盘发生故障，还可以从其他存放冗余数据的磁盘上访问数据。

索引构建分为位图索引、广义索引、连接索引和索引的选择4块。位图索引是将索引中的每个位对应表中一条记录的布尔测试值。确定某些统计可以通过索引进行，而不需读取数据记录本身，如统计女性客户数。检索满足某种条件记录时，可以通过索引筛选出满足条件的记录，再读取相应的数据记录，而不需读取不满足条件的记录。对于值域大于2的列，需要为每个值创建索引。若创建上海市索引或北京市索引，一般考虑使用基数较低的列来创建位图索引。有些列是无法建位图索引的，如身份证列，此时可以对位图索引使用布尔运算，来实现更为复杂的选择条件。

广义索引是指在向数据仓库中装载数据时，根据用户的需要建立的索引。广义索引的内容一般包含用户最关心、最常使用的问题，如有关销售事实的商品总量、销售总金额等。每次向数据仓库装载数据时，就重新生成广义索引的内容。广义索引一般以元数据方式存放。连接索引是将事实表和维度表中的索引项进行连接运算后，将结果作为索引保留下来。当需要将事实表和维度表进行连接运算时，可以直接利用连接索引进行连接运算。连接索引可以根据需要设立，不一定对全部外键设立。

索引的选择指的是主键必须建立索引；不要求必须对外键设置连接索引，但如果表很大，数据很多，外键应该设置连接索引；在对数据仓库使用SQL语句操作时，WHERE子句中所指定的列可以考虑为其建立索引，但要考虑其基数。

物理模型设计的另一项内容是提高数据仓库的I/O性能。数据仓库的I/O性能可以从以下几方面展现。

合并表：当对涉及几个表的某些列的查询具有固定性时，可以将这些表的记录合并起来以减少连接操作的代价。

建立数据序列：当按照某一固定的顺序访问并处理一组数据记录时，可以将数据按照处理顺序存放到连续的物理块中，形成数据序列。

引入冗余：一些表的某些属性可能在许多地方都要用到，将这些属性复制到多个主题中，可以减少处理时存取表的个数。

表的物理分割：每个主题中的各个属性存取频率是不同的。将一张表按各属性被存取的频率分成两个或多个表，并将具有相似访问频率的数据组织在一起。

生成派生数据：在原始数据的基础上进行总结或计算，生成派生数据。可以在应用中直接使用这些派生数据，减少I/O次数，免去计算或汇总步骤；在更高级别上建立公用数据源，能够避免不同用户重复计算可能产生的偏差。

9.7.5　数据仓库的元数据模型

元数据是数据的数据，是对数据仓库中各种数据的详细描述与说明。根据元数据在数据仓库中所承担的任务，可以将元数据分成静态元数据和动态元数据两类。静态元数据主要与数据结构有关；动态元数据主要与数据的状态和使用方法有关。

元数据分为静态元数据和动态元数据。静态元数据由名称、描述、格式、数据类型、关系、生成时间、来源、索引、类别和域等一系列业务规则数据构成；动态元数据由入库时间、更新周期、数据质量、统计信息、状态、处理、存储位置和存储大小等一系列引用数据构成。

元数据描述了数据的结构、内容、键、索引等项内容。在数据仓库中，元数据定义了数据仓库中的许多对象——表、列、查询、商业规则或是数据仓库内部的数据转移。它是数据仓库的重要构件，是数据仓库的指示图（roadmap），指出了数据仓库中各种信息的位置和含义。

元数据为数据仓库、DSS分析员及高层决策人员提供有关决策的数据。为解决操作型环境和数据仓库的复杂关系，元数据要将从操作性环境到数据仓库的转换描述出来，以便从数据仓库向数据库回溯时找到原始依据。对于数据仓库中数据的管理，元数据要描述数据仓库中数据的各种变化、处理方法。

元数据要描述数据仓库在抽取、求精和重构过程中从资源到数据仓库之间的映射关系，主要用于确认数据质量、同步化和刷新，以及在反映最终用户所关心的商业规则和数据之间建立的一种映射关系。元数据在数据源抽取中用于资源领域的确定，跟踪历史数据结构变化的过程，将多个系统数据源的相似字段映射到一起，将数据字段的不同格式转换为兼容格式的标准规范。

9.7.6　数据仓库的粒度和聚集模型

粒度是指数据仓库中数据单元的详细程度和级别。数据越详细，粒度就越小，数据综合度越高，粒度就越大，级别就越高。粒度可定义成数据仓库中数据细节的最低层次，如事务层次。这种数据层次是高度细节化的，这样就能使用户按所需的任何层次进行汇总。根据粒度的划分标准可以将数据划分为详细数据、轻度总结、高度总结三级或更多级粒度。粒度的具体划分将直接影响到数据仓库中的数据量以及查询质量。

聚集数据主要是为了使用户获得更好的查询性能。聚集模型设计时应该注意将聚集数据存储在其事实表中，并与其底层数据相区别。设计聚集模型时，首先需要考虑用户的使用要求。其次要考虑数据仓库的粒度模型和数据的统计分布情况。数据仓库的聚集模型的设计与数据仓库的粒度模型紧密相关，如果粒度模型只考虑细节数据，就需要多设计一些聚集；如果粒度模型为多层数据，就可以少设计一些聚集。建立聚集模型时还需要考虑作为聚集属性的数量因素；聚集事实表已经独立存在并且可以与基本事实表一同保存；通过将当前加载数据添加到系统中的累积"桶"中，可以创建某时间段的聚集；将数据的聚集与数据仓库的加载过程组合为同一处理过程，在将数据仓库数据加载以后，再进行聚集处理。每次在加载数据仓库数据时，都需要对各种聚集进行计算和增加，及时保持聚集与基本数据的同步性。

9.7.7　数据仓库的多维数据模型

多维数据模型是为了满足用户从多角度多层次进行数据查询和分析的需要而建立起来的基于事实和维的数据库模型，其基本的应用是为了实现OLAP（Online Analytical Processing）。

当然，通过多维数据模型的数据展示、查询和获取就是其作用的展现，但其真正的作用在于，通过数据仓库可以根据不同的数据需求建立起各类多维模型，并组成数据集市开放给不同的用户群体使用，也就是根据需求定制的各类数据商品摆放在数据集市中供不同的数据消费者进行采购。

要了解多维数据模型，先要了解两个概念：事实表和维度表。事实表是用来记录具体事件的，包含了每个事件的具体要素，以及具体发生的事情；维度表则是对事实表中事件要素的描述信息。比如一个事件会包含时间、地点、人物、事件，事实表记录了整个事件的信息，但对时间、地点和人物等要素只记录了一些关键标记，比如事件的主角叫"Michael"，那么Michael到底"长什么样"，就需要到相应的维度表里面去查询"Michael"的具体描述信息了。基于事实表和维度表就可以构建出多种多维模型，包括星形模型、雪花模型和星座模型。

图9.28所示为一个最简单的星形模型的实例。事实表里主要包含两方面的信息：维和

度量，维的具体描述信息记录在维度表中，事实表中的维属性只是一个关联到维度表的键，并不记录具体信息；度量一般都会记录事件的相应数值，比如这里的产品的销售数量、销售额等。维度表中的信息一般是可以分层的，比如时间维的年月日、地域维的省市县等，这类分层的信息就是为了满足事实表中的度量可以在不同的粒度上完成聚合，比如2010年商品的销售额，来自上海市的销售额等。还有一点需要注意的是，维度表的信息更新频率不高或者保持相对的稳定，例如一个已经建立了十年的时间维在短期是不需要更新的，地域维也是；但是事实表中的数据会不断更新或增加，因为事件一直在不断地发生，用户在不断购买商品、接受服务。

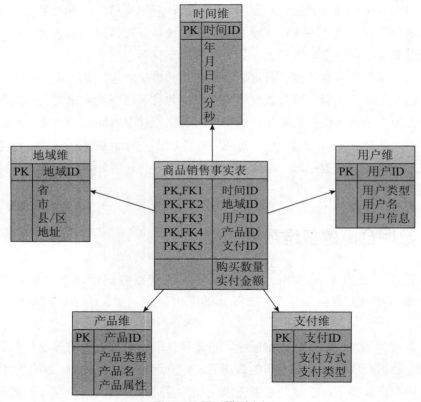

图9.28　星形模型实例

9.7.8　数据仓库的模型设计与数据库的模型设计的区别

1. 模型设计阶段的不同

数据仓库的概念模型设计以用户理解的方式表达数据仓库的结构，确定数据仓库要访问的信息，主要是以信息包图的方法用二维表反映数据的多维性，从整体上表示用户对信息的需求，指明用户希望从数据仓库中分析的各种指标，它包括三个重要对象：指标、维度和类别。与数据库的概念模型设计类似，也采用"实体—关系"（E-R）方法来建模，但不同的是需要用分析主题代替传统E-R方法中的实体。数据库系统的数据模型包括：概念模型，即按用户的观点对数据建模，主要用于数据库设计，采用"实体—关系"方法来建模；逻辑模型，即按计算机系统的观点对数据建模，是具体的DBMS所支持的数据模型；物理模型，即对数据最底层的抽象，描述数据在系统内部的表示方式和存取方法。

数据仓库是多维数据库。数据仓库的逻辑模型是对主题域进行细化，每个主题域包含若干个数据表，并为表增加时间字段，进行表的分割，合理表的划分。它扩展了关系数据库模型，以星型架构为主要结构方式，并在此基础上，扩展出雪花型架构、星群型架构等方式。

数据仓库的物理数据模型就是逻辑数据模型在数据仓库中的实现，如物理存取方式、数据存储结构、数据存放位置以及存储分配等。物理数据模型设计实现时，所考虑的主要因素有I/O存取时间、空间利用率和维护代价。数据库系统的物理数据设计是在已确定的逻辑数据库结构设计的基础上，兼顾数据库的物理环境、操作约束、数据库性能和数据安全性等问题，设计出在特定环境下，具有高效率、可实现性的物理数据库的过程。

2. 数据模型类别、结构不同

数据仓库常用的数据模型有星型、雪花型、星群型3种。星型结构图中间是事实表，其周围围角上是一组维度表，每个维度表都有主键，与事实表上的外键相关联。雪花模型对星形模型的维度表进一步标准化，对星形模型中的维度表进行了规范化处理。雪花模型的维度表中存储了正规化的数据，这种结构通过把多个较小的标准化表（而不是星形模型中的大的非标准化表）联合在一起来改善查询性能。由于采取了标准化及维的低粒度，雪花模型提高了数据仓库应用的灵活性。星群型结构的数据模型设计是多个主表（事实表）共享附表（维度表）。它们的区别只是在于外围维度表相互之间的关系不同而已（但不管是哪一种架构，维度表、事实表和事实表中的量度都是必不可少的组成要素）。

数据库系统的数据模型主要是以关系二维表组织数据模型。数据库系统的数据模型主要分为层次模型、网状模型和关系数据模型。用树形结构来表示实体及实体之间联系的模型称为层次模型，这种数据模型具有层次清楚、容易理解等优点，所以在早期数据库系统中采用这种模型。在层次模型中，每一个结点表示实体集，指向结点的指针表示两个实体集之间的联系。层次模型中每个结点间的关系只能是1-m关系，通常把表示1的实体集放在上方，称为父结点，而表示m的实体集放在下方，称为子结点。树的最高位置上只有一个结点，称为根结点。每个结点由若干个记录值表示。如果实体及实体之间的联系组成的结构为一有向图，则称为网状模型。网状模型的特点为，可以有一个以上的结点无父结点，至少有一个结点有多于一个的父结点。所以网状模型可以表示为m-n关系。用表格形式表示实体以及实体之间的联系，称为关系模型，它是以关系数学理论为基础的。关系模型简洁明了，便于使用，具有很大的发展前景，而且它们简单易学，用户使用的环境不断改进，已成为目前世界上最畅销的大众数据库系统。

3. 数据模型的结构特点不同

数据仓库的数据模型是以维度表、事实表及事实表之间连接的关系构成。维是人们观察数据的角度。维度表是表示维的各种表。事实表用于存放基本数据，相关主题的数据主体（BCNF）。量是事实表中的数据属性。数据仓库的数据模型是多维模型，包括事实表和维表，维表用来描述事实表的某个重要方面。不同的数据模型架构有不同的特点。

星型模型的事实表主要包含了描述特定商业事件的数据，即某些特定商业事件的度量值。一般情况下，事实表中的数据不允许修改，新的数据只是简单地添加进事实表中。

星型模型的优点是，星型模型使数据仓库形成了一个集成系统，为最终用户提供报表服务，为用户提供分析服务对象；星型模式通过使用一个包含主题的事实表和多个包含事实的非正规化描述的维度表来支持各种决策查询；星型模型可以采用关系型数据库结构，模型的核心是事实表，围绕事实表的是维度表。通过事实表将各种不同的维度表连接起来，各个维度表都连接到中央事实表。维度表中的对象通过事实表与另一维度表中的对象相关联，这样就能建立各个维度表对象之间的联系。每一个维度表通过一个主键与事实表进行连接；这种结构使用户能够很容易地从维度表中的数据分析开始，获得维度关键字，以便连接到中心的事实表，进行查询。

星型模型的优点是，可以提高查询的效率。这种结构使用户能够很容易地从维度表中的数据分析开始，获得维度关键字，以便连接到中心的事实表，进行查询；对于非计算机专业的用户而言，星形模式比较直观，通过分析星形模式，很容易组合出各种查询。

星型模型的缺点是非规范化。星型模型以增加存储空间为代价来提高多维数据的查询速度，造成很大的数据冗余；非规范化的、含有大量冗余的维度表，会使数据切片变得更加复杂；由于星型模型中各维度表逐渐的组合构成事实表的主键，当星型模型的维不能满足要求时，维的变化是非常复杂、耗时的；维度属性的复杂性造成的大维度问题；当维的属性复杂时，处理维的层次关系比较困难；对"多对多"关系，星型模型无能为力。

雪花模型对星形模型的维度表进一步标准化，对星形模型中的维度表进行了规范化处理。雪花模型的维度表中存储了正规化的数据，这种结构通过把多个较小的标准化表（而不是星形模型中的大的非标准化表）联合在一起来改善查询性能。由于采取了标准化及维的低粒度，雪花模型提高了数据仓库应用的灵活性。

雪花模型的优点是，可直接被一些工具使用，更加灵活地适应需求。

雪花模型的缺点是，可能使数据仓库变得越来越大而无法管理，可能降低系统性能。

星群模型是介于星型和雪花型之间的模型，它与主关系数据分开，具备星型和雪花型的优点。数据库系统的数据模型主要由一系列相互关联的二维表的集合构成。

层次模型的优点是，比较简单，只需要很少几条命令就能操纵数据库，比较容易使用；结构清晰；结点间联系简单，只要知道每个结点的双亲结点，就可知道整个模型结构，提供了良好的数据完整性支持。

层次模型的缺点是，不能直接表示两个以上的实体型间的复杂的联系和实体型间的多对多的联系；对数据的插入和删除的操作限制太多；查询子女结点必须通过双亲结点。

网状模型的优点是，能更为直接地描述客观世界，可表示实体间的多种复杂联系；具有良好的性能和存储效率。

网状模型的缺点是，结构复杂，其DDL语言极其复杂；数据独立性差。

关系模型通过关系或者表来表示各个对象之间的联系。

关系模型的优点是灵活，数据库系统的关系模型的存取路径对用户透明，从而具有更高的数据独立性，更好的安全保密性。这也简化了程序员的工作和数据库开发建立的工作。

关系模型的缺点是存取路径对用户透明导致查询效率往往不如非关系数据模型，为了提高性能，必须对用户的查询请求进行优化，这增加了开发DBMS的难度。

9.7.9 电力行业数据仓库模型

国家电网公司企业统一信息模型（SG-CIM）使用面向对象的建模技术定义，用统一建模语言进行表达，目标是对公司全业务范围内的业务对象进行抽象从而以信息模型的形式进行描述。本版本的模型是基于SG-CIM 2.0设计的成果、在IEC6 1968/IEC6 1970CIM最新标准的基础上，围绕"人员组织、财务、物资、资产、电网、项目和客户"7个核心专业，依据国家电网公司需求进行扩充、修订与完善。

SG-CIM分为一级主题域、二级主题域、类及类的关系3个层次，每个类有自己的属性。

1. 统一信息模型"信模一张图"

SG-CIM是公司的企业级信息模型，是在企业级层面对业务对象的一体化整体描述。为体现统一信息模型的企业级理念，赋予统一信息模型以"信模一张图"的别名，主要表示统一信息模型就是一张静态类图（由类和类相互之间关联所构成的图）的企业级本质，是各业务域相互融合的整体信息模型。

为使"信模一张图"的理念落地，这里设计编制了由跨业务关联类构成的静态类图，称之为"核心聚类图"。该图对跨业务域的关联性进行了描述，是CIM 3.0"信模一张图"的核心，体现了模型的企业级本质特性。核心聚类图也是未来统一信息模型维护升级的全生命周期中的核心。"核心聚类图"示例如图9.29所示。

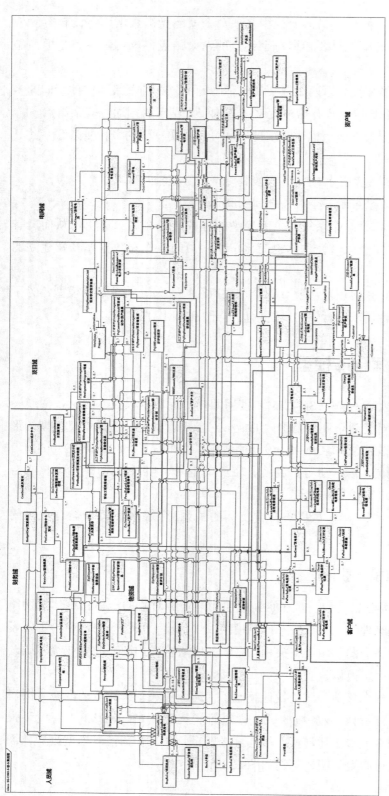

图9.29 "核心聚类图" 示例

2. 一级主题域

主题域是一种将相关模型元件分组的方法，是某一业务领域数据模型的集合；主题域的划分是为了使模型更易于设计、理解与查看，直接面向国家电网公司业务领域，与职能部门的业务分工无关。一个实体类可出现在多个相关的主题域；一个业务应用中的信息可涉及多个主题域。

SG-CIM版包含10个主题域，后续章节中将列明各主题域的实体清单。主题域列表如表9.1所示。

表9.1　SG-CIM 2016版一级主题域

一级主题域	说　明	一级主题域	说　明
人员	HUMAN RESOURCE，简称Hr	电网	GRID，简称Grid
财务	FINANCE，简称Fin	安全	SAFETY，简称Saf
资产	ASSET，简称Ast	客户	CUSTOM，简称Cst
物资	MATERIAL，简称Mat	市场	MARKET，简称Mrt
项目	PROJECT，简称Prj	综合	INTEGRATION，简称Itg

一级主题域之间的关系如图9.30所示。

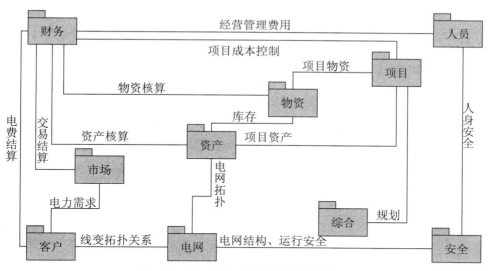

图9.30　SG-CIM一级主题域之间的关系

3. 元素周期表

统一信息模型的"元素周期表"是对SG-CIM模型的一种量化表现形式，其中描述了一级、二级主题域的划分、定义及其中所含类和属性的数量。同时，通过"元素周期表"可以看到模型所有类和属性的量化分布情况。

"元素周期表"根据国际标准IEC 61968/IEC 61970版本的变更和国家电网公司业务需求的变化而进行更新，如图9.31所示。

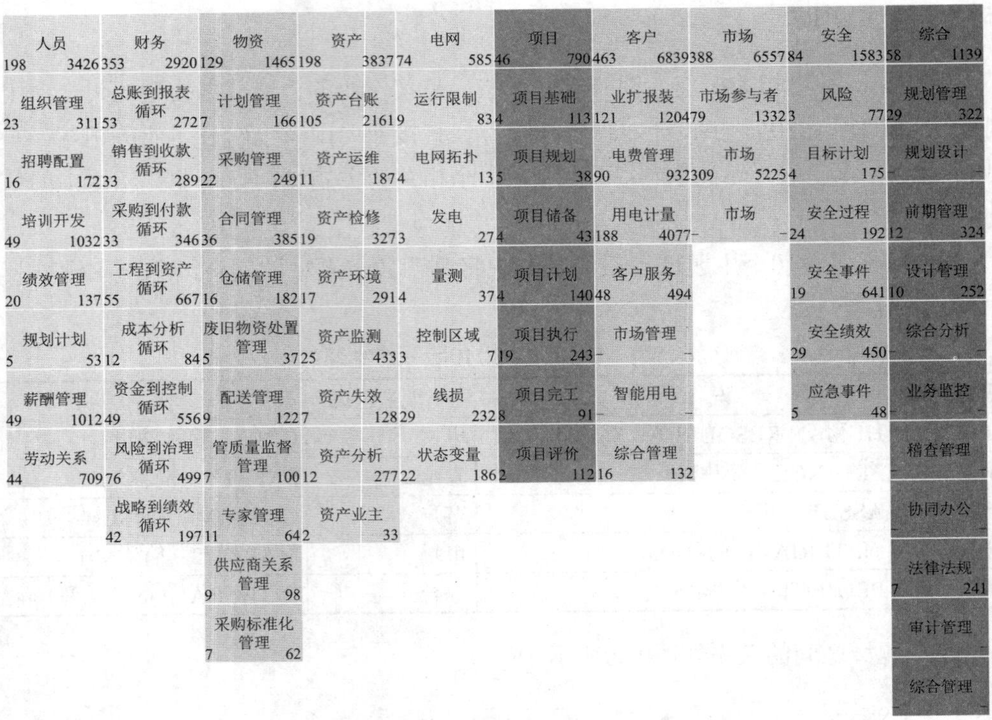

图9.31　统一信息模型"元素周期表"

人员 198 3426	财务 353 2920	物资 129 1465	资产 198 3837	电网 74 585	项目 46 790	客户 463 6839	市场 388 6557	安全 84 1583	综合 58 1139
组织管理 23 311	总账到报表循环 53 2727	计划管理 166 105	资产台账 216 19	运行限制 8 34	项目基础 113 121	业扩报装 120 479	市场参与者 133 23	风险 77 29	规划管理 3 22
招聘配置 16	销售到收款循环 27 33	采购管理 289 22	资产运维 249 11	电网拓扑 13 5	项目规划 38 90	电费管理 932 309	市场 522 54	目标计划 175	规划设计
培训开发 49 1032	采购到付款循环 346 36	合同管理 385 19	资产检修 327 3	发电 27 4	项目储备 43 188	用电计量 4077	市场	安全过程 24	前期管理 12 324
绩效管理 20 137	工程到资产循环 55 667	仓储管理 18 217	资产环境 29 14	量测 35	项目计划 140 48	客户服务 494	市场	安全事件 19 641	设计管理 110 252
规划计划 5 53	成本分析循环 12 845	废旧物资处置管理 37 25	资产监测 433 3	控制区域 7 19	项目执行 243	市场管理		安全绩效 29 450	综合分析
薪酬管理 49 101	资金到控制循环 249 5569	配送管理 122 7	资产失效 128 29	线损 232 8	项目完工 91	智能用电		应急事件 5 48	业务监控 48
劳动关系 44 709	风险到治理循环 76 4997	管质量监督管理 100 12	资产分析 277 22	状态变量 186 2	项目评价 112 16	综合管理 132			稽查管理
	战略到绩效循环 42 19711	专家管理 642	资产业主 33						协同办公
		供应商关系管理 9 98							法律法规 7 241
		采购标准化管理 7 62							审计管理
									综合管理

4. 电力数据模型——营配一体化模型

随着营销系统、配电PMS系统、GIS平台应用的不断深化，各系统对数据的建档规范性、数据精确性和多专业联合分析的要求越来越高。按照公司智能电网精益化管理要求，通过建立动态准确的"站—线—变—户"拓扑关系和数据同源管理机制，持续提升营配数据质量。营配贯通后，将打通从配电网到用户的总体拓扑结构；同时配电PMS系统可及时获取业扩报装、用户变更、用电量和用电负荷信息，使得电网供电情况和客户用电情况能够同步得到分析。通过营配贯通，可以实现客户故障报修及时研判、计划停电范围定位到户、供电能力分析到配变、线损分析到每天等系统应用功能的后续开发，为客户服务、营销管理和配电网发展提供有力的技术和数据支撑，能有效提升公司经济效益和管理效率。

为了实现营配贯通的业务要求，参照IEC CIM标准，对营配贯通业务进行数据建模。图9.32展示了营配贯通数据模型的类图，主要是通过配网设计的用户接入点（继承IEC CIM标准Wires包中的EnergyConsumer）与营销的计量点（继承IEC CIM标准Metering包中的UsagePoint）建立关系，实现用电客户和站、线、变建立关联，其中配网负责实现用户接入点与站、线、变的关联，营销负责实现计量点与用电客户的关联。为了实现故障报修的业务集成，参照IEC CIM标准，故障报修单与用电客户建立关联，将抢修工作单与故障报修单建立继承关系，实现数据信息集成共享。

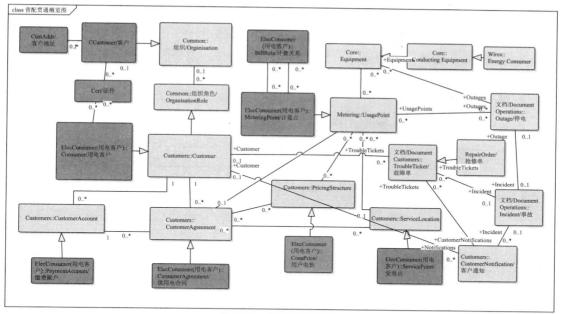

图9.32 营配贯通模型

CCustomer是可能或已经与供电企业建立供用电关系的组织或个人，即客户。一个CCustomer可能对应多个Consumer（用电客户），一个客户有一个或多个证件（Cert）。

Consumer是客户签订用电合同后具备了接受电力公司用电服务的角色，即用电客户，Consumer继承了Customer类。一个Consumer可能会与电力公司签订多个客户协议（CustomerAgreement），如用电合同、代扣、托收、调度协议等。

一个用电合同（ConsumerAgreement，继承CustomerAgreement类）规定了服务地址（ServiceLocation，即受电点），同时规定了每个受电点包含的多个计量点（MeteringPoint，继承UsagePoint类）的用户电价（ConsPrice，继承PricingStructure类）。用户电价根据用电客户的用电性质进行分类确定，通常分为低压居民、非居民、商业、工业等。

用电客户（Consumer）的主计量点（MeteringPoint，继承UsagePoint类）通过接入点（EnergyConsumer）连接到配网，接受电力系统资源（PowerSystemResource）的设备（Equipment）供给的电能。不同用电客户对应的接入点具体为变电站、公用线路或公用变压器，由运检部负责，计量点（MeteringPoint）和用电客户（Consumer）的关联关系由营销部负责。

接入点（EnergyConsumer）是供给电能的电网设备到用户主计量点的交界点。无论是高压或低压用电客户，都可通过接入点将电网拓扑结构延伸至用电客户，实现配网和用户的贯通。

故障单（TroubleTicket）是用电客户通过95598或其他渠道上报故障信息，并将故障单发送到运检部门，运检部门根据故障单生成抢修单进行派工现场抢修。一次故障如果引起了大面积停电事故（Incident），需要下发客户通知单（CustomerNotification）通知其他用电客户，现场抢修需要进行停电时，将停电（Outage）信息与用户计量点（MeteringPoint，继承UsagePoint类）进行关联，确定影响用电的范围。

5. 账卡物联动模型

账卡物联动业务流程如图9.33所示。

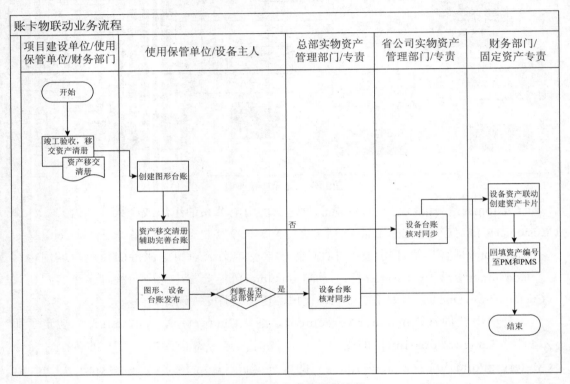

图9.33 账卡物联动业务流程

当一个基建或者技改项目工程即将验收完成时，施工建设方将会同运检、财务等部门进行设备资产清册的移交。设备资产移交清册是设备实物转移的载体；也是设备实物建立台账的雏形，设备台账记录应与设备资产移交清册保持一致；设备台账建立、审核完毕后，运检部负责按照固定资产同步规则，将设备实物转化为固定资产卡片。

图9.34深色部分是项目域的部分实体，电网基建或者技改项目竣工结束向运检部移交时，需要向运检部门提供设备实物资产移交清册，它是设备实物转移的信息载体，并作为实物资产台账建立的雏形。

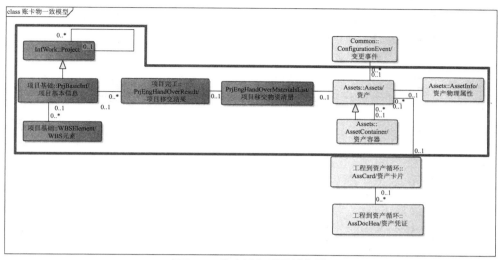

图9.34 资产域与项目域衔接

图9.35浅色部分是财务域的部分实体，设备实物资产台账建立完成后，需按财务固定资产转资标准规范进行转资，最终形成固定资产卡片（AssCard）。由于业务视角的不同，一个固定资产卡片可能会包含多个设备实物，设备实物与财务固定资产卡片记录是多对一的关系，固定资产卡片集与设备实物集是一对一的关系。资产卡片是财务进行资产处理、分析的核心对象之一。

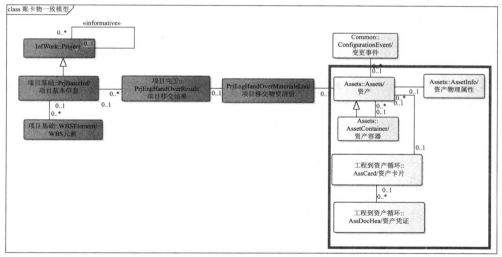

图9.35 资产域与财务域衔接

6. 营财一体化模型

1）营财一体化业务描述

每月营销电费账务人员进行电费发行，营业厅业务员坐收电费（或金融机构代收等）

并解款，由营销账务人员进行解款核定。出纳根据银行流水进行对账单录入，生成银行流水凭证，并根据解款核定的结果进行到账确认生成实收销账凭证。

图9.36所示为电费全景业务流程。

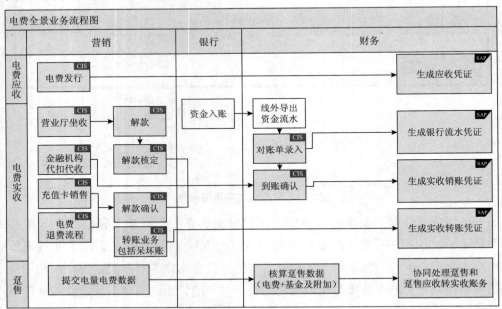

图9.36　电费全景业务流程

2）营财一体化类图

营财一体化类图如图9.37所示。

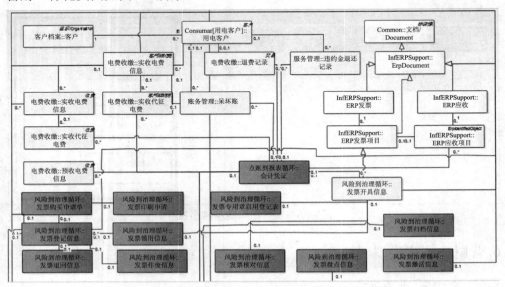

图9.37　营财一体化模型类图

类图说明：

营财一体化业务场景涉及营销与财务两个主题域，营销系统用电客户与电网公司发生各种业务，如应收电费、实时电费、预收电费、退费、呆坏账等业务，通过会计凭证类实现营销与财务的一体化集成。

应收电费信息：

- 定义：用于记录电费应收数据。实体包含的内容包括应收电费类别、应收年月、应收金额、实收金额等应收信息。
- 业务用途：实体主要由电费发行、统计应收、欠费使用。
- 实收电费信息：
- 定义：客户电费实收的流水账，对应于应收电费。实体包含的内容包括实收年月、实收日期、本次实收电费、本次实收价内电费等电费收费记录。
- 业务用途：实体主要由收费取电费时、统计实收使用。

会计凭证：

- 定义：描述记录经济业务、明确经济责任、按一定格式编制的据以登记会计账簿的书面证明。按编制程序和用途分类，会计凭证按其编制程序和用途的不同，分为原始凭证和记账凭证；这里的会计凭证特指记账凭证。记账凭证是会计人员根据审核无误的原始凭证或汇总原始凭证，用来确定经济业务应借、应贷的会计科目和金额而填制的，作为登记账簿直接依据的会计凭证。
- 业务用途：可以记录经济业务的发生。

发票开具信息：

- 定义：描述发票开具信息。
- 业务用途：该实体主要用于管理发票开具业务，开票需求部门根据开票具体信息在发票登记簿中进行开具信息登记。

在营财一体化模型中，我们发现目前发票管理相关类信息化支撑力度比较薄弱。公司发票管理模式概括为"三端、四步"各自为政。具体来说"三端"是指财务部门、营销电费管理中心和各级供电所这3个部门。"四步"为发票使用需求上报、发票购买、发票分发和发票回收。营销电费管理中心和各级供电所依据自身需求口头上报财务部发票需求，财务根据这两个部门的需求去税务部门印制购买发票，随后财务部门再进行发票分发（纸质登记），再后财务部门依照新需求的要求对原有发票进行缴销回收。图9.38所示为营财一体化业务流程图。

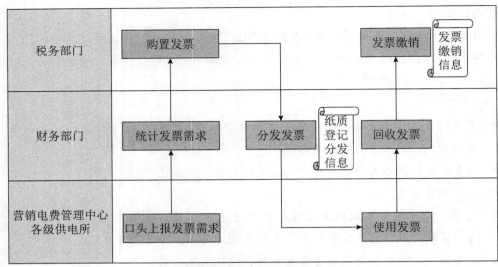

图9.38　营财一体化业务流程图

由图9.38可见发票管理上的缺位现象严重，管理松散流程不闭环，并且存有较大的税收隐患。

（1）管理缺位。营销系统和金穗系统双系统运行开票是电网公司的一大特点，同时也存在极大的弊端：增值税专用发票的开具都需要从营销系统中导出数据（文本数据TXT格式）导入金穗系统再进行批量打印，而该文本数据是可以人员干预修改的，这将导致发票存在阴阳票、虚开票等问题，也使企业面临巨大的管理缺位及税务风险。

（2）管理流程断链。原有的"三端、四步"各自为政的断链式粗放模式，极易造成管理混乱、职责界限不明确、互相推诿等多种情况。如在发票购买中由于现有金穗系统总机无法查看下属各分机的使用情况，财务部门仅能依据业务部门的发票需求进行旧发票的缴销和新发票的购买，不存在财务人员再复核的步骤，导致正常开具的发票被误作废的现象经常发生。而造成这种现象很难进行职责上的界定，导致业务部门和财务部门之间推诿现象严重。

（3）信息化技术缺失。公司收入金额和开票金额两者之间差距甚大，而原有手工查找的方式无法找出不匹配的票据，同样也很难进行数据统计分析。同时存在着发票缴销存档后，票据查找困难的情况，由于票据存在多个流通环节，并随着发票库存数量的增加，手工方式查找票据相当困难。

针对此工作痛点，提出以下建议：在营财一体化工作中，将发票纳入线上管理，实现全链式管理。

充分梳理当前财务发票管理的流程及相关待改进的环节的基础上，突出管理职能，提出发票全链式统一管理理念，以信息系统为载体，锁定日常运营的业务流程，新增原先线下工作无法完成的业务功能，从全局的角度通盘考虑整个作业流程，保障系统设计及运行的平稳和可靠性。结合电子发票系统的部署，在营销中进行价税分离，实现在线的发票开具。在营销系统中"抄表核算流程"发行出的电费可通过"电费收缴及账务管理"中的增值税清单查询功能以用户为单位打印增值税普通发票和增值税专用发票，发票开具按电费回收以电费发行为依据。针对发行记录，营销系统中通过按"应收电费标识"标记每笔电费发行的发票打印记录，包括票据标识、打印金额、打印人、打印时间等。

第10章
电网大数据应用服务

大数据已在公共管理、零售、互联网、电信、金融等众多行业快速推广，市场规模迅速扩大，已经成为重要的生产因素。

如仅从体量特征和技术范畴来讲，电力大数据应用服务是大数据在电力行业的聚焦和子集。但是电力大数据应用服务不仅仅是技术进步，更是涉及整个电力系统在大数据时代发展理念、管理体制和技术路线等方面的重大变革，是下一代智能化电力系统在大数据时代下价值形态的跃升。

重塑电力核心价值和转变电力发展方式是电力大数据的两条核心主线。电力大数据通过对市场个性化需求和企业自身良性发展的挖掘，驱动电力企业从"以电力生产为中心"向"以客户为中心"转变。电力大数据通过对电力系统生产运行方式的优化、对间歇式可再生能源的消纳以及对全社会节能减排观念的引导，能够推动中国电力工业由高耗能、高排放、低效率的粗放发展方式向低耗能、低排放、高效率的绿色发展方式转变。此外，电力大数据的有效应用可以面向行业内外提供大量的高附加值的内容增值服务。

10.1　电网大数据应用理念

电力大数据应用理念及价值在于挖掘数据之间的关系和规律，满足企业电力生产、经营管理和电力服务在提高质量、效益、效率方面的需要，促进电力资源的优质配置和高效服务。

电力行业信息化和工业化融合发展促使电力数据迅速增长和不断融合，电力大数据时代已经到来。电力大数据源自电力行业，与智能电网、智慧城市紧密相连，是未来电力发展的重要资源。面对电力大数据的机遇与挑战，研究多数据融合、数据模型、数据可视化、内存计算、分布式计算等关键技术，促进电力大数据在电力生产和企业经营管理中的应用，对更好地服务节能减排、服务经济社会发展、服务资源节约型和环境友好型企业建设意义重大。

10.1.1　应用方向

现阶段，各行各业都在努力挖掘大数据的发展潜力，但是从研究趋势来看，也具备一定的共性。归纳来看在以下5个方面应用趋势强力驱动着数据科学和大数据技术的创新发展。

（1）数据平台化。大数据技术促进电网数据平台化转型，实现大范围全局共享集成，降低数据技术研发成本。数据平台化有利于增加数据访问和处理的灵活性，有助于数据科学和挖掘分析的发展。

（2）数据及分析技术快速研发。大数据技术为综合、复杂数据挖掘分析提供高速响应及访问的基础平台，同时，结合数据分析和软件工程，构建数据科学，解决生产和管理中的复杂问题。

（3）综合利用外部信息。建立全局的外部数据视图，全面利用外部数据源，掌握客户、外部环境的变化和趋势。

（4）充分整合内部数据。大数据技术为各类原先难以集成利用的企业内部数据提供一体化的处理方法和平台，使数据管理和分析具备全局性、统一性。

（5）基于实证的启发式探索。大数据技术为基于不同数据源信息发现和模式识别提供支撑，为生产务实和管理决策提供基于实证的深入见解和建议。

10.1.2 重点应用领域

电网大数据的重点应用领域可以分为支撑公司运营与发展、面向电力用户和服务社会与政府3大类。其中，第一类应用是服务电网公司自身的运营与发展，力求充分挖掘数据的价值，提升电网运行管理水平和效率，推动公司运营模式和管理模式的创新；面向电力用户和服务社会与政府类应用是面向人民生活、社会经济与政府决策的高级应用，力求提升服务质量，为用户提供多元化服务，更好地支撑和服务于社会，推动公司服务模式的创新。

1. 支撑公司运营和发展方面的应用

支撑公司运营和发展的应用主要包括发展规划、电网运行管理、资产管理等几个方面。

（1）对于大电网规划而言，受经济社会发展情况和相关政策的影响，电网规划面临很大的不确定性。间歇式新能源的大规模并网和柔性负荷的出现，使电网规划面临的不确定性进一步加剧，未来电源发展情况和负荷增长情况的预测需要考虑的因素越来越多，因而变得更加困难。随着网络技术的发展，可参考的社会资讯越来越多，为预测经济社会发展、能源发展、用户用电增长情况提供了更多的参考渠道。用户用电信息采集系统为建立分类负荷特性模型和参数提供了条件，应用大数据技术，可以依据这些数据对发电和负荷做出更为科学的预测。

（2）电网运行管理的首要目标是保证大电网的安全稳定性和配电系统的供电可靠性。一方面，我国正在形成以特高压为骨干网架、交直流混联的复杂大电网，系统的结构和运行方式变得越来越复杂，对电网的调度运行、安全稳定地控制提出了更高要求，基于大数据开展面向在线稳定计算需求的综合分析处理技术基础性研究，从众多的在线数据中自动发现电网安全运行的特征与规则，为运行方式安排和调度决策提供理论依据，进一步提升大电网调度运行在线安全分析能力，增强电网抵御外部因素对安全稳定运行影响的能力；另一方面，由于电力的持续增长，配电网处在快速变化中，普遍存在着配电网结构薄弱、配电自动化水平较低等问题，影响了供电可靠性。随着智能电网的发展，已建设投运的配电自动化系统、调度自动化系统、电网气象信息系统、电能质量监测管理系统、生产管理系统、地理信息系统、用电信息采集系统、配变负荷监测系统、负荷控制系统、营销业务管理系统、ERP系统、95598客服系统为更有效地运行管理配电网提供了丰富的数据源，在应用大数据技术基础上，可开发高效的停电管理和优化、配电网运行状态评估与预警、有源配电网电能质量监测和评估、防窃电分析等应用。

（3）电网资产管理是以资产为中心，综合应用各种先进自动化技术、计算机技术、通信技术、信息技术以及现代管理理念和技术，优化调整资产的管理和运行，优化资产之间的配合，以最大限度地发挥其功能，从而达到以最低的成本实现所期望的优质服务的目的。与电网资产管理相关的大数据应用涉及数据资产、设备资产和人员资产管理等方面。智能电网大数据应用本身就是通过对智能电网中及来自外部的各种数据进行汇聚、融合、分析处理，为电网公司的运营管理服务，不断体现数据的资产属性，实现数据资产的价值。因此本节的资产管理指设备资产和人员资产管理。对设备进行全寿命周期管理、对人员进行精细化管理，是电网资产管理的核心。

2. 面向电网用户方面的应用

面向电网用户的应用主要包括用户行为分析、用户服务优化与提升两个方面。

（1）随着"大营销"建设的推进，国家电网公司完成了电力用户用电信息采集系统、SG186营销业务应用系统、95598客户服务、用能服务管理平台、需求侧管理系统等系统和平台的建设，累积了大量的客户信息和数据。借助于这些数据，对用户的行为和信用进行分析，有助于电网公司有针对性地制定优质服务策略，为客户提供增值服务，增强与客户沟通与互助，优化用户体验，提升电网公司服务和运营管理水平。用户行为与信用分析包括用户用电行为分析和需求相应、用能行为分析与能效评估、缴费行为分析、舆情监测分析等。

（2）为电力用户提供更好的服务，满足用户多样性的需求既是电网公司运营发展的要求，也是电网公司体现公共服务性质、塑造良好社会形象的需要。目前用电信息采集系统基本实现全覆盖、全采集，能够提供不同行业、不同用户类型的Et负荷曲线、月负荷曲线、日电量、月电量、年电量等实时和历史数据。其他营销业务系统中还包含了用户业务办理、电费收缴、缴费渠道、供电合同、用电检查、客户服务等信息。而且随着智能网关、智能插座等设备逐步普及，用户用电数据采集与存储变得更为便捷，并可能获得更加详细的用户用电信息，为探索多样的服务模式，全面提升服务水平提供了条件。大数据在用户服务优化与提升方面的应用涉及业扩报装、停电管理、客户服务、能效评估、需求测管和电动汽车充电站建设等领域。

3. 服务社会和政府方面的应用

电力与国民经济发展密切相关，电力需求变化能够真实、客观地反映国民经济的发展状况与态势。通过分析地区、行业、企业、居民的用电信息，并与电价、补贴、能耗指标等相关联，有助于政府和社会更好地了解和预测区域和行业发展状况、用能状况以及各种政策措施的执行效果，为政府就产业调整、经济调控等做出合理决策提供依据。用户用电数据、电动汽车充电站充放电数据以及包含新能源和分布式能源在内的发电数据也是政府优化城市规划、发展智慧城市、合理部署电动汽车充电设施的重要依据。

10.2 电力大数据服务理念

数据是信息化的核心，建设全业务统一数据中心是破解企业数据共享难题的重要途径，对于推进源端业务融合，提升数据质量、增强数据共享，提高后端大数据分析应用水平，推进信息化企业建设具有重大意义。

电力企业大数据应用的关键不是"大"和"数据"，其核心价值是将数据视作与人财物一样的企业核心资产，让资产创造价值。与传统数据挖掘分析的区别是它通过采用新的采集、存储和处理技术，实现跨业务、多类型、实时快速、灵活定制的数据关联分析，满足企业在电网生产、经营管理、优质服务三方面的管理提升和业务创新需求。由于涉及的应用众多，对计算、存储、网络等性能提出了较高要求，因此需要构建面向电力企业应用的统一大数据处理平台。

电力大数据服务核心理念是建成"模型规范统一、数据干净透明、分析灵活智能"的全业务统一数据中心，实现面向全业务范围、全数据类型、全时间维度数据的统一存储、管理与服务。通过强化统一数据模型与企业级主数据的全面应用与管控，保证数据的一致性与可共享。通过改善业务集成，消除数据冗余，归并整合业务系统，实现源端业务系统数据逻辑统一、分布合理、干净透明。通过汇总、清洗、转换全业务数据，构建统一数据分析服务，实现跨专业数据的高效计算、智能分析和深度挖掘。

10.2.1 电力大数据服务分类

电力大数据服务将数据处理、数据管理、数据分析分离，如图10.1所示。

- 数据处理服务是保障数据质量的关键，是提升数据应用水平的基础。

- 数据分析服务是挖掘数据资源价值，提升数据应用水平的核心。
- 数据管理服务是实现数据规范、统一、安全的关键和保障。

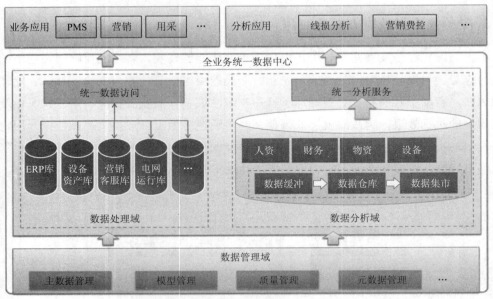

图10.1　电力大数据服务分类示意图

（1）数据管理服务的核心是统一数据模型构建、企业级主数据建设与应用，通过对数据定义、存储、使用的统一规划和管控，为跨专业、跨系统数据集成与应用提供支撑。实现模型规范统一和主数据唯一，保证全公司范围内数据的一致性、准确性和可用性。

- 通过统一数据模型的完善设计及全面覆盖，解决系统间数据模型不一致，跨专业数据应用困难的问题。
- 强化企业级主数据管理，实现主数据的全面深化应用，解决同源数据重复录入，数据编码不统一的问题。
- 充分发挥主数据管理平台的作用，实现核心业务主数据的统一管理和维护，确保"源端唯一、一处维护、多处使用"。

（2）数据处理域（见图10.2）是公司生产经营管理过程中各类业务数据存储、处理、融合的中心，是原业务系统各个分散数据库的归并、发展与提升，为公司各业务应用提供逻辑统一的数据存储，主要包括业务处理数据库与统一数据访问服务两部分。

- 通过构建统一数据访问服务，隔离应用与数据库的直接连接，实现全业务数据的便捷访问，解决跨专业数据共享与使用困难问题。
- 改变原数据复制的业务集成方式为共享使用方式，结合统一数据模型和主数据，消除数据冗余，提高跨专业数据一致性与时效性。
- 遵循统一数据架构，按公司主营业务划分，逐步融合、归并现有业务系统，形成逻辑统一的业务处理数据库。解决现有一系统一数据库，业务数据分散、冗余存储，缺乏统一有效管控的问题。

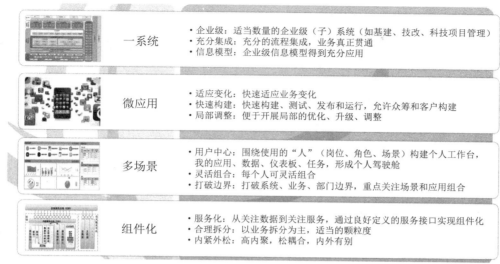

图10.2 数据处理域

（3）数据分析服务是全业务、全类型、全时间维度数据的汇集中心，与处理域的数据保持实时一致，为公司各类分析决策类应用提供完备的数据资源、高效的分析计算能力及统一的运行环境，如图10.3所示。它提供灵活智能的分析服务，实现"搬数据"向"搬计算"的转变。

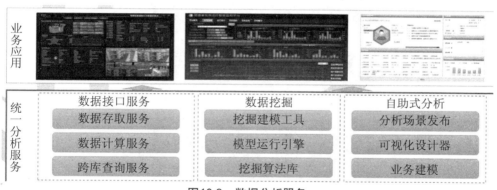

图10.3 数据分析服务

统一分析服务面向公司各类分析决策类应用，提供标准化、规范化数据查询、计算、分析服务，支撑公司各类分析应用快速构建；同时屏蔽底层不同平台差异，实现平台和应用解耦。

10.2.2 电力大数据服务宗旨

电力大数据的服务宗旨是破解企业数据共享难题的重要途径，对于推进源端业务融合，提升数据质量、增强数据共享，提高后端大数据分析应用水平，为电力业务各类分析应用提供统一的数据支撑，推进信息化企业建设具有重大意义。

10.3   电力大数据经济可行性

维克托·迈尔托·舍恩伯格曾在《大数据时代：生活、工作、思维的大变革》一书中前瞻性地指出，大数据带来的信息风暴正在变革我们的生活、工作和思维，大数据开启了一次重大的时代转型。作为正向能源互联网转型的传统电力行业，大数据及云计算时代的到来将为传统电力行业的发展注入新的活力，传统电力行业有可能产生革命性的变化。

电力大数据主要来源于电力生产和电能使用的发电、输电、变电、配电、用电和调度各个环节，可大致分为3类：一是电网运行和设备检测或监测数据；二是电力企业营销数据，如交易电价、售电量、用电客户等方面的数据；三是电力企业管理数据。通过使用智能电表等智能终端设备可采集整个电力系统的运行数据，再对采集的电力大数据进行系统的处理和分析，从而实现对电网的实时监控；进一步地，结合大数据分析与电力系统模型，可以对电网运行进行诊断、优化和预测，为电网安全、可靠、经济、高效地运行提供保障，如图10.4所示。

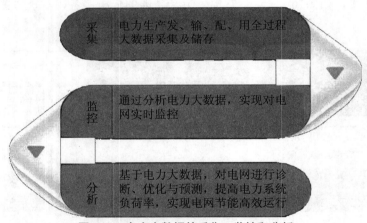

图10.4   电力大数据的采集、监控和分析

云计算、大数据分析等信息新技术必将激活电力大数据中蕴含的价值，也必将释放电力大数据的市场潜力。根据GTM Research的研究分析，到2020年，全世界电力大数据管理系统市场规模将达到38亿美元，电力大数据的采集、管理、分析与服务行业将迎来前所未有的发展机遇。

10.3.1   升级运营管理，节约规划成本

电力系统是实现电能生产、传输、分配和消费瞬时平衡的复杂大系统，智能电网更需进一步实现各类新能源、分布式能源、各种储能系统、电动汽车和用户侧系统的接入，

并借助信息通信系统对其进行集成，实施高效的管理和运行。借助大数据技术，可对电网运行的实时数据和历史数据进行深层挖掘分析，掌握电网的发展和运行规律，优化电网规划，实现对电网运行状态的全局掌控和对系统资源的优化控制，提高电网的经济性、安全性和可靠性。

基于天气数据、环境数据、输变电设备监控数据，可实现动态定容、提高输电线路利用率，提升输变电设备运检效率与运维管理水平；基于调度数据、仿真计算历史等数据，可以分析电网安全稳定性的时空关联特性，建立电网知识库，在电网出现扰动后，快速预测电网的运行稳定性，并及时采取措施，可有效提高电网的安全稳定性，从而能够预防不必要的设备故障和提高供电传输的利用率，同时也给电网带来了经济上的节约。

电力行业既是优质清洁能源的创造者，又是一次能源消耗的大户，因而也是国家实施节能减排的重点领域。结合能源大数据、信息通信与工业制造技术，通过对能源供给、消费、移动终端等不同数据源的数据进行综合分析，设计开发出节能环保产品，为用户提供低消费、高能效的能源使用与生活方式。

以智能家居产品为例，智能家居产品不仅可以为居民用户提供节能降费的服务，还可对能源企业尤其是电力企业改善用户侧需求管理、减少发电装机等方面发挥作用。现实中电网企业不一定必须具备产品研发优势，可利用电力数据采集与分析方面的优势，或通过与设备制造商合作改进用户需求侧管理，或通过共同参与研发在产品销售中获取收益。

10.3.2　改善用户用电体验

用户端的数据是一个待挖掘的金矿。大数据将各行业的用户、供电服务、发电商、设备厂商融入一个大环境中，促成了电网企业对用户的需求感知，依据数据的分析来进行运行调度、资源配置决策，并基于分析来匹配服务需求。用户扮演的角色越来越重要，不仅可以对内部实现能源的成产和消费管理，实现能源交易，还将对外参与需求响应或作为虚拟电站参与调度运行。促进用户与电网的互动是提高大电网灵活性，进而提高其接纳大规模间歇性新能源的有效途径。了解用户用电特性，制定有效的政策和市场机制是有效激励用户改善能效，参与需求响应、需求调度的途径。

根据用户用电情况、用户分布式发电、储能系统和电动汽车的应用情况，结合用户特征数据和社会环境数据，可以分析和预测用户的能源生产和消费特征，为电网规划和运行方式安排提供参考，实现与用户的高效互动，提高用户侧能效水平，改善用户用电体验，提高用户满意度。

10.3.3　提供政府决策支持

电网作为载体承载着能源与用能两大主体，它关联着诸多因素。今天的能源政策与机制应超出基于因果关系和条件评估的判断，需要以数据为基础、关联数据分析为依据的决策。例如，电价特别是阶梯电价的定位，需基于综合用能行为数据和生产、生活各因素以及电力生产成本等多因素进行数据分析，才能有效激活各个要素，实现最佳效果。在如新能源、分布式能源、电动汽车、需求响应等技术的大规模实施，不仅取决于技术成熟度和经济性，还取决于能源政策和各种激励机制是否有效。能源政策和激励机制是否有效，通常并没有普遍性，而应符合本国的实际，符合精准的感知和预测。

此外，电力与经济发展、社会稳定和群众生活密切相关，电力需求变化能够真实、客观地反映国民经济的发展情况与态势。通过分析用户用电数据和新能源发电数据等信息，电网企业可为政府了解全社会各行业发展状况、产业结构布局、预测经济发展走势提供数据支持，为相关部门在城市规划建设、推广新能源和电动汽车、促进智慧城市发展等方面提供辅助决策。

10.3.4　助力未来电网发展

国家电网公司站在全球能源发展的高度，提出了全球能源互联网发展蓝图，以最大化地开发利用新能源，实现能源资源在全球范围的优化配置。未来电网具有长距离、广范围、泛在智能和共享互联的特点，将发生电网运行机制与商业模式的重构。在庞大而广泛的未来电网中，将呈现电源多样性、遍布性、时移性、负荷移动性、互动性，用能终端大量信息接入，各类管理终端大量介入，要求电网具有柔性和自适应能力，以满足送受端的时间、空间和方式的多重复杂性。在这种情况下，依靠传统的状态信号指令无法完成决策，需要复杂的负荷预测、分析及实时呈现，需要以大量的、多维的、高密度的数据来支撑预测、预警、机器决策和人工判断。在智能电网向更高阶段发展过程中，地域更加广泛，需基于全球数据实现能源电力大范围平衡来保障电网及其他系统的安全，这也是大数据对电网发展与未来电网目标实现路径的支撑。

10.4　电力大数据运营管理服务

10.4.1　管理服务的核心思想

数据管理域的核心是统一数据模型构建、企业级主数据建设与应用，通过对数据定义、存储、使用的统一规划和管控，为跨专业、跨系统数据集成与应用提供支撑。实现模型规范统一和主数据唯一，以保证全公司范围内数据的一致性、准确性和可用性。

通过统一数据模型的完善设计及全面覆盖，解决系统间数据模型不一致、跨专业数据应用困难的问题；强化企业级主数据管理，实现主数据的全面深化应用，解决同源数据重复录入，数据编码不统一的问题；充分发挥主数据管理平台的作用，实现核心业务主数据的统一管理和维护，确保"源端唯一、一处维护、多处使用"。

10.4.2 规范数据统一管理

电力大数据管理提供统一规范数据结构服务，提供统一数据模型。对电力大数据实施集中的、统一的、全面的"仓储式管理"，提供一站式服务。

加强内、外部数据的"仓储式"管理。对电力企业来说，数据无处不在，无时不有，究其来源，无非企业内部和外部两个渠道。内部数据的源头是各单位、各部门、各专业的统计报表提供的数据；外部数据一方面是国家管理部门、行业管理部门、权威机构等发布的统计数据，另一方面是来自互联网、移动互联网、各种传感器等信息感知和采集终端采集的数据。这些数据，日积月累，最终"百川归海"，汇成大数据的海洋。大数据时代，企业通过建立"大数据管理智库"，打破渠道的边界，把不同来源的数据整合在一起，实施"仓储式管理"，让数据为电力企业所用。

注重数据挖掘环节的"仓储式"管理。企业数据挖掘过程中有4个重要环节：采集、存储、分析和预测。企业建立了"大数据管理智库"，对这4个环节实施"仓储式管理"，可以大大"提纯"数据价值：一是尽可能采集异源甚至是异构的数据，去伪存真，多角度验证数据的全面性和可信性；二是要用到冗余配置、分布化和云计算技术，分类、过滤和去重，减少存储量，同时加入便于检索的标签；三是将高维数据降维后度量与处理，利用上下文关联进行语义分析，从大量动态而且可能是模棱两可的数据中综合信息，导出可理解的内容；四是将数据分析后预测出的结论应用到企业中去。大数据的核心就是分析和预测。

电力企业推进大数据管理是一项前所未有的、艰苦卓绝的、规模宏伟的系统工程，面临着技术、管理等多重挑战，包括大数据管理与传统数据管理及现代管理工具的完美对接和相互融合，生态环境要求很高。因此，营造"大数据管理融合"新生态是构筑这个系统工程的重中之重。大数据发轫于信息化建设，伴随着信息化建设的进程同步成长，但同时又遵循自身发展的规律，自成一体。

10.4.3 统一对外服务管理

电力大数据运营管理提供统一的对外服务平台，数据以固定的形式统一对外提供及展示，做到数据对外统一化。统一对外服务面向公司各类分析决策类应用，提供标准化、规范化的数据查询、计算、分析服务，支撑公司各类分析应用快速构建；同时屏蔽底层不同平台差异，实现平台和应用结合。

（1）数据统一汇总：电力业务部分数据的全量汇总、各部门、各系统的业务数据全量接入，为各类应用提供统一的数据支撑管理。

（2）平台统一支撑管理：为各类分析应用提供统一的平台支撑管理，各部门、各类型的分析应用基于分析构建。

（3）模型统一设计管理：数据清洗转换后按照统一的数据模型存储，为各类分析应用提供统一的数据支撑。

10.5　电力大数据供应链管理服务

供应链管理诞生于20世纪80年代中期，最先是在制造业中广泛应用，后来逐渐发展成为一种新的管理模式。直到20世纪90年代中后期，供应链管理这个概念由国外一些跨国公司传入我国，我国才开始了有关供应链管理方面的研究与实践。供应链管理是以企业的供应链为中心，通过供应链管理，让客户以最少的成本获得最大的经济效益，达到缩短企业资金周转时间、实现企业盈利增长、减低企业风险等目的。

在电力生产环节，风光储等新能源的大量接入，打破了传统相对静态的电力生产局面，使得电力生产的计量和管理变得日趋复杂。其次，电能的不可储存性使得电力工业面临极其复杂的安全形势。在电力经营环节，随着下一代电力系统的逐步演进，高度灵活的数据驱动的电力供应链将逐步取代传统的电力供应链。

电力大数据时代为电力系统供应链带来了新的机会和挑战，电网供应链的经营与管理必须紧密对接大数据时代发展的特征。

10.5.1　企业供应链管理

1. 供应链管理的内涵

每一个企业都处在一个相应的供应链条上，所有的产品必须通过相应的渠道才能最终到达客户的手中，供应链管理以整个供应链作为管理对象，通过协调和优化供应链条上的各个环节，降低生产成本，为客户创造更高的利润，从而达到整个供应链的整体最大利益化，实现企业的共赢。

2. 供应链管理的目标和目的

企业采用供应链管理的最终目的是为了降低企业生产成本、提高客户满意程度、提升企业产品流程和服务质量，让供应商和制造商能够达成战略合作伙伴关系，实现双赢。

10.5.2　电网供应链结构

中国从2000年开始进行的电力体制改革，主要任务是推进"厂网分离"，将电力传输、配电等业务从原来的国家电力公司中剥离，并组建电网公司运营相关业务，同时各个发电厂也被重新划分，形成大唐、中电投、国电、华电、华能五大"发电集团"。电网行业相对从电力系统中独立出来，但是我国电网行业仍然属于国家管控的垄断性行业，采取大集团化的垂直管理体系。这也是由于电力是保证社会生产生活运行的基本供应能源，需要政府管控，特别是在电力供应和电价制定上。

电网行业的经营业务既包括电力输送和买卖，又包括电网建设和维护，供应链结构复杂，大致可以分为物资供应链和电力供应链。

电力供应链：主要由上游的发电集团制造电能，中间电网集团传输电能，外部客户使用电能。电网集团的网省公司主要业务是从发电公司购电，而下级分公司的主要业务是面对外部客户售电，省公司和分公司的业务活动是电网集团公司的主营利润来源。电力供应链的结构较为复杂，受国家政策管控较多，主要研究一般集中在购电和售电价格决策上。

物资供应链：物资供应链主要为保障电网建设和维护，而电网稳定又是保障电能传输的基础，因此物资供应链是电网行业中十分重要的供应链。由于电网的垄断性特征，电网集团公司处于物资供应链的绝对核心地位。与传统制造业供应链不同，电网行业物资供应链的核心企业位于供应链的下游，不从事生产制造业务，而主要是对物资的采购、仓储、配送等业务。同时，由于电网行业的垂直管理和垄断性，所服务的下游客户主要是集团公司内部客户，例如下属分公司、电网建设项目主管部门等，因此物资供应链节点除物资供应商外，大部分属于电网集团公司内部供应链，涉及集团公司内多个部门，核心主体部门是物资部。

10.5.3　大数据分析在供应链中的应用

1. 电力企业供应链大数据来源

电力企业的物质供应链主要包括需求计划、招标采购、合同签订、合同履行、合同结算五大环节。首先，项目单位提出物资需求，由物资供应管理单位经过审核、筛选、打包形成需求计划，主要包括所需物资的需求事件、需求地点、需求物资等内容。将现有物资与需求计划相匹配、供货的过程，被称为平衡利库。招标采购是将平衡利库无法满足的需求计划通过公开招标、竞争性谈判等方式进行采购，确定中标供应商。在合同签订环节，电力物资供应商管理单位依据中标结果与供应商签订合同。之后进入合同履行环节，主要包括制定物资供应计划、跟进供应商生产进度、催缴货、入库验收管理。最后在合同结算环节进行履约保函管理、发票管理、付款和结算管理。

电力大数据可以将电网供应链信息聚合，从产品设计、采购、物流等各个环节，通过大数据技术对整个电网供应链进行有效控制、管理，及时掌握电力企业的库存量、物资采购完成情况等信息。电力业务在发展扩张过程中，可以根据供应链数据信息进行成本的业务量等情况分析，从中寻找电力业务发展的新机遇。通过优化物流供应链的流程，帮助电力公司进行业务建设方面的决策工作，从而提高核心竞争力。

电力大数据聚合供应链所设计的信息资源范围广泛，信息种类繁多，主要包括：

（1）供应链成员的信息来源。供应链运营管理相关的运营商、物资供应管理单位、项目单位等节点组织的信息资源是供应链信息聚合的重要来源。

（2）大数据的网络信息来源。供应链网络信息聚合的来源，主要包括电子商务平台（ECP）、资产全寿命管理系统（ERP）、财务付款系统的数据信息。

（3）供应链其他组织相关的信息来源。供应链信息聚合包括网络平台信息以外的信息资源，不仅仅局限于网络资源的范畴，而是从多渠道、多维度对接供应链运营发展中的各类信息需求，主要包括合同台账、电子版或者纸质版合同文本、合同扫描件等资料素材，通过与财务管理单位、项目管理单位、建设管理单位、上级管理单位等供应链其他组织的沟通协调和信息共享，实现大范围的供应链信息资源聚合，这增加了供应链信息聚合的来源渠道，获得了更好的供应链信息聚合的整体效应。

2. 电力大数据实现供应链信息融合

电力大数据通过信息萃取、信息整合、信息优化3个步骤实现供应链数据信息的聚合工作。

1）信息萃取

电力大数据信息萃取是从供应链运营管理面临的大数据中进行信息资源的收集、整理与分析，注重供应链网络知识的发掘，获取供应链运营所需的信息以及信息价值。信息萃取不仅重视对于供应链运营管理的各个环节或组织的信息分析与处理，更要凸显供应链大数据的发掘与分析能力。信息萃取作为供应链信息聚合的重要职能，从大量繁杂的数据中萃取出有效、有序、精炼的信息，以便更好地进行数据的分析和问题研究。

2）信息整合

电力大数据信息整合主要是对供应链运营管理中的相关信息进行整合处理的过程。通过信息整合，把供应链大数据运营管理的各类信息资源构建成信息整体，体现了供应链运营相关信息资源的从"散"到"整"的流程。信息整合体现了供应链信息聚合中的对各类信息进行分类、汇总、归纳的功能，突出了对于供应链运营管理零散信息的处理分类、信息获取、信息推理等能力，是信息萃取步骤的重要补充。供应链大数据的信息聚合，可以有效整合供应链的供应商、项目管理单位、建设管理单位以及财务管理单位等不同节点的信息资源。

　　3）信息优化

　　电力大数据信息优化是在供应商运营管理已经获得的信息资源基础之上，进一步对已有信息资源进行梳理、分析，有目的地采用，实现了相关信息资源的科学合理归类与优化处理。供应链信息聚合中的信息优化则是在信息整合的基础上，结合供应链各个相关环节、组织、单位的实际运营需求，对于相关的供应链信息资源进行再处理、再分析的优化升级过程。在大数据环境中，通过信息优化能够较好地促进供应链运营管理中的信息处理能力、信息运用能力以及信息决策能力的提升，实现供应链信息资源的优化运用。优化升级后的信息资源应用于供应链的运营管理之中，以实现供应链运营管理更好的效益。

3. 有效信息聚合，驱动智慧供应链

　　电力供应链管理的复杂程度不断加深，带来越来越庞大的数据量，企业需要整合并优化在需求计划、招标采购、合同签订、合同履行、合同结算等一系列环节的信息，改善供应链上下游关系，以获得竞争优势。电力大数据在供应链中的应用并不是简单地将订单状态、履约情况、付款进度等数据可视化，而是通过有效的信息萃取、整合和优化，对数据资源深入挖掘，并充分运用至企业经营决策与实施中，通过获取有价值的数据加快供应链上各环节的运营节奏，提高企业供应链整体的相应速度，以推动供应链成为企业发展的核心竞争力，并提升供应链自身价值，形成智慧供应链。

10.6　电力大数据信息安全服务

10.6.1　电力大数据应用的特征

　　大数据本身具有4个典型特征：容量巨大、数据类型多样、价值密度低、处理难度高。

　　电力大数据应用主要是以业务应用为主，实现面向典型业务场景的模式创新及应用提升。电力大数据应用于大规划，主要是针对电网趋势进行预测，通过用电量预测、空间负荷预测以及多项指标关联分析，进行综合分析，从而支持规划设计；电力大数据应用于大检修，通过视频检测变电站，实时准确地识别多种表计、刀闸、开关与隔离开关的位置、状态或读数，利用大数据技术智能分析视频数据，从而代替传统的传感器；电力大数据应用于大运行，通过对电网调度的电网设备台账信息、设备拓扑信息、设备遥信遥测相关信息的历史时刻查询，预测分析未来状态，为设备状态管理提供完善的建议，为电网调度提供辅助决策；电力大数据应用于大营销，扩展面向智能化、互动化的服务能力，面向用电

信息采集、计量、收费和服务资源，开展用电互动服务，实时反馈用电、购电信息，例如营销微信平台、营销手机、营销支付宝等。

随着居民用电信息采集的表记终端数量达到上亿只，供电电压自动采集接入电压监测点达到上万个，输变电状态监测装置接入上万个，监测数据达到上千万条，电力大数据的应用也具有了数据量大、数据类型多、实时性强等大数据的典型应用特征。

电力大数据技术的应用给传统的安全防护措施带来了巨大挑战，在深化完善传统安全防护措施的同时，需着力开展基于电力大数据的安全防护框架的研究，着重研究电力大数据安全防护环节的关键技术安全防护措施，包括安全技术架构研究、加密存储及检索技术研究、数据分级分类与轨迹跟踪技术研究、核心业务数据屏蔽技术研究。

10.6.2　电网大数据信息安全风险

电力大数据在提升行业、企业管理水平和经济效益的同时，数据爆发式的增长也给数据存储、分析处理、统计计算带来极大的挑战，加大了数据在产生、传输、处理、存储、应用和运维管理各环节的安全风险。数据在产生和传输过程中存在传输中断、被恶意窃听、伪造和篡改的风险；数据在处理、存储和应用过程中，面临着部分用户越权读写、主机物理故障等风险；内部运维控制措施不当也会带来风险等。

除了面临上述传统的安全风险外，电力大数据还面临新技术应用后所带来的新型安全风险。高级持续性威胁攻击（长时间窃取数据）就是这种新型风险之一，其典型特点就是持续时间长，攻击者对于防护设备进行持续地试探和尝试，不断研究和测试攻击目标系统的弱点，一旦发现防护短板，就利用各种技术进行攻击。这不仅对目前信息化新技术应用的业务系统造成巨大威胁，也对传统的信息安全防护体系提出了挑战。

10.6.3　电力大数据信息安全架构

新技术的发展也带动信息安全发展趋势从面向合规的安全向面向对抗的安全转变，从消极被动防御到积极主动防御甚至是攻防兼备、积极对抗的转变。100%的信息安全是绝对不可能的，但是可以主动认识潜在的威胁和敌人，充分分析电力大数据技术应用场景下的安全风险，具备先发致人、主动防御能力，这就是新型信息安全防御体系的理念。将该理念融入大数据信息安全分析中，通过进一步研究数据分析、挖掘技术，构建电力大数据信息安全分析架构。

目前，电力企业已经建立了较为全面安全的防护体系，有效保障各信息系统安全稳定运行。但随着大数据技术的应用，传统的安全防护框架不能完全满足大数据环境下的安全需求。需充分分析电力大数据技术应用场景下的安全风险，挖掘现有数据安全防护中的缺陷，设计制定电力企业大数据安全防护框架并搭建测试环境，开展安全性验证，为建立新一代数据服务平台提供安全保证。

1. 加密存储及检索技术服务

在电力大数据环境下，随着大量数据的集中存储，存储系统在保证敏感数据机密性的同时，提供了相应的加密共享技术。通过电力大数据环境下的数据存储模式，提供对应的数据加密检索技术，能够有效确保用户数据的机密性和完整性，提高密钥存储的安全性、分发的高效性及加密策略的灵活性，实现信息的安全共享。

2. 数据分级分类与轨迹跟踪服务

电力大数据应用带来了海量数据的汇集，这些数据通常没有明确的使用权限，这就带来了用户对数据的越权访问等隐患。电力大数据提供了在分析研究电力企业管理数据流程及标准的基础上，结合企业级数据资源整合及一级数据中心的建设，制定统一的数据分级、分类标准，明确各级别数据的使用权限，通过研究涉密信息数据的轨迹跟踪技术，保证重要信息数据的安全。

3. 敏感数据保护服务

电力大数据信息安全服务提供了对电力系统数据和用户敏感数据的采集、上传及传播过程中敏感数据泄露风险的统一策略管理、统一事件分析、全文检索及维度数据审计，对敏感数据信息访问行为进行告警、阻断、跟踪等服务，有效实现了大数据环境下电力数据多层次的全方位敏感数据保护。

10.7　电力大数据成果应用服务

10.7.1　在电网财务管理中的应用

相比较企业内外部的其他类型的数据，财务数据更复杂、更庞大，因此包含着更多的宝贵信息。例如，可以建立数据分析模型，对会计数据进行分析和信息挖掘，也可以对成本、费用、收入、利润等进行行业比较分析、区域市场分析、增长情况分析等，从而发现经济的近期和远期规律，在挖掘市场潜力的同时，更好地控制行业风险，提升行业竞争力。在进行模型预测的基础上，利用全面预算管理解决方案，得到不同时期、不同产品类别的明细数据情况，便于企业的实际和预算数据进行比较，分析差距，找到解决问题的方法。通过与网络报销、费用控制等分析工具的配合，可以大大提高财务管控能力，帮助企业实现战略落地。

电网公司的财务管理倡导投资管理精益化，以此来提高投资效率，在具体的数据分析方面，应该以分析型数据为基础，科学配置各种服务资源，构建营销数据分析模型。另外，为了对各级数据需求者提供多维、直观的分析展示，应建立各种针对营销的系统性算法模型库，并且注重开发多样性的数据可视化工具，进而主动把握市场动态，为企业获得更好的效益、为顾客提供更好的基础做好铺垫。

10.7.2　在电网运营中的应用

随着网络技术的发展，可参考的社会资讯更多，为预测经济社会发展、能源发展、用户用电增长情况提供了更多的参考渠道。用户用电信息采集系统为建立分类负荷特性模型和参数提供了条件，应用大数据技术，可以依据这些数据对发电和负荷做出更为科学的预测。电网运行管理的首要目标是保证大电网的安全稳定性和配电系统的供电可靠性。我国正在形成以特高压为骨干网架、交直流混联的复杂大电网，系统的结构和运行方式变得越来越复杂，对电网的调度运行、安全稳定控制提出了更高要求；基于大数据开展面向在线稳定计算需求的综合分析处理技术基础性研究，从众多的在线数据中自动发现电网安全运行的特征与规则，为运行方式安排和调度决策提供理论依据，进一步提升大电网调度运行在线安全分析能力，增强电网抵御外部因素对安全稳定运行影响的能力。

10.7.3　在配电网规划上的应用

配电网需要不断重复校正规划，具有极强的时局性。配电网可以通过大数据对生产系统数据进行深度挖掘，进而获得更多的真实有效的原始信息数据。专业人员对这些得到的数据进行系统的分析、计算，最终得出比较准确的负荷预测。同时对已经存在的数据进行校正，得到更为准确的数据。然后采用电力综合系统对数据进行应用，这时，配电网可以随机搜集需要的数据，如瞬时电压、瞬时电流、瞬时功率及振荡频率等有关电数据，通过数据的计算判断规划的可行性。此外，还可以通过历史数据统计，分析设备的故障原因、故障方式、故障位置等，总结故障规律，排查设备家族性缺陷，这样有助于规划解决方案。

10.7.4　电网线损监测分析

线损率是衡量电网企业综合管理水平和经营效益的一项重要经济技术指标，加强线损管理是电网企业一项长期的战略任务和系统工程。近年来，公司通过完善"线损四分"管理模式，积极开展管理挖潜和技术降损工作，综合线损稳中有降，但由于台区线损基础数据不全、专业间数据共享程度不高、现代管理手段匮乏，加之各地区对线损重视程度存在差异，线损提质增效仍有空间。

按照《国网运监中心关于印发国家电网公司2016年运营监测（控）工作要点的通知》（运监综合[2016]1号）、《国网运监中心关于开展监测业务常态运行的通知》（运监系统监[2016]3号）要求，为更好地发挥"铁算盘"和"预警机"的功能与作用，省市两级运监立足"服务公司党组、服务专业部门、服务基层单位"的工作定位，从降损趋势、量损关联、地区差异和结构比对等角度，基于全业务统一数据中心，应用大数据分析技术开展电网线损监测分析，加强成果应用和大屏展示，以"强基础、抓攻坚、管长远"为主题，引领线损管理，提升线损精益化管控水平。

基于大数据平台的电网线损监测分析，实现线损数据的采集、汇总、分析，对当月及累计线损率完成情况、走势进行分析，重点分析造成线损率异动波动的主要原因，全面展示统计线损及理论线损的分布情况，实现电网损耗构成分析，支撑电量与线损管理标准化、智能化和精益化。

通过对各供电单位线损率、售电量、供电量等历史数据进行分析总结，剖析线损率与全社会售电量分布特征，统计分析与降损效益联系紧密的特征数据，可掌握各单位用电结构的一般规律和特例。

10.7.5　95598供电质量投诉关联监测分析场景

95598供电质量投诉关联监测分析的应用，实现了95598供电质量投诉的线路台区监测、95598供电质量投诉关联PMS技改大修项目监测、95598供电质量关联计划停电监测、大修、技改项目涉及设备情况监测。该应用加强故障抢修、供电质量投诉一体化管控，优化停电检修流程，提高工作质量与效率，减少检修操作停电时间，注重故障抢修效率和质量，从源头控制引发投诉的风险，推进"你用电、我用心"新服务理念不断深化。

95598供电质量投诉关联监测分析应用场景旨在通过数据分析挖掘，为规划、计划制定提供依据。该应用基于全业务统一数据中心整体架构进行设计，包含数据整合、存储、计算和统一分析服务4部分内容，主要针对全业务统一数据中心分析域工单明细、线路、台区、用电客户、计量点、技改大修项目、计划停电明细和规范工单明细等历史业务数据进行计算统计、报表分析和数据挖掘。

该应用建立了服务价值视图，数据治理成果可视化展示，达到对数据治理、开发、开放运营效果的有效监测。服务价值视图通过95598投诉工单、线路、台区、设备、技改大修等指标集中体现企业数据对内数据营销与对外服务为企业做出的贡献及带来的价值。

该应用提出了分时节、分设备的细颗粒度95598投诉行为特征分析模型，多维度、多角度挖掘95598供电质量投诉关联信息，针对性地提出避免投诉建议，提升客户满意度。

该应用规范了停电计划关联分析涉及台区的停电检修，聚焦供电质量重复投诉涉及的线路和台区，精准定位问题台区与线路，进一步促进业务融合，为规划、计划制定提供依据，为提升配电网运维管理水平提供支撑，为跨部门、跨专业协同提供服务，提升企业的管理和运营效率。

10.7.6 政策性电价和清洁能源补贴预测场景

挖掘政策性电价和清洁能源补贴办法与用户发、用电行为之间的关联关系以及政策性电价之间的相互影响关系，可有效地评估政策性电价和清洁能源补贴办法的执行效果，然后通过价格杠杆鼓励节能、提升电能利用率、促进电能供需平衡、实现用户驱动的削峰填谷、降低电采暖用户电费开支、支撑清洁能源发展，为国家制定各类政策性电价和清洁能源补贴政策以及相关政策的调整提供决策依据。

政策性电价和清洁能源补贴场景分析主要通过数据挖掘与探索，构建政策性电价和清洁能源补贴执行效果评估模型，深入开展阶梯电价、峰谷电价、采暖电价、清洁能源补贴等执行效果评估分析，深度挖掘各类数据结构，在时间跨度和空间广度范围分析用户用电行为模式。

此外，通过对来自于营销数据库的关于政策性电价和清洁能源补贴的源数据，（包括内部数据用户用电量、电网负荷、客户侧分布式电源信息、分布式电源用户网购电量信息）和外部数据（气象信息、节假日信息、企业开工信息）进行挖掘分析，来实现对政策执行效果的评估。

第11章
电网行业大数据的机遇与挑战

11.1 大数据、大挑战

大数据率先在互联网、电信、金融等行业出现，随着对大数据价值的深入发掘，其作用和价值得到企业和社会的认可，各国政府也陆续启动了国家层面的大数据研究工作。

随着我国信息技术的高速发展，在信息获取技术、互联网以及社交网络等方面都取得了较大的进展，这直接导致了数据规模的大幅度提升。人们可以在任何地点获取最新的实时资讯，最大限度地享受到了信息社会带来的便利，极大地促进了全球数字信息资源的增长。

在电力行业，由于大数据时代的到来而面临着很大的发展机遇，同时也将面对严峻的挑战。随着我国智能电网建设的全面铺开，我国在电力行业的数据量将会提升一个数量级，数据来源以及数据结构将会更加多元化。

11.1.1 大数据与电力大数据之间的关系

作为国家的重大基础性设施之一，电力行业的发展与人们的生活有着非常密切的联系。只有电力行业稳定发展，国家经济社会才能确保持续稳定发展。

随着电力工业化与信息化在我国的不断融合，在企业决策以及运营等方面，电力企业对电力信息的依存度正在逐步增强。这种不断融合使得电力企业在以上几个方面具备了大数据时代的相关特征，因此，电力信息化将会不断发展，进而衍生出更多的增值服务，甚至产生新的运营管理模式。

11.1.2 电力大数据的应用前景

电力企业的生产数据不仅仅包括电压稳定性以及发电量等实时采集到的数据，还包括云计算、移动互联、物联网、新能源等新业务的数据。

对数据之间的规律和关系进行深入挖掘是电力大数据的内在价值所在，如果能够对这些实际数据进行深入分析，使其产生更多的高附加值服务，则这些成果将对电网的安全检测与控制、客户用电过程中的行为分析以及电力企业相关部门的更加精细化运营管理产生直接的影响，进而整体提高电力企业的运行效率，最大限度降低成本，使管理、运行、维护更加快捷高效。

电力大数据的价值在于挖掘数据之间的规律和关系，满足企业电力生产、经营管理和电力服务在提高质量、效益、效率方面的需要，促进电力资源的优化配置和高效服务。

在企业内部，对电力生产的各环节数据进行融合、发掘，有利于发现电力生产的薄弱环节和寻找改进措施；开展电网发展规划、电厂运行管理、企业运营监测分析，通过大数据的分析结果来指导企业的日常管理和经营决策。

例如，在电力生产领域开展电力实时线损计算，利用智能电表采集的海量能量数据，实时计算分区、分压、分线、分台区等不同范围的线路损耗，为电网调度、交易和检修提供支撑，便于经济、可靠地安排电网运行方式，提高电力资源配置能力。在用电服务领域，开展用电互动服务，实时反馈购电、用电信息，对用电能效进行综合评价并提出节能建议，对剩余电量进行友情提示，促进一些电力消费转移到价格便宜的峰谷时段，减少高峰用电，延迟新建电力设施的需求，这将全面变革电力消费和使用模式，促进能源节约与优化利用。

在电力企业外部，电力大数据更多地反映了电力发展支撑经济发展的需要以及服务经济社会情况。作为一种时效性、准确性较高的数据，电力数据被广泛应用于分析经济发展水平、经济走势、产业分布状况及政策实施效果等科学问题，为政策制定和宏观经济决策调整提供有力支持，通过分析用电量与第一、第二、第三产业之间的关系，研究经济增长与产业结构的变化特点，并对未来几年的电力需求情况进行了预测。

电力大数据与互联网数据、天气数据、经济数据、交通数据、电动汽车数据等社会数据融合，一方面促进智慧城市的建设，为用户提供便捷的电力服务；另一方面为政策制定、公共事业管理以及商业经营提供有益帮助。

11.1.3　电力行业大数据的挑战

电力大数据蕴含着巨大的商业价值和社会价值，挖掘电力大数据的价值会有巨大的机遇。智能电网基于数据和能源的同步传输，促进能源与信息技术的深度融合，逐渐形成了以能源、数据为运行体系支撑下的坚强可靠、清洁环保、友好互动的能源管理网络。电力大数据在经济、能源、民生等方面展现着巨大的综合价值，还从生活、生产及运行等各领域全面支撑着智慧城市建设，从能源管理角度讲，数据就是能源。通过延伸到家庭、楼宇、企业的广泛覆盖的数据采集网络和深度的电力大数据挖掘，可实现智能、在线互动能耗数据、实时响应电价，实现能源梯次循环及高效利用，大幅提升能效管理水平，为节能改造提供依据，为政府政策制定、节能减排管理、宏观经济运行等提供智能决策，为城市经济的绿色发展提供坚实保障。

下一代智能电力系统将产生大量的数据。但是电力行业在进化的过程中面临的问题并不是简单的数据量的问题，它是整个行业面临重塑的机遇和挑战，即如何从海量的数据中识别可用的数据，评估潜在的价值，进而促进整个行业的转型发展。

1）数据质量较低，数据管控能力不强

在大数据时代，数据质量的高低、数据管控能力的强弱直接影响到数据分析的准确性和实时性。目前，电力行业数据在可获取的颗粒程度，数据获取的及时性、完整性、一致性等方面的表现均不尽人意；数据源的唯一性、及时性和准确性急需提升，部分数据尚需手动输入；采集效率和准确度还有所欠缺；行业中企业缺乏完整的数据管控策略、组织以及管控流程。

2）数据共享不畅，数据集成程度不够

大数据技术的本质是从关联复杂的数据中挖掘知识，提升数据价值，单一业务、类型的数据即使体量再大，缺乏共享集成，其价值也会大打折扣。目前电力行业缺乏行业层面的数据模型定义与主数据管理，各单位数据口径不一致。行业中存在较为严重的数据壁垒，业务链条间也尚未实现充分的数据共享，数据重复存储且不一致的现象较为突出。

3）防御能力不足，信息安全面临挑战

电力大数据由于涉及众多电力用户的隐私，对信息安全也提出了更高的要求。电力企业地域覆盖范围极广，各单位防护体系建设不平衡，信息安全水平不一致，特别偏远地区单位防护体系尚未全面建立，安全性有待提高。行业中企业的安全防护手段和关键防护措施也需要进一步加强，从目前的被动防御向多层次、主动防御转变。

4）承载能力不足，基础设施有待完善

电力数据储存时间要求和海量电力数据的爆发式增长对IT基础设施提出了更高的要求。目前电力企业虽大多已建成一体化企业级信息集成平台，能够满足日常业务的处理要求，但其信息网络传输能力、数据存储能力、数据处理能力、数据交换能力、数据展现能力以及数据互动能力都无法满足电力大数据的要求，尚需进一步加强。

5）相关人才欠缺，专业人员供应不足

大数据是一个崭新的事业，电力大数据的发展需要新型的专业技术人员，例如大数据处理系统管理员、大数据处理平台开发人员、数据分析员和数据科学家等。而当前行业内外此类技术人员的缺乏将会成为影响电力大数据发展的一个重要因素。

6）风险巨大的公共设备系统

公共设备网络与商业网络最大、最明显也最重要的区别就在于前者的网络安全将直接影响到现实世界的安全和可靠。如果变电器或变电站的数据联网配置出现错误，将可能导致极其严重的后果，这些设施的工作人员和周边居民的安全将受到威胁，并且整个电网的可靠性和稳定性也可能遭到严重破坏。这就是智能电网对网络安全的要求与其他网络存在区别的最大原因。对一般网络而言，即使出现故障也不会给安全和整个经济造成风险（医疗卫生和金融基础设施除外）。对于不断发展的智能电网来说，与电网相连的终端设备承担起关键任务，必须确保其不会对电网安全产生直接影响。

在构建智能电网时，我们是在电力系统的基础上来创建通信能力和信息能力的。现有网络的智能化是在不断进化的。发电、输电和配电的行业控制系统应用程序与公用设备的信息技术（IT）系统相整合，构成了公司和商业信息网络。作为智能电网的构建基础，这一整合对网络安全提出了更严格的要求。

智能电网的安全性、可靠性和稳定性三者间的相互作用对整个网络而言十分重要。发电设备故障或恶劣的天气等不可靠条件会导致不稳定事件的发生，而所有不稳定因素都会对系统的可靠性造成破坏。一些危害安全的行为可能对发电系统的可靠性和稳定性构成威胁。有的危害行为看似常见的可靠性或稳定性问题，因而被忽略延误了发现安全危害的时机。这三者的关系是相辅相成的，一个因素的改善也会对另外两者产生积极影响，但归根结底，要端对端地从整体上提升智能电网的安全性、可靠性和稳定性，最佳的解决方案还是要首先确保安全，这样就能同时确保网络的可靠性和稳定性。

7）对通路类型的适应性

智能电网不但安全风险系数更高，其安全保障的构建原理也与众不同。过去，行业控制系统的关键信息交换都是通过专门的点对点网络基础设施进行的，其构建基础是专利通信技术，信息交换的界面也较为模糊。它与其他商业运行网络不存在接触点，因为当时不需要信息的连通性，相对独立能够带来安全。而在如今的智能电网时代，设备的行业控制系统将与公司网络和商业信息系统相整合，这样可以利用现有的系统内容，却也同时带来了更高的风险。

网络不同部分对安全度的要求是相似的，但不完全相同。一个普通的IT系统应达到三大网络安全目标，按优先顺序，分别是数据的保密性、整合性和可得性（CIA）。其中保密性指的是网络用户是否是获得授权的数据接收方或数据来源；整合性是问题数据是原始数据，还是已被修改；而可得性则是，当要获得信息时，是否会产生获得响应遭拒绝的情况。虽然还有很多因素需要在不同程度上加以考虑，但CIA是公司网络和商业信息网络所应优先达到的安全目标。

如果我们转变对公用事业设备的行业控制系统的审视角度，保密性风险依然存在，但整合性和可得性的重要性更大。在电网中，服务响应遭拒是最严重的安全风险，因为能否及时获得信息通常是最为重要的。

因此，在寻求智能电网的网络安全解决方案时，适应能力是关键，必须同时为商业网域和行业控制系统网域动态提供安全保障。当安全解决方案关注于处理商业网域的数据或应用程序，那么保密性应被视为优先要素；而如果解决方案是以处理行业控制系统为主，那么可得性和整合性就应为优先考虑的要素。这两者之间是相互影响的。对智能电网而言，解决方案必须考虑到在商业网域中特殊事件的发生（如公用设备公司的员工未按规定完成工作等）可能对行业控检系统造成的影响以及应如何智能地应对。

智能电网的网络安全解决方案不能是单一平面的静态模式，必须做到持续地适应相互整合的不同网域中发生的各种事件。

8）对各类资源的适应性

智能电网领域的资源多样性也是对网络安全产生适应性需求的原因之一。IT应用程序通常是在台式电脑、服务器、第三方数据中心或智能手机上运行，这些设备的数据处理能力是极为强大的，并且多数情况下都能获得宽带连接。有些安全解决方案对信息资源采用高等级加秘技术，目的是数据不能被解密甚至被拦截，此类安全解决方案的建立基础就是资源的可得性。

然而对于智能电网来说，我们需要确保所有进行数据交换的小型信息设备的安全性。所有变压器、短路器、继电器、交换器和其他变电站设备都拥有智能电子设备（TED）进行相互交流和与变电站或控制站点联系。但这些设备的数据处理能力和所连接的网结带宽则相对较低。

公用设备无法承担对智能电网安全的"过度保障"，即在整个网络中，盲目地对所有数据和应用程序都采用同样的、最高复杂程度的安全服务措施（例如对所有大型和小型的设备统一自动装载补丁）。可以在带宽高的环境下使用的安全解决方案对于在低带宽环境下运行的低数据处理能力的设备是不适用的。同一种方案不能适用所有情况。这也就是说，智能电网的安全解决方案必须能够根据资源的可得性进行适应性调整。同样的，各IT和能源、程序工程实践间的不同也将对安全保障程序的适应性提出要求。

因此，有必要为智能电网制定额外的标准，比如，目前还没有一个获广泛应用的标准来规范适应性加密技术的要求。尽管智能电网不一定需要新的、特别定制的加密能力、病毒扫描软件或认证流程等，但必须制定一款合理的程序为高适应性系统提供安全要素，以便能够获得端对端的多层次数据和应用程序以及合理使用能力。

11.1.4　电力大数据发展策略

电力大数据的发展更多的是一种整体行业意识的提高，从前期的大量实践来看，此类应用是多种现有成熟技术的综合，解决的是优化问题。大数据的业务需求已经有了大量积淀，趋于明确，"技术上的一小步，便可带来思维理念的一大步"。业内专家针对大数据的中国前景已经有了大量讨论，对大数据的发展规划已初步形成共识，例如，构建大数据研究平台，即国家顶层规划、整合创新资源，实施"专项计划"，突破关键技术；构建大数据良性生态环境，制定支持政策，形成行业联盟，制定行业标准；构建大数据产业链，促进创新链与产业链的有效嫁接。电力系统作为中国社会的基础能源设施，行业理念的提升和创新带来的效果，经过社会的反馈和发酵，其倍增效应将极大地推动中国社会整体的跨越式发展。

11.2　发展形势和重要意义

在全球范围内，运用大数据推动经济发展、完善社会治理、提升政府服务和监管能力正成为趋势，有关发达国家相继制定实施大数据战略性文件，大力推动大数据发展和应用。目前，我国互联网、移动互联网用户规模居全球第一，拥有丰富的数据资源和应用市场优势，大数据部分关键技术研发取得突破，涌现出一批互联网创新企业和创新应用，一些地方政府已启动大数据相关工作。坚持创新驱动发展，加快大数据部署，深化大数据应用，已成为稳增长、促改革、调结构、惠民生和推动政府治理能力现代化的内在需要和必然选择。

1. 大数据成为推动经济转型发展的新动力

以数据流引领技术流、物质流、资金流和人才流，将深刻影响社会分工协作的组织模式，促进生产组织方式的集约和创新。大数据推动社会生产要素的网络化共享、集约化整合、协作化开发和高效化利用，改变了传统的生产方式和经济运行机制，可显著提升经济运行水平和效率。大数据持续激发商业模式创新，不断催生新业态，已成为互联网等新兴领域促进业务创新增值、提升企业核心价值的重要驱动力。大数据产业正在成为新的经济增长点，将对未来信息产业格局产生重要影响。

2. 大数据成为重塑国家竞争优势的新机遇

在全球信息化快速发展的大背景下，大数据已成为国家重要的基础性战略资源，正引领新一轮科技创新。充分利用我国的数据规模优势，实现数据规模、质量和应用水平同步提升，发掘和释放数据资源的潜在价值，有利于更好地发挥数据资源的战略作用，增强网络空间数据主权保护能力，维护国家安全，有效提升国家竞争力。

3. 大数据成为提升政府治理能力的新途径

大数据应用能够揭示传统技术方式难以展现的关联关系，推动政府的数据开放共享，促进社会事业数据融合和资源整合，将极大提升政府的整体数据分析能力，为有效处理复杂的社会问题提供新的手段。建立"用数据说话、用数据决策、用数据管理、用数据创新"的管理机制，实现基于数据的科学决策，将推动政府管理理念和社会治理模式进步，加快建设与社会主义市场经济体制和中国特色社会主义事业发展相适应的法治政府、创新政府、廉洁政府和服务型政府，逐步实现政府治理能力现代化。

随着近年来"两化融合"工作的整体推进，各电力企业的信息化建设已度过快速成长期，初具规模。信息化系统建设的数据积累已经得到企业的普遍重视，信息化价值的提升关键期也悄然而至，建设成果究竟是"厚积薄发"还是"厚积厚发"，电力大数据可谓是个关键。

未来的智能电力系统不仅承载电力流，也将承载着信息流和业务流，"三流合一"的智能电力系统的价值也将随之跃升，而这种跃升显然具有大数据的时代特征。当网络中传输的不只是电能，更重要的还有数据时，电力系统也需要积极主动地去探索如何科学合理地释放数据能量，以推动传统电力工业的升级，以适应未来经济社会的发展需要。电力大数据的价值已经相当庞大，但如果实现进一步延伸，将电力大数据与人们的生产生活数据，与政府企业等多行业数据相结合，会产生更多更大的价值增值潜力，实现数据价值在电力系统外部的流动和发展。

11.3　大数据在电网企业的应用价值

智能电网是解决能源安全和环境污染的根本途径，是电力系统的必然发展方向；全球能源互联网则是智能电网的高级阶段，"互联网+智慧能源"进一步丰富了智能电网的内涵；这些新概念均与大数据密切相关，大数据为智能电网的发展和运营提供了全景性视角和综合性分析方法。就物理性质而言，智能电网是能源电力系统与信息通信系统的高度融合；就其规划发展和运营而言，智能电网离不开人的参与，且受到社会环境的影响，所以智能电网也可被看作是一个由内、外部数据构成的大数据系统。内部数据由智能电网本身的系统产生，外部数据包括可反映经济、社会、政策、气候、用户特征、地理环境等影响电网规划和运行的数据。在智能电网的发展过程中，大数据必将发挥越来越重要的作用。

1. 提升运营管理水平

电力系统是实现电能生产、传输、分配和消费瞬时平衡的复杂大系统。智能电网需进一步实现各类新能源、分布式能源、各种储能系统、电动汽车和用户侧系统的接入，并借助信息通信系统对其进行集成，实施高效的管理和运行。风、光、海洋能等新能源发电的发展和电能生产受到国家政策、激励机制、地理环境和天气状况的影响；分布式能源和电动汽车的发展和接入运行、用户侧系统与电网的互动受社会环境、用户心理的影响；随着智能电网的发展，电网的复杂性和不确定性进一步加剧，不同环节的时空关联性更加密切，使电网的发展和运行受外部因素的影响加大。与此同时，社会对电力供应的经济、安全、可靠性和电能质量提出了更高的要求，智能电网中部署的WANS系统、AMI系统、调度自动化系统、PMS系统、输变电设备状态监测系统等为认识电网特性、预测电网发展和可能的运行风险提供了依据。借助大数据技术，对电网运行的实时数据和历史数据进行深层挖掘分析，可掌握电网的发展和运行规律，优化电网规划，实现对电网运行状态的全局掌控和对系统资源的优化控制，提高电网的经济性、安全性和可靠性。基于天气数据、环境数据、输变电设备监测数据，可实现动态定容、提高输电线路利用率，也可提高输变电设备运检效率与运维管理水平；基于WANS数据、调度数据和仿真计算历史数据，分析电网安全稳定性的时空关联特性，建立电网知识库，在电网出现扰动后，快速预测电网的运行稳定性，并及时采取措施，可有效提高电网的安全稳定性。近年来国内发生的天津港口爆炸、湖北的电梯"吃人"等事故，使人们想起海恩法则。海恩法则针对航空界的飞行安全指出，每一起严重事故的背后，必然有29次轻微事故和300起未遂先兆以及1000起安全隐患。该法则强调了两点：一是事故的发生是量的累积的结果；二是再好的技术，再完美的规章制度，在实际操作层面也无法取代人自身的素质和责任心。结合这一法则，通过对实时数据和历史数据的分析，可加强对电力设备、资产的预防性维护管理，并将人和社会等因素纳入进去，优化管理操作流程。

2. 提高用户服务水平

用户端的数据是一个待挖掘的金矿。大数据将各行各业的用户、供电服务、发电商、设备厂商融入一个大环境中，促成了电网企业对用户的需求感知，依据数据的分析来进行运行调度、资源配置决策，并基于分析来匹配服务需求。

在智能电网中，用户扮演的角色越来越重要，传统意义上被动的用户正在被主动的"能源生产/消费者（Prosumer）"代替。用户系统不仅可对内实现能源的生产和消费管理，并在一定的区域内实现能源交易，还将对外参与需求响应或作为虚拟电站参与调度运行。促进用户与电网的互动是提高大电网灵活性、进而提高其接纳大规模间歇性新能源的有效途径。了解用户用能特性，制定有效的政策和市场机制，是有效激励用户改善能效、参与需求响应、需求调度的途径。根据AMI数据（反应用户用能情况、用户分电式发电、储能系统和电动汽车的应用情况，参与电网互动情况），结合用户特征数据（住房、收入和社会心理）和社会环境数据（气候、政策激励等），可分析预测用户的能源生产和消费特征，为电网规划和运行方式安排提供参考；也可促进电力需求侧管理，鼓励和促进用户参与需求响应，实现与用户的高效互动，提高用户侧能效水平，改善用户用电体验，提高用户满意度。

3. 提供政府决策支持

电网作为载体承载着能源与用能两大主体，它关联着诸多因素。今天的能源政策与机制应超出基于因果关系和条件评估的判断，需要以数据为基础、关联分析为依据的决策。例如，电价特别是阶梯电价的定位，是基于综合用能行为数据和生产、生活各因素以及电力生产成本等多因素进行数据分析，才能有效激活各个因素，实现最佳效果。再如新能源、分布式能源、电动汽车、需求响应等技术的大规模实施，不仅取决于技术成熟度和经济性，还取决于能源政策和各种激励机制是否有效，通常并没有普遍性，而是应符合本国的实际、符合精准的感知和预测。

当前我国已开启新一轮的改革，一系列配套文件正在逐步出台。这些政策和机制是否有利于智能电网发展，应在政策条例的试行阶段进行分析和检验，大数据是最有效的手段。此外，电力与经济发展、社会稳定和群众生活密切相关，电力需求变化能够真实、客观地反映国民经济的发展状况与态势。通过分析用户用电数据和新能源发电数据等信息，电网企业可为政府了解全社会各行业发展状况、产业结构布局、预测经济发展走势提供数据支撑，为相关部门在城市规划建设、推广新能源和电动汽车、促进智慧城市发展等方面提供辅助决策。

4. 支撑未来电网发展

国家电网公司站在全球能源发展高度，提出了全球能源互联网发展蓝图，以最大化地开发利用新能源。实现能源资源在全球范围的优化配置。未来电网具有长距离、广范围、泛在智能和共享互联的特点，将发生电网运行机制与商业模式的重构。在庞大而广泛的未来电网中，将呈现电源多样性、普遍性、时移性、负荷移动性、互动性，用能终端大量信息接入，各类管理终端大量介入，要求电网具有柔性和自适应能力，以满足送受端的时间、空间和方式的多重复杂性。在这种情况下，依靠传统的状态信号指令无法完成决策，需要复杂的负荷预测、分析及及时呈现，需要以大量、多维、高密度的数据来支撑预测、预警、机器决策和人工判断。在智能电网向更高阶段发展过程中，地域更加广泛，需要基于全球数据实现能源电力大范围平衡来保障电网及其他系统的安全。这就是大数据对电网发展与未来电网目标实现路径的支撑。

随着信息化建设推进以及新能源发展，下阶段各专业会涌现更多大数据应用需求，包括公司大数据和其他行业数据的关联性、与经济社会发展之间的关系等。公司具备非常好的从数据运维角度实现更大程度信息、知识发现的条件和基础，从而实现立足数据提供运维服务，创造数据增值价值，进一步推动电网发展方式和公司发展方式的转变，为公司构建全球能源互联网，推动实施国家大数据战略，提供更有利、更长远的支撑。

随着大数据海量化、多样化、快速化、价值化特征的逐步显现，以及数据资产逐渐成为现代商业社会的核心竞争力，大数据对行业用户的重要性也日益突出。掌握数据资产、进行智能化决策已成为企业脱颖而出的关键。因此，越来越多的企业开始重视大数据战略布局，并重新定义自己的核心竞争力。

大数据是智能电网的核心，而智能电网又是全球能源互联网发展的重要组成部分。随着大数据的深入应用，将促使公司的决策从"业务驱动"转变为"数据驱动"，进一步提升企业管理的效率和效益。同时，充分利用这些基于电网的数据，深入分析后挖掘出许多高附加值的服务，将有利于电网安全监测与控制、客户用电行为分析与客户细分、电网企业精细化运营管理等。这些数据就像冰山一角，隐藏在水面下的信息，只要能够利用大数据技术挖掘出来，就往往能提升公司管理效益、经济效益以及社会效益，让电网企业做出更准确的决策，让电网更智能化，让电网企业更具竞争力！

11.4　大数据决定电网企业竞争力

在我们思考大数据为什么能够决定电网企业竞争力之前，先明确两个概念：大数据和企业竞争力。

企业竞争力是指在竞争性市场条件下，企业通过培育自身资源和能力，获取外部可寻资源，并综合加以利用，在为顾客创造价值的基础上，实现自身价值的综合性能力；是在竞争性的市场中，一个企业所具有的，能够比其他企业更有效地向市场提供产品和服务，并获取盈利和自身发展的综合素质。大数据指无法在一定时间范围内用常规软件工具进行捕捉、管理和处理的数据集合，是需要新处理模式才能具有更强的决策力、洞察发现力和流程优化能力的海量、高增长率和多样化的信息资产。从某种程度上说，大数据是数据分析的前沿技术。简言之，从各种各样类型的数据中，快速获得有价值信息的能力，就是大数据技术。

抓住了机遇，等于成功了一半。对于大数据而言，也是如此。

近年来，移动互联网异军突起，加快了信息化经济社会各个领域的延伸，形成了独特的产业竞争优势。中国信息通信研究院近期发布的《2017年中国大数据发展调查报告》显示，去年中国大数据市场规模达到168.0亿元，增速达45%；预计2017—2020年中国大数据市场规模还将维持30%左右的高速增长。可以肯定的是，大数据将逐步为人类创造更多的价值，而对于电网企业来说，研究和应用大数据是提高质量、增强效率和推动电网发展方式、公司发展方式转变的迫切要求。

同时，随着中国电力改革的不断深入以及"厂网分开、竞价上网"制度的实施，发电企业将由原来计划驱动的生产、运营模式向市场驱动的经济平衡运营模式转变。发电企业必须改变以往传统的管理模式和方法，利用经济手段管理电厂，依照市场经济规律和价值法则，增强自身的市场竞能力。

就现阶段而言，电力公司利用智能电表通过电网每隔5分钟或10分钟收集一次数据，收集来的这些数据可以用来预测客户的用电习惯，从而推断出在未来2～3个月时间里，整个电网大概需要多少电。有了这个预测后，就可以向发电或者供电企业购买一定数量的电。因为电有点像期货一样，如果提前购买就会比较便宜，买现货就比较贵。依据预测获得的数据来购买，可以降低采购成本。

11.5 大数据分析驱动电网企业创新发展

电力行业蕴含了巨大的数据资源，同时也呈现出突出的数据价值需求。据估算，电力行业的生产、管理、用户、计量、资产等方面数据已达到20PB，这个数字相当于1000个中国国家图书馆的数据量。数据，表面看是信息，但提炼分析后就能找出相关联的规律，再借助各种工具分析规律就变成了决策。在这些数据资源中通过分析计算，可发现数据间的关联性，融合外部数据可找出内在的客观规律，为企业、行业解决生产运行和管理中难以用现实手段解决的问题，预测防控风险，提升创新能力。

当前，电网业务数据大致分为3类：一是电网企业生产数据，如发电量、电压稳定性等方面的数据；二是电网企业运营数据，如交易电价、售电量、用电客户等方面的数据；三是电网企业管理数据，如ERP、一体化平台、协同办公等方面的数据。电网企业的大数据具有量大、分布广、类型多等特点，背后反映的是电网运行方式、电力生产方式以及客户消费习惯等信息。在安全保障的情况下，利用好大数据还要以电力能源价值链延伸为主线，实现业务价值链向电网外部延伸。一方面，在电力供给、需求、客户负荷特征等数据分析的基础上，注重对用户的数据挖掘和价值发现。利用大数据技术，在需求侧管理、家庭能源管理、节能服务、智能家居、95598客户服务等业务中拉近公司与用户的距离，挖掘用户行为特点；另一方面，由支撑内部管理转向提供外部服务，将数据资产作为一项产品或服务进行变现。

研究表明，来自于复杂大电网的调度运行、新能源与负荷的时间和空间变异、电力资产寿命与运行状态、主动配电与需求响应等领域都存在着巨大的以大数据为支撑的决策与配置的需求。

大数据驱动智能电网技术水平提升。随着特高压为主体的大电网快速发展，全程全网的物理信息与时空关联性更加密切。同时，大规模新能源发电、分布式电源、储能系统、电动汽车的广泛接入改变了传统电网的形态，在兼容性、开放性不断提高的同时，电网受到外部因素的影响加大。

当前及未来的电网将有两大鲜明的特征，一是网络坚强与巨容的平台化，二是接入庞杂与泛在的互联性，这需要新的电网技术思维。

首先对于基于估值的预测和高冗余配置的安全保障以及设备状态的条件判决的方法，可借助大数据进行多因素、高密度、全环节、大规模的数据计算，实现对外部因素与系统状态精准的预测和辨识、对电网运行状态的全局掌控和对系统资源的优化控制，保障大电网整体性运行；其次对于复杂的负荷动态与互动响应，借助于大数据来预测感知，实现调配平衡、柔性接纳和时空优化。研究中发现：基于气象数据、环境数据、输变电设备监控数据，可实现动态定容、提高输电线路利用率；基于WAMS数据、调度数据和仿真计算历史数据，可分析电网安全性的时空关联特性，快速预测电网的运行风险；基于配用电数据和社会经济数据，可实施更加高效的停电管理、需求响应、电能质量监测管理；基于对电网实时数据和历史数据的分析，可加强对电力设备、资产的预防性维护管理，并考虑人和社会等因素，优化安全生产管理流程。

大数据驱动电网企业决策模式变革。大数据从本质上说是站在决策的角度出发，从数据获取、整合、加工、分析，全流程都代替人脑进行信息处理，通过广泛的关联数据产生出服务于决策的高完整性的有效信息，数据说话代替经验决策。大数据为电网企业提供了认识电网运行和发展规律的新方法、新视角。利用大数据的挖掘、分析、预测和流程整合功能，可对电网运行发展进行全流程动态管理；企业通过广泛收集和分析挖掘智能电网本身产生的内部数据，以及包括经济、社会、政策、气候、用户特征、地理环境在内的外部数据，提取有价值的历史信息，为电网的规划建设提供支撑；电网企业可通过数据资源体系的数据加工与经营管理指标关联，通过挖掘业务流程各个环节的中间数据和结果数据来发现流程中的瓶颈因素，找到改善效率降低成本的关键，把面向业务的数据转换成面向管理的数据，辅助领导层决策。大数据改变电网企业的决策模式还体现在决策由过去的被动问题解决变成主动预判，决策模式由业务驱动变成数据与业务联合驱动。

大数据驱动电网企业服务水平提升。电网所服务的电源与负荷两端用户的数据是一个富矿。大数据技术将电源、电网、各大行业和居民用户、设备厂商等各利益相关方融入一个大环境中。大数据促成了电网企业对用户的需求感知，依据数据的分析来进行运行调度、资源配置、决策，并基于分析来匹配服务需求。在智能电网中，用户扮演的角色越来越重要，主要呈现的是状态和互动。一方面是能源生产和消费的状态随机，另一方面是互动的需求。生产与消费行为过程增加了人的欲望和利益空间，用户系统不仅实现了能源的生产和消费选择，并在一定区域内实现交易，还将参与需求响应或作为虚拟电站参与调度运行，在这样的要求下，电网智能化与互联网的路径相似，平台资源共享，大范围平衡，才能保证电网的柔性外特性和对送受端变异的自适应。而支撑这一机制的是大数据，通过大数据的分析，预测电源能力和用能需求，根据计量传感数据下的用户用能、分布式、储能、电动汽车等数据，结合社会环境，可分析预测用户的生产、消费特征，为电网运行方式提供依据，也提高了用户侧的能效水平。

用户洞察是大数据的核心价值，互联网企业正是运用大数据进行用户的细微理解和市场洞察而获益。在电力营销中可以通过大数据进行需求与用能行为的监测分析，进行效果评估，这将使营销更有针对性，甚至产生许多有价值的信息。

用户数据蕴含着丰富的商业价值，阿里云等企业已计划广泛收集新能源发电的数据和家电用能的数据。一些数据公司和互联网金融公司对我们的用电采集信息寄予厚望。从这些数据需求者的目的来看，他们不仅是在某种因果逻辑下应用，更多的是应用于关联关系作用下的商业模式。例如，利用电表信息作为商业信誉评估和针对性广告，准确与否不重要，追求的是相关性是否存在，这也给我们以启示。

　　用能数据对经济运行的反映与预测是政府关注的，通过用能大数据的分析，可反映经济结构的动态特征和趋势，用能行为数据的聚类可反映出电价机制的调节作用程度。建立用能数据与经济运行和政策作用的联动模型，将为政府提供精准有价值的决策信息。

　　大数据支撑全球能源互联网。国家电网公司站在全球能源发展高度，提出了全球能源互联网的战略构想，全球能源互联网建立了以能源为主体、以数据为核心的智能化能源生态系统。全球能源互联网最大化地开发利用清洁能源，实现了能源资源在全球的优化配置。全球能源互联网的形态特征包含了地理环境、能源资源、负荷特性、用户行为的影响因素，具有长距离、广范围、平台化、智能共享互联的特点，将发生电网运行机制的重构，要求电网具有柔性自适应能力和统筹配控能力，满足送受端的时间、空间和方式的多重复杂性，需要全域负荷预测与实时呈现，支撑洲际广域大电网平台机体的整体化运转，因此需要大量、多维、高密度的数据来支持预测、预警、机器决策和人工判断。在数据安全基础上的数据开放和分享，是全球能源互联网的基础。

　　全球能源互联网内涵丰富，外延广阔。在全球能源互联网的发展历程及实现路径中，大数据相伴相生，将为其发展和运营提供全球性视角和综合性分析方法。